高职高专测绘类专业"十二五"规划教材·规范版

教育部测绘地理信息职业教育教学指导委员会组编

# 摄影测量与遥感实验教程

主　编　陈国平

副主编　王　敏　王冬梅

WUHAN UNIVERSITY PRESS
武汉大学出版社

**图书在版编目(CIP)数据**

摄影测量与遥感实验教程/陈国平主编．—武汉：武汉大学出版社，2014．8
高职高专测绘类专业“十二五”规划教材：规范版
ISBN 978-7-307-13906-0

Ⅰ．摄…　Ⅱ．陈…　Ⅲ．①摄影测量—高等职业教育—教材　②遥感技术—高等职业教育—教材　Ⅳ．①P23　②TP7

中国版本图书馆 CIP 数据核字(2014)第 172965 号

责任编辑：黄汉平　　责任校对：汪欣怡　　版式设计：马　佳

---

出版发行：**武汉大学出版社**　(430072　武昌　珞珈山)
(电子邮件：cbs22@whu.edu.cn 网址：www.wdp.whu.edu.cn)
印刷：武汉中科兴业印务有限公司
开本：787×1092　1/16　印张：14.25　字数：333 千字　插页：1
版次：2014 年 8 月第 1 版　　2014 年 8 月第 1 次印刷
ISBN 978-7-307-13906-0　　定价：29.00 元

---

# 高职高专测绘类专业 “十二五”规划教材·规范版
## 编审委员会

# 序

武汉大学出版社根据高职高专测绘类专业人才培养工作的需要，于2011年和教育部高等教育高职高专测绘类专业教学指导委员会合作，组织了一批富有测绘教学经验的骨干教师，结合目前教育部高职高专测绘类专业教学指导委员会研制的“高职测绘类专业规范”对人才培养的要求及课程设置，编写了一套《高职高专测绘类专业“十二五”规划教材·规范版》。该套教材的出版，顺应了全国测绘类高职高专人才培养工作迅速发展的要求，更好地满足了测绘类高职高专人才培养的需求，支持了测绘类专业教学建设和改革。

当今时代，社会信息化的不断进步和发展，人们对地球空间位置及其属性信息的需求不断增加，社会经济、政治、文化、环境及军事等众多方面，要求提供精度满足需要，实时性更好、范围更大、形式更多、质量更好的测绘产品。而测绘技术、计算机信息技术和现代通信技术等多种技术集成，对地理空间位置及其属性信息的采集、处理、管理、更新、共享和应用等方面提供了更系统的技术，形成了现代信息化测绘技术。测绘科学技术的迅速发展，促使测绘生产流程发生了革命性的变化，多样化测绘成果和产品正不断努力满足多方面需求。特别是在保持传统成果和产品的特性的同时，伴随信息技术的发展，已经出现并逐步展开应用的虚拟可视化成果和产品又极好地扩大了应用面。提供对信息化测绘技术支持的测绘科学已逐渐发展成为地球空间信息学。

伴随着测绘科技的发展进步，测绘生产单位从内部管理机构、生产部门及岗位设置，进而相关的职责也发生着深刻变化。测绘从向专业部门的服务逐渐扩大到面对社会公众的服务，特别是个人社会测绘服务的需求使对测绘成果和产品的需求成为海量需求。面对这样的形势，需要培养数量充足，有足够的理论支持，系统掌握测绘生产、经营和管理能力的应用型高职人才。在这样的需求背景推动下，高等职业教育测绘类专业人才培养得到了蓬勃发展，成为了占据高等教育半壁江山的高等职业教育中一道亮丽的风景。

高职高专测绘类专业的广大教师积极努力，在高职高专测绘类人才培养探索中，不断推进专业教学改革和建设，办学规模和专业点的分布也得到了长足的发展。在人才培养过程中，结合测绘工程项目实际，加强测绘技能训练，突出测绘工作过程系统化，强化系统化测绘职业能力的构建，取得很多测绘类高职人才培养的经验。

测绘类专业人才培养的外在规模和内涵发展，要求提供更多更好的教学基础资源，教材是教学中的最基本的需要。因此面对“十二五”期间及今后一段时间的测绘类高职人才培养的需求，武汉大学出版社将继续组织好系列教材的编写和出版。教材编写中要不断将测绘新科技和高职人才培养的新成果融入教材，既要体现高职高专人才培养的类型层次特征，也要体现测绘类专业的特征，注意整体性和系统性，贯穿系统化知识，构建较好满足现实要求的系统化职业能力及发展为目标；体现测绘学科和测绘技术的新发展、测绘管理与生产组织及相关岗位的新要求；体现职业性，突出系统工作过程，注意测绘项目工程和生产中与相关学科技术之间的交叉与融合；体现最新的教学思想和高职人才培养的特色，在传统的教材基础上勇于创新，按照课程改革建设的教学要求，让教材适应于按照“项目教学”及实训的教学组织，突出过程和能力培养，具有较好的创新意识。要让教材适合高职高专测绘类专业教学使用，也可提供给相关专业技术人员学习参考，在培养高端技能应用型测绘职业人才等方面发挥积极作用，为进一步推动高职高专测绘类专业的教学资源建设，作出新贡献。

按照教育部的统一部署，教育部高等教育高职高专测绘类专业教学指导委员会已经完成使命，停止工作，但测绘地理信息职业教育教学指导委员会将继续支持教材编写、出版和使用。

教育部测绘地理信息职业教育教学指导委员会副主任委员

二〇一三年一月十七日

# 前　言

本教程是针对测绘地理信息类专业学生在学习“摄影测量学”、“数字摄影测量”、“遥感技术应用”等课程需求的基础上开发的配套实训教程。教程编写以“摄影测量员”、“地图制图员”等职业岗位要求为基础，并参照行业相关标准和规范，理论与实践结合、侧重实际操作，符合高等职业教育改革方向。目的是指导学生通过实践更好地理解摄影测量与遥感技术的基本原理和方法，掌握航测内外业、空三加密、4D 产品制作、遥感图像处理及专题图制作等各项技能。

目前，关于摄影测量与遥感技术应用方面的书籍很多，种类丰富，但其内容却各有侧重，有原理性讲述的、有技术性应用的、有软件操作的等诸多方面，多基于学科体系开发组织内容，适用于本科及本科以上学历的教学或实践参考。本教程则是以工作过程为导向，以任务为载体，结合工程实践，参考最新规范，基于项目实际操作来编排教学内容。全书共分 11 个项目，每个项目又由若干任务组成，每个任务以预备知识为前导，在实际操作前先做好理论准备，然后提出任务的目的、要求和内容，接着再对任务操作步骤给予详细讲解。所以本教程既是实训教程，也是理论参考书，理论与实践结合，更适用于高职高专教学和参考。

本教程由昆明冶金高等专科学校/昆明理工大学陈国平担任主编。各项目任务的编写分工如下：项目一、二由张军（甘肃工业职业技术学院）编写，项目三、四由张丹（黄河水利职业技术学院）编写，项目五、六、十一由陈国平（昆明冶金高等专科学校/昆明理工大学）编写，项目七、八由王冬梅（黄河水利职业技术学院）编写，项目九、十由王敏（昆明冶金高等专科学校）编写。全书由陈国平负责统稿、定稿，并对部分章节进行了补充和修改。

本书的编写得到了全国测绘地理信息职业教育教学指导委员会和武汉大学出版社的大力支持，是参与编写的各院校教师共同努力的结果。同时，在编写过程中参阅了大量资料，在此，谨向有关作者深表谢意！

由于作者水平有限，书中难免存在诸多不足与不妥之处，敬请读者不吝指正。

编　者

2014 年 6 月

# 目　录

# 项目一　相片判读与调绘

## 任务一　像片判读

### 一、预备知识

相片判读的实质就是通过相片或者立体模型在室内、野外判读物体的几何及其属性。

相片上地物的构像有各自的几何特性和物理特性，如形状、大小、色调、阴影和相互关系等，依据这些特性可以识别出地物内容和实质，这些特性是相片判读的依据，称为判读标志。

一般来说，影像能保持物体原有形状，能反映物体相互间大小比例，因此形状大小是目视判读的主要标志。此外，地面不同类型地物在相片上会呈现出深浅不同的色调，影像的色调决定于物体的颜色、亮度、含水量、太阳的照度、摄影材料的性质，借助影像的色调能帮助识别、判定物体的类型、摄影季节、时间等。阴影是高出地面的物体受阳光斜射而产生的，分本影和落影，也是判读物体几何特征的一个重要标志。本影指发光体（非点光源）所发出光线被非透明物体阻挡后，在屏幕（或其他物体）上所投射出来完全黑暗的区域。落影是一个物体在另一个物体上产生的影子，如一个雨篷在墙面上产生的影子。

### 二、实验的目的和要求

理解判读标志对于相片判读的重要性，使用立体镜对相片进行地物地貌判读的方法，识别各类地貌形态、范围、组合等，识别各类地物的构像特征。

### 三、实验内容

（1）了解航空相片的特点、比例尺、判读标志等；

（2）熟悉立体镜的使用方法；

（3）用立体镜进行观察，判读地貌类型。

### 四、实验步骤

1. 立体镜法

（1）将航空影像置于立体镜下，像对的基线应与眼睛平行。每只眼睛分别看一张相片，即左眼看左相片，右眼看右相片，如图 1.1.1 所示。

（2）注意使相片上地形地物的阴影投向自己。因为人对物体的立体感觉习惯于光源来自前方，阴影投向自己，这样才能使判读效果正确，否则会引起反立体效应。

（3）用左右手的食指分别指着两张相片上的共同标志点，然后移动其中一张相片，使两手指重合，即表示两相片的共同标志重合，两只眼睛分别看一张像，即左眼看左相片，右眼看右相片，如图 1.1.2 所示同名像点重合。为增强立体观察的技能，也可以不借助立体镜，仅凭双眼进行立体观察。

（4）分别判读地物类型、地貌形态。

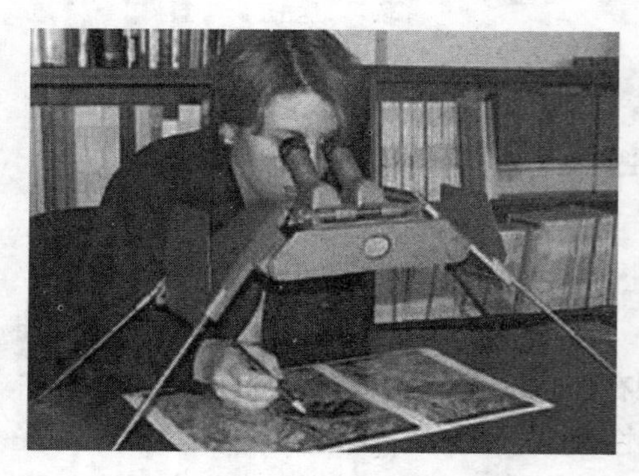

图 1.1.1　立体镜立体观察图

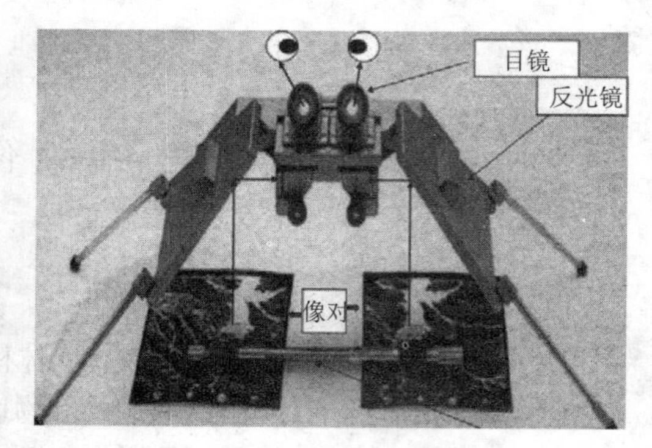


图 1.1.2　立体镜结构

2. 红绿（红蓝）眼镜法

准备红、绿（红、蓝）投影的立体相片对。利用计算机将立体相片对投影到屏幕上，利用红绿（红蓝）眼镜来观察立体。

3. 液晶闪闭法

以数字摄影测量系统（如 VirtuoZo、JX-4、MapMatrix）为平台，准备好一个立体影像对，利用专用立体镜来观察。

#### 五、注意事项及说明

采用立体镜法观察立体像对时需要注意：

（1）立体像对必须是两张相邻且有部分重叠的像对，且两张相片的比例尺尽可能一致，一般最大差值不超过 16%；

（2）两眼必须分别各看一张相片，即“分像”；

（3）相片安放时，对应点的连线必须与双眼基线平行，且两相片的距离需要调整，应与双眼的交会角相适应；

（4）当立体像对范围内高差太大时，在某一部分不易同时看出山顶及山谷的立体模型，需调整基线长度，才能实现立体观察；

（5）立体镜法只适合观察小像幅的立体像对。

## 任务二　像片调绘

#### 一、预备知识

相片调绘是根据地物在相片的构像规律，在室内或野外对相片进行判读调查，识别影像的实质内容，并将影像显示的信息按照用图的需要综合取舍后，用规定的图式符号在相片上表示出来。它是内业编辑及制作最终地形图的主要依据，也是外业所有工序中技术含量最高、最复杂的一个工序。

调绘片是摄影测量内业绘制地形图，建立地物和地貌，标定注记内容的依据和来源。调绘内容的准确性、影像信息综合取舍的恰当程度，将直接影响地形图上地形要素的表示精度。

相片调绘传统方法是使用全野外调绘，它根据相片地物地貌的构像特征到实地对照判读出来，判读的地物、地貌要素要按照地形图图式的规定描绘在相片上，并加上注记内容，该方法主要作业都在野外实地进行。另一相片调绘方法是综合判调法。它是室内判绘和野外补调相结合的调绘方法，先在室内采用一定手段（立体观察、影像识别等）判绘影像显示的地理要素，然后将室内判绘中有疑问的或是无法判绘的内容再到实地检查和补调。

目前，相片调绘一般采用室内判读清绘、野外检查修改的方法，以红、黑、蓝、绿、棕五种不褪色颜料清绘。主要分为以下几种情况：

（1）相片上影像清晰、轮廓分明的地物（如独立房屋），外业以定性调绘为主，不绘地物轮廓线，由内业按模型测绘；

（2）影像不清楚、轮廓不分明、依比例尺表示的地物，要绘地物轮廓线；形状复杂，不绘轮廓线无法准确表达时也要绘地物轮廓线；微小的、不依比例尺表示的点状地物（如电杆），要在现场认真判读（有困难时配立体镜），地物的中心位置用刺点表示，严禁草率判读和刺错位置；

（3）影像模糊或被阴影遮盖的重要地物应在调绘片上进行补调，补调方法可采用以明显地物点为起始点的交会法或截距法，补调的地物应在调绘片上（或在相片边缘、背后绘略图）标明与明显地物点相关距离。若房屋被树木等遮盖，只能看到房屋的一个或两个角时，外业应量取足够的尺寸，供内业编辑使用。

## 二、实验的目的和要求

（1）根据航摄相片的成像特征，采用综合判读调绘法判读相片上的各类地物和地貌，做到准确判读与调绘；

（2）正确掌握综合取舍原则，做到取舍恰当，综合合理；

（3）根据各种地物地貌性质、数量特征和分布情况，按图式规定的符号，描绘在相应影像上，并作相应的注记；

（4）掌握描绘技术，满足像面整饰的要求。

## 三、实验内容

（1）地形图外业调绘；

（2）航空影像外业调绘。

## 四、实验步骤

外业调绘主要分为相片调绘和纸图调绘两种办法。一般情况下，相片调绘主要用于中小比例尺的地形调绘，比例尺最大不超过1∶2000。对于大比例尺测图，如1∶500、1∶1000依相片调绘则很难达到精度要求，故而采用纸图调绘的方法。但有时候1∶2000也用纸图调绘。

1. 地形图外业调绘

（1）目前大比例尺航测成图项目一般采用地形图调绘的方法，即首先由内业根据立体模型进行全要素采集，采集完成后打印两套（一套供现场调绘，一套供清绘）采集原图，由外业调绘员持采集原图到野外现场巡视调绘。对于零星新增、变化、遗漏地物用皮尺进行勘丈补绘，对于大范围新增地物则用仪器野外实测其轮廓坐标，结合勘丈尺寸定位或用平板补测。同时在地物密集地区可采用水准仪直接在图上测量高程注记点。在地物稀少，不易判定准确位置的地方用全站仪测定带平面坐标的高程注记点，展点标注即可（地物密集处也可用此法）。

（2）外业调绘应注意的问题。

①道路等级调绘清楚。

铁路：调绘铁路时应注意区分标准轨、窄轨铁路；并调绘清楚是否为电气化铁路，有专有名称的还应调注专有名称；铁路及火车站的附属设施外业应根据设计的要求表示清楚。

公路：公路按技术等级分为高速公路、等级公路和等外公路，按行政等级分为国道、国道主干线、省道、县道、乡道、专用公路和其他公路。公路的行政等级、线路编号一般在公路里程碑上有反映，如“G110线”就是国道110线。公路的技术等级可根据已有资料、地方的交通图等从整体考虑，并和甲方沟通决定。高速公路从中间向两边应分别表示隔离带、路边线、栅栏（钢板）、路堤、排水沟（干沟）、铁丝网等，如图1.2.1所示。一级公路的表示方法（有隔离设施的），如图1.2.2所示。

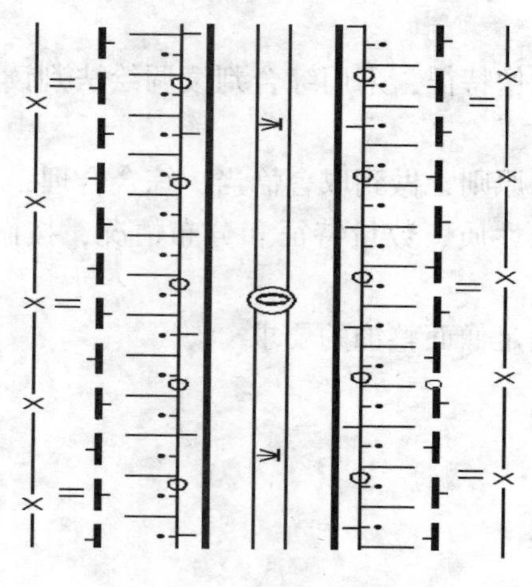

图1.2.1　高速公路表示法

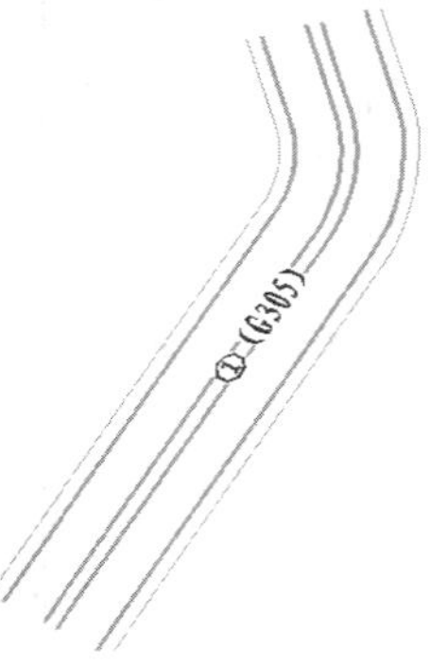


图 1.2.2　一级公路表示方法

二至四级公路及无隔离设施的一级公路的表示方法如图 1.2.3 所示。

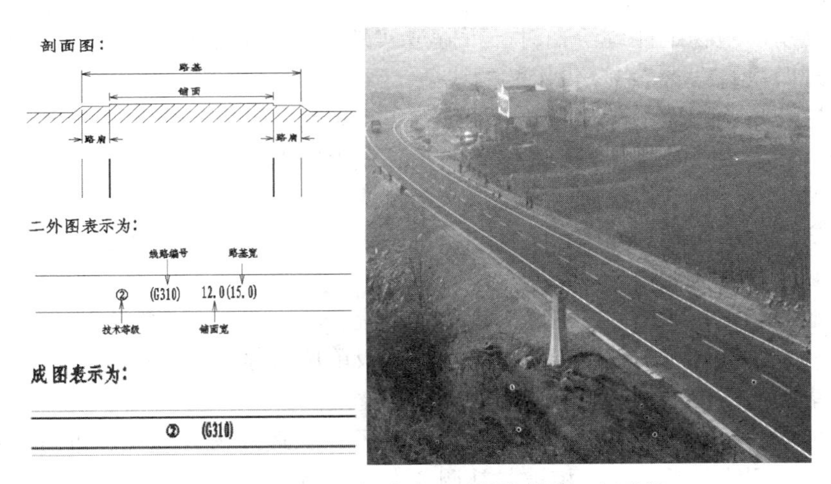


图 1.2.3　二至四级公路及无隔离设施一级公路

②房檐宽度注记要严格按设计书的规定执行。

调绘过程中房檐宽度的表示非常重要，因为在内业立体采集的过程中，只能量测到房檐外侧，而实际房屋的位置以墙体为主，需要去掉房檐宽度。在外业调查时房檐宽度方便于内业处理。具体处理方法如图 1.2.4 所示。

③补调的地物定位数据必须充足。

在图形上缺失的地物，需要实地补调，表示出具体位置，方便于内业处理。每定位一个点要两条以上的栓距；定位一个矩形房子至少需要定位两个长边上的点，还要量取该房子的长宽尺寸。如图 1.2.5 所示：①、②为已有房，③为新增房，要定位新房③，首先要量取 AE、BE、AF、BF 四条栓距，用来定位 A、B 两点，还要量取③房的长和宽 AB、AC（AB 边是多余条件，可以检查栓距的可靠性）。

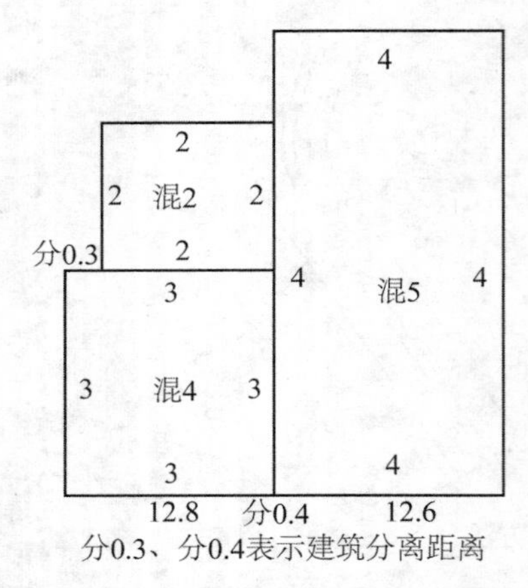

图 1.2.4　房檐宽度及相邻房屋关系

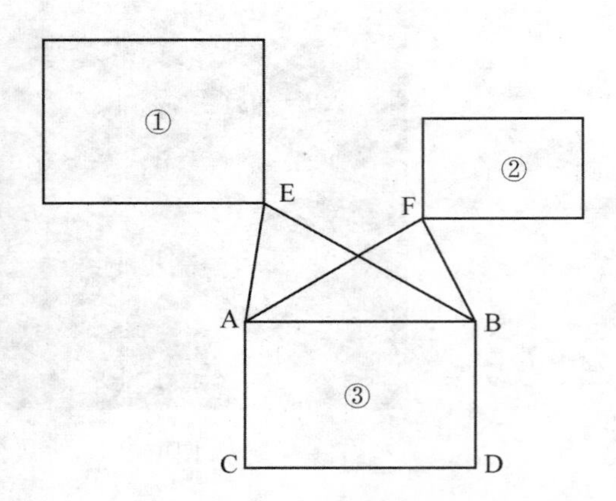

图 1.2.5　缺失地物补调

（3）调绘主要内容。

①对图上所有地物定性调绘，对已拆除或实地不存在的地物（地貌）逐个打“×”。图上不能出现既没打“×”，又没定性的线条。

②对摄影死角、影像不清及阴影下的地物进行定位、定性调绘。

③补测、修测内业数据采集中漏采、采错、变形的地物。

④逐个调绘建筑物结构性质、房屋层次、量注房檐。

⑤调绘房屋附属设施，如阳台、檐廊、挑廊、廊房、柱廊、门廊等。

⑥补测必要的新增地物。

⑦调注地理名称：如单位、道路、街道、河流、湖泊、水库、铁路、桥梁、山脉及其他专有名称。大比例尺测图中视需要情况调注二级单位名称，如大礼堂、车间、仓库等。

⑧对采集图上的道路等级定性、定位、量注宽度。

⑨对电力线、通信线、各种检修井、污水篦子、隐蔽地物等按规定进行定位、定性，遗漏的要补调。调绘各类土质、植被。补调各类独立地物。

⑩在 1/2 等高距区域根据设计书规定，用水准仪或全站仪测定高程注记点，并注在图上相应位置。特别是在一些特征点上应测注高程。

2. 相片调绘

相片调绘的基本作业程序。

（1）准备工作。

①调绘相片的编号、选择、检查相片质量是否符合调绘要求，有无云影等。调绘相片通常采用的是隔号相片，有时为了避开复杂地形，也可以出现连号调绘片。

②调绘工具：相片、相片夹、立体镜、铅笔、小刀、皮尺、透明纸。

调绘片上整饰地物时，颜色一般规定如下：

黑色：正规表示的各种地物、独立地物；房屋及其附属设施：轮廓线、结构、层数；大车路、乡村路、小路、桥梁、道路附属设施、内部道路、境界、人工地貌、植被符号、管线、直线上的电杆符号、地理名称等。

红色：以简化符号表示的铁路、公路、地类界；电力线、通信线、拐点、叉点符号；各类植被、土质的文字注记、补调的地物、符号“×”、变压器放电符号、房屋附属设施的宽度数据等。

绿色：水涯线、沟渠及宽度注记、流向、干沟、水井、泉、输水管、水准点及房屋数字等。

棕色：冲沟、陡崖等自然地貌和沙地、沙砾地、露岩地、石块地等土质符号及山脉注记等。

蓝色：调绘范围线，接边符号，围墙等。

③初步分析。

④划分调绘面积。

首先根据相片上地物的几何特性和物理特性（如形状、大小、色调、阴影和相互关系等）识别地物内容和性质。根据实际情况决定采用哪种方法进行调绘，可以先在室内通过影像识别判绘影像显示的地理要素，得出现有的影像地图中所缺少的目标地物，然后到实地对先前判读中需要补充的地理要素量测。进行野外判读之前，应该根据实际判读地区设计好外业调绘进行线路。

（2）相片判读。由本小组组员在给出的航片上先勾画出航片的调绘面积。预读出影像中的主要地物，对于不明确或者无法判读的地类应特别标明并进行实地考察，然后对外业实地进行查对核实。考察完地形后，将航片铺在木板上，再将透明纸铺在航片上并固定。

（3）实地调绘。综合取舍：对地形要素进行合理概括和取舍；

着铅：按外业路线采取走到、看清、测准、画真、问清、查实等方法进行地物调绘及修测，将航片上现存地物在透明纸上用铅笔描绘下来；

在新增地物的附近，根据原有明显地物确定调绘物所在的位置，并以此位置与明显地物进行相片定向；

用皮尺量测新增地物的长宽等各项属性，根据四周明显地物的相关位置量取至新增地物点的距离，按该处的航片比例尺计算出航片上的长度，以两明显地物点的影像交会出新增地物，刺点并在透明纸上描绘出新地物；

最终根据航片上影像特征与实地对照，用铅笔在透明纸上将不同地物界线勾绘出来。完成相片的调绘工作。

（4）清绘、接边。室内着墨，将外业调绘的数据在清绘相片上整饰出来（外业调绘时由于条件和环境的限制不能表达得非常工整，故需要清绘），清绘必须在当天完成，避免时间过长对于调绘信息遗忘或记忆不准确。

每张调绘片整饰完毕后一定要和相邻调绘片接好边，不能出现任何不接边现象，并在调绘片四周注明接边片号（或自由图边）。

（5）复查、调绘片接合图。复查的内容有：地理景观图面和实地是否一致、地物地貌综合取舍是否合理，自然地理名称、单位名称等调绘是否正确、定性是否正确、符号运用是否得当、调绘有无遗漏、各种尺寸（房檐、廊宽等）是否准确、交会角度是否恰当、图面整饰质量及四周接边情况、高程注记点的疏密程度及分布情况等。所有问题均要认真填写检查记录。对于检查中发现的共性问题一定要及时汇总，并召集作业人员开会学习讲解，以免后面工作重复犯错。个别问题则尽快返还作业员修改，复查修改后方可提交下道工序作业。

当测区调绘完毕提交下道工序前，必须制作调绘片接合图，注明调绘片的分布及接边情况，以便下道工序作业时方便查找。

（6）提交资料。相片调绘：调绘相片、调绘相片结合图、图根导线测量成果、碎部点成果、观测记录手簿、外业检查记录、提交资料说明、资料提交清单、学习会议记录等。

纸图调绘：调绘草图、调绘整饰图、图根导线测量成果、碎部点成果、观测记录手簿、外业检查记录、提交资料说明、资料提交清单、图名结合图、学习会议记录等。

**五、注意事项及说明**

（1）调绘过程，一定要认真负责，做到“四到”，即：走到、看到、问到、画到，保证调绘质量。要做到判读准确、描绘清晰、符号运用恰当、注记准确无误。每组航片一张，透明纸一张。按要求画出调绘区内的调绘内容，注意地物的更改部分，要填补原相片上没有的地物。

（2）对于相片影像没有显示而地形图又需要的地物，要用地形测量的方法补测，并描绘到相片上，最终获得能够表示测区地面地理要素的调绘片。

（3）对不允许调绘的军事机关、监狱等，不注记部队番号或单位名称，只注记“军事管理区”或“禁区”等字样，禁区内的地物只要表示合理就行，具体要求可参见相关法律、法规文件。

# 项目二　解析空中三角测量

解析空中三角测量是摄影测量工作的关键步骤，其目的为测绘地形图提供定向控制点、相片定向参数以及测定大范围内界址点的统一坐标。通过解析空中三角测量不触及被量测目标即可测定其位置和几何形状，以节省野外工作量，不受通视条件限制。在进行摄影测量平差时，区域内部精度均匀，且不受区域大小限制。

VirtuoZo 全数字摄影测量系统的影像配准算法具有可靠、快速和精确的优点。其自动空中三角测量量测（AAT）模块除半自动量测控制点之外，其他所有作业（包括内定向、选取加密点、加密点转点、相对定向、模型连接和生成整个测区像点网）都可以自动完成。PATB 光束法区域网平差程序具有高性能的粗差检测功能和高精度的平差计算功能，是目前国际上公认的著名平差软件。所以，将上述两个软件的优点结合在一起，即 VirtuoZo AAT 和 PATB 集成后就成为功能强大的自动空中三角测量软件 VirtuoZo AAT。

本实验以 VirtuoZo AAT 为例学习解析空中三角测量的知识。

## 任务一　建立测区

### 一、预备知识

进行解析空中三角测量工作的关键是前期的准备工作。首先准备原始数据，了解数据的技术指标要求是否合格，对数据进行预处理，使其满足测量要求。这些工作都是在建立测区阶段完成的。

### 二、实验的目的和要求

（1）掌握测区建立的流程；
（2）学习相机文件建立的方法；
（3）学习影像列表参数设置。

### 三、实验内容

（1）通过实验数据建立测区文件；
（2）进行测区参数设置；
（3）像机文件设置；
（4）影像列表参数设置；
（5）控制点文件导入。

## 四、实验步骤

1. 设置测区基本参数

如图 2.1.1 所示，单击 AAT/PATB 主菜单中的 File—New Block，可以创建新测区。新测区的参数设置界面如图 2.1.2 所示。

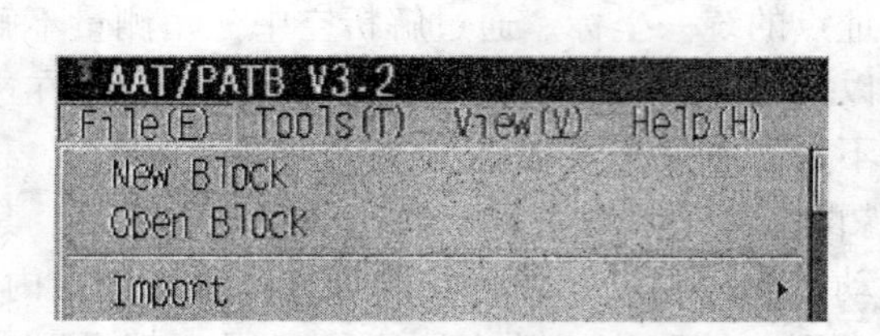


图 2.1.1　创建新测区

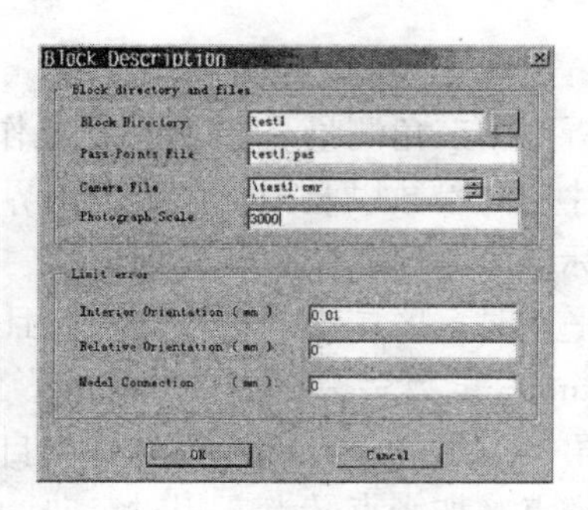


图 2.1.2　测区参数设置

该对话框第一栏中的文本框自上而下依次为：测区目录、加密点文件、相机文件和摄影比例尺。测区参数设置步骤为：

（1）设置测区目录，可以直接输入，也可单击右边的浏览按钮，选择一个已经存在的目录。

（2）输入测区的加密点文件名，通常不含路径。

（3）输入相机文件名，单击右边的浏览按钮可以进入输入相机文件的界面，如图 2.1.3 所示。

图 2.1.3　输入相机文件

在该对话框中用户可以创建、删除或编辑一个相机文件列表项。注意：系统并不要求这些文件已经存在于磁盘中，用户在这里只需输入相机文件名称即可，且通常不用输入路径。

(4) 最后输入测区的摄影比例尺。

该对话框第二栏中的文本框用于设置限差，依次为内定向限差、相对定向限差和模型连接限差。系统为它们设定了缺省值，一般在建立新测区时用户无需进行设置。这三项设置在后面的内定向检查和自动转点时起着重要的作用。

注意：

- 目前各种输入的文件名和目录名中都不支持空格（SPACE）字符。
- 对于以前版本的 BLK 文件（只包含测区目录）可以兼容，系统可以打开。
- 打开已经存在的测区目录后，可以重新设置测区参数（单击菜单项 Setup—Setup Block，如图 2.1.4 所示），改变后的结果保存在相应的文件里。

2. 建立相机文件

VirtuoZo AAT 系统支持在一个测区中使用多个相机的情况。建立相机文件或修改相机参数，可以在主界面下单击 Setup—Setup Camera 菜单项，如图 2.1.5 所示。

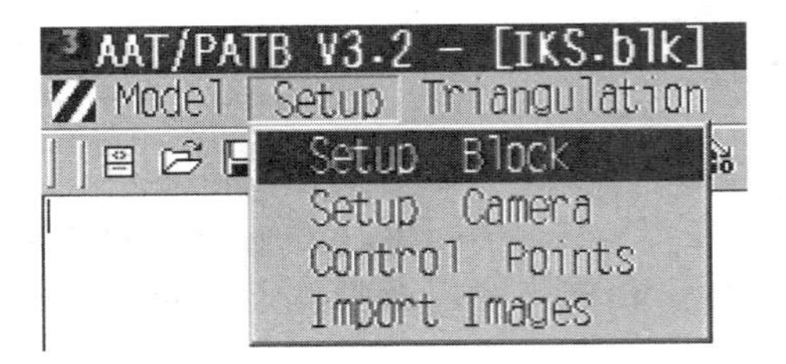


图 2.1.4　重新设置测区参数

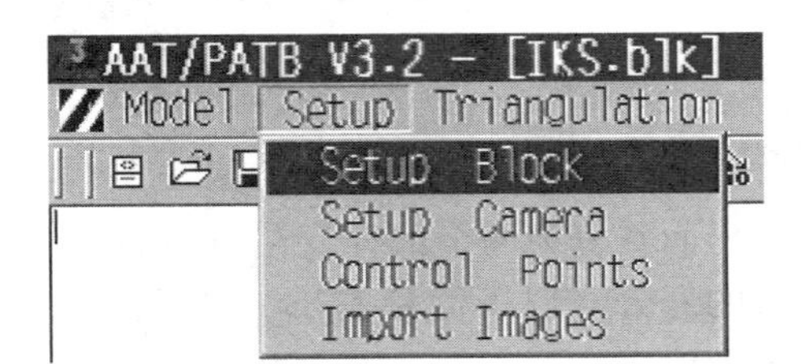


图 2.1.5　建立相机文件

如果测区中存在多个相机文件，系统将会首先弹出如图 2.1.6 所示的对话框，要求用户选择一个相机文件。

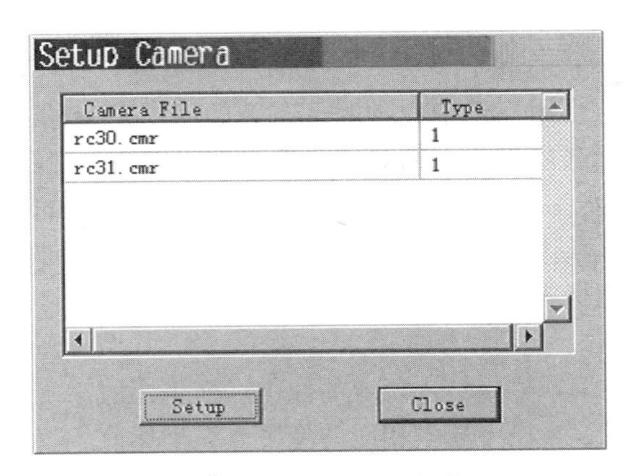


图 2.1.6　选择相机文件

该对话框中列表框的左边列出了该测区中的相机文件（在测区参数设置界面中输入，如图 2.1.2 所示），右边为类型（Type）：当 Type=1 时，相机为已知框标坐标的情形。当

Type=2 时，特指相机为边框标且只知框标距的情形。

（1）第一类相机参数的设置界面 如图 2.1.7 所示。

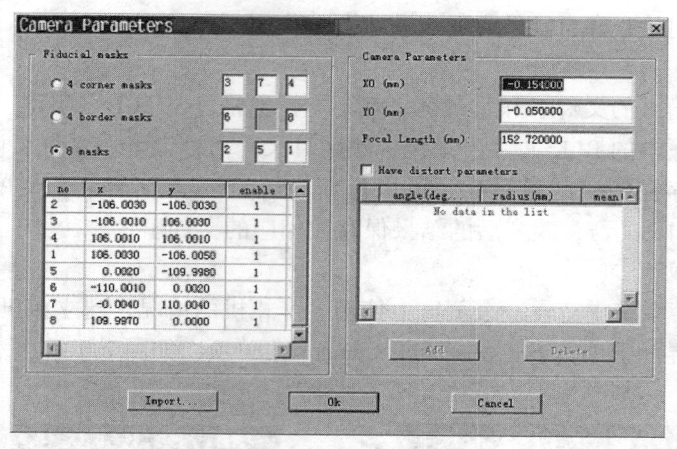


图 2.1.7　相机参数设置

界面共分为两个部分，左边的部分（以下简称左部）主要用于输入框标的像点坐标。右边的部分（以下简称右部）用于输入像主点坐标、相机主距以及畸变差改正参数等。现分别说明如下：

①左部：

相机的框标分布主要有三种情况：4 个角框标，4 个边框标和 8 个框标。

系统提供了三个相应的选项供用户选择：

- 4 corner masks（4 个角框标）。
- 4 border masks（4 个边框标）。
- 8 masks（8 个框标）。

以 4 个角框标为例：当用户选中此项时，右方的四个角上的文本框中的数字即可编辑，下面列表框中的框标名也将与之相对应，单击列表框中的任一栏（x 表示横坐标、y 表示纵坐标。坐标单位为：mm）即进入编辑状态，可填入相应的框标坐标值。最后一列（enable）用于设定该框标是否参与内定向："1" 表示参与内定向。"0" 表示不参与内定向。这种设定用在某个框标不清晰或者根本没有时的特殊情形。

②右部：

- X0（mm）对应的编辑栏中填入相应的像主点横坐标值。
- Y0（mm）对应的编辑栏中填入相应的像主点纵坐标值。
- Focal Length（mm）对应的编辑栏中填入相机的主距。
- 若存在畸变差的改正，用户可选中选项栏 "Have Distort Parameters"，此时下方的编辑栏即可编辑，用户可在此处输入相应的畸变差改正参数。

③若用户想从已有的相机参数文件中引入，可单击 Import 按钮，然后选择相应的相机参数文件即可。当所有的参数确认后，单击 OK 按钮即弹出保存对话框，用户填入所要

保存的文件名，即可保存。

（2）第二类相机参数的设置界面。

如图 2.1.8 所示。该对话框中，自上而下依次为：

- X0，Y0：像主点坐标。
- Focal Length：相机的主距。
- Size of photograph：相片的尺寸（230mm 还是 180mm）。

界面最下方的列表用于输入相机的框标距，以上输入内容的单位都是毫米。输入完毕后单击**OK** 按钮即弹出保存对话框，用户填入所要保存的文件名，即可保存。

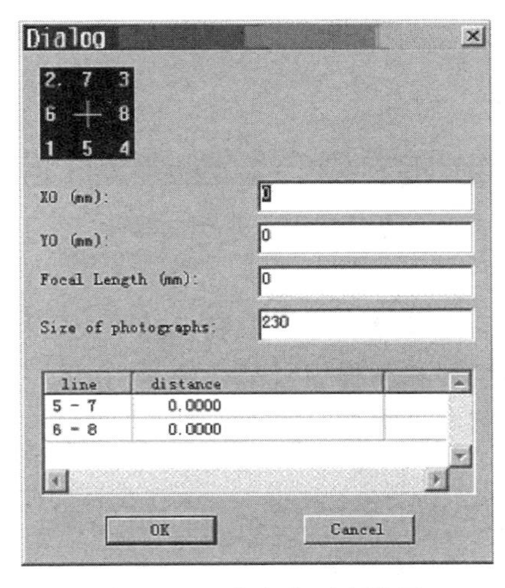


图 2.1.8　内方位元素设置

注意：对于上述第二类相机（这种检校参数是不严格的），内定向时将没有多余观测来检查是否存在框标量测错误，因此要求用户确保相机框标量测的正确性。同样，对于第一类相机，如果部分框标不清晰而被设定为不参与内定向且剩余的框标数为 3，即刚好可以进行内定向，那么同样没有多余观测，此时也需要用户确保相机框标量测的正确性。

3. 输入外业控制点

如图 2.1.9 所示，单击菜单项 Setup—Control Points，系统弹出如图 2.1.10 所示的界面，用于输入外业控制点。

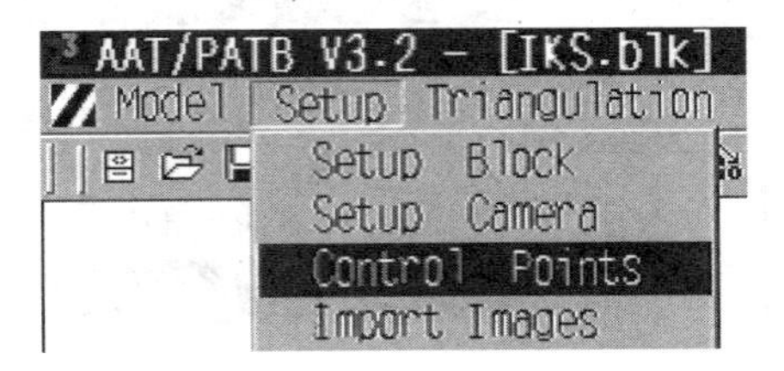


图 2.1.9　控制点加载

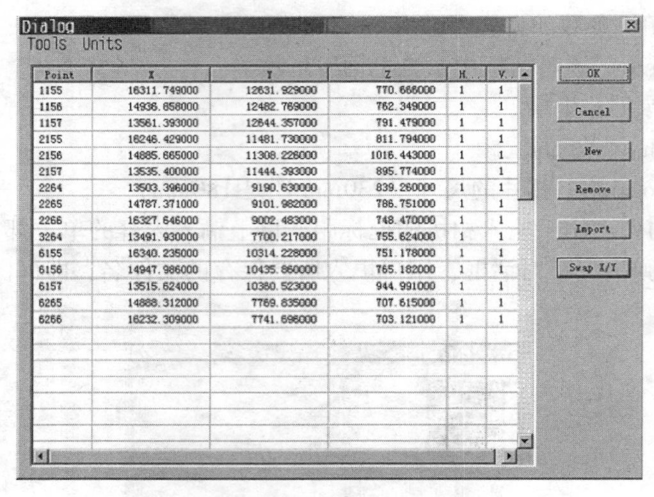


| Point | X | Y | Z | H.. | V.. |
|---|---|---|---|---|---|
| 1155 | 16311.749000 | 12631.929000 | 770.666000 | 1 | 1 |
| 1156 | 14936.858000 | 12482.769000 | 762.349000 | 1 | 1 |
| 1157 | 13561.393000 | 12644.357000 | 791.479000 | 1 | 1 |
| 2155 | 16246.429000 | 11481.730000 | 811.794000 | 1 | 1 |
| 2156 | 14885.665000 | 11308.228000 | 1016.443000 | 1 | 1 |
| 2157 | 13535.400000 | 11444.393000 | 895.774000 | 1 | 1 |
| 2264 | 13503.396000 | 9190.630000 | 839.260000 | 1 | 1 |
| 2265 | 14787.371000 | 9101.982000 | 786.751000 | 1 | 1 |
| 2266 | 16327.646000 | 9002.483000 | 748.470000 | 1 | 1 |
| 3264 | 13491.930000 | 7700.217000 | 755.624000 | 1 | 1 |
| 6155 | 16340.235000 | 10314.228000 | 751.178000 | 1 | 1 |
| 6156 | 14947.986000 | 10435.860000 | 765.182000 | 1 | 1 |
| 6157 | 13515.624000 | 10380.523000 | 944.991000 | 1 | 1 |
| 6265 | 14888.312000 | 7769.835000 | 707.615000 | 1 | 1 |
| 6266 | 16232.309000 | 7741.696000 | 703.121000 | 1 | 1 |

图 2.1.10　控制点编辑

列表框中自左向右依次为控制点点号，控制点的 X、Y 和 Z 坐标，控制点的平面组号和高程组号。控制点的平面组号和高程组号都设置了 10 组：1 ~9 组和 X 组。X 组表示不作为外业控制使用。关于控制点分组参与平差的操作请参见—PATB 的使用（项目七 连接点编辑，实验步骤 5）。

若要从已有的控制点文件中引入，可单击 Import 按钮，选择相应的控制点文件，即可引入控制点文件。

当控制点的横、纵坐标输反时，可通过单击 Swap X/Y 按钮来交换其顺序。

若要删除其中的某控制点或多个控制点，可选中该点或多个控制点，然后单击 Remove 按钮，即可将其删除。

另外，对话框中菜单 Units 下面包含两个子菜单项。可以进行英制单位（英尺：Feet）和公制单位（米：Meter）之间的换算。

4. 影像格式转换（对于新版本的系统，支持多种格式影像，可以不用转换）

如图 2.1.11 所示，单击菜单项 Setup—Import Images，启动影像格式转换程序，其界面如图 2.1.12 所示。

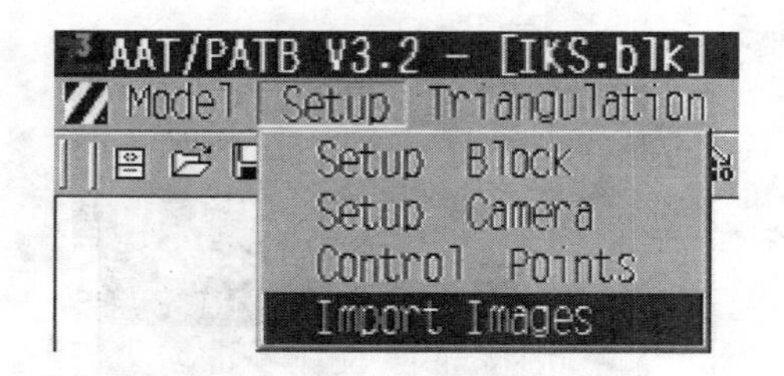


图 2.1.11　影像格式转换

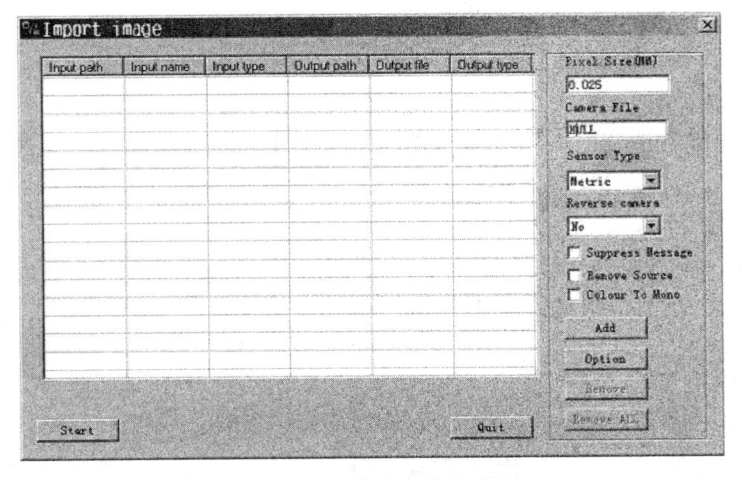


图 2.1.12　影像格式转换主界面

（1）操作选项说明。

• Pixel Size：像素大小。可修改，若是某些格式影像，可从其文件头中读取。

• Camera File：相机文件名。可修改，缺省值取自区域参数。

• Sensor Type：影像类型。有量测、非量测、卫星影像和 IKONOS 卫星影像等四种选择。

• Reverse Camera：是否进行相机反转。

• Suppress Message：屏蔽影像格式转换时的警告信息。所有转换时的警告，错误对话框都不出现，以防停止转换而等待用户确认。

• Remove Source：选中此项后，转换完成后即删除原始数据，以节约硬盘空间。

• Color To Mono：选中此项后，可将原始的彩色影像直接转换为黑白影像。

注意：选中屏蔽警告信息选项后，所有转换中的警告，错误对话框都不出现，以防停止转换而等待用户确认。

在 Tif、BMP（24 位）及 JPEG 格式转换时，若像素大小为“-1”，程序将自动使用图像格式中的参数。否则使用用户输入的参数值。若原始影像中并未存储影像的扫描分辨率，则输入参数“-1”时，不能自动识别影像的分辨率，此时转换后影像的扫描分辨率直接会给定“-1”，这种情况下，需用户手工改正影像的扫描分辨率，否则无法进行内定向处理。

用户选择转换的文件名后，程序自动判断图像的格式类型并显示在 TYPE 栏内。如不能识别，将在 TYPE 栏目下显示“N/A”字样，不作处理。目前支持的影像格式主要有标准的 TIF 影像、GEOTIF 影像、11BIT 位存储的 TIF 影像、24 位存储的 BMP 影像、无损压缩的 JPEG 影像、TGA 格式影像、SUN RASTER 影像、SGI RGB 影像、Mr. Sid 格式的影像。并不是所有的 TIF 影像和 JPEG 影像都能转换，对于部分分块存储的影像，如分块存储的 TIF、JPEG 等影像，程序虽能识别，但不能正常转换，须将其转换为标准的格式后方可转换。

（2）工具按钮说明。

- Add：加入新的待转换文件。
- Option：文件转换选项。
- Remove：删除选定的表项（鼠标单击转换表中任一表项即可将其选中）。
- Remove All：删除所有的表项。
- Start：开始转换。
- Quit：退出本界面。

注意：在添加方式和删除方式下，用户均可使用窗选（复选）方式完成文件名的操作，提高选取效率。

（3）转换影像类型。

目前可以进行转换的影像类型有：BMP、TIFF（TIFF6 标准）、SUN RASTER、TGA、SGI（RGB）、Spot（*.dat）和 JPEG 等供选择。其中，不支持带索引格式的 BMP 图像文件（用户可先将其他 BMP 文件转成 TIFF 格式后再转成 VZ），JPEG（无损格式和带数字水印格式的）也不能转换。

注意：新版的软件支持 TIFF 等格式的数据，对于有些格式的数据不需要进行影像格式转换直接使用，具体支持的格式可以参见说明书。

（4）修改输出选项。

首先选中需转换的文件，单击 Option（选项）按钮，进入转换设置对话框，如图 2.1.13 所示。

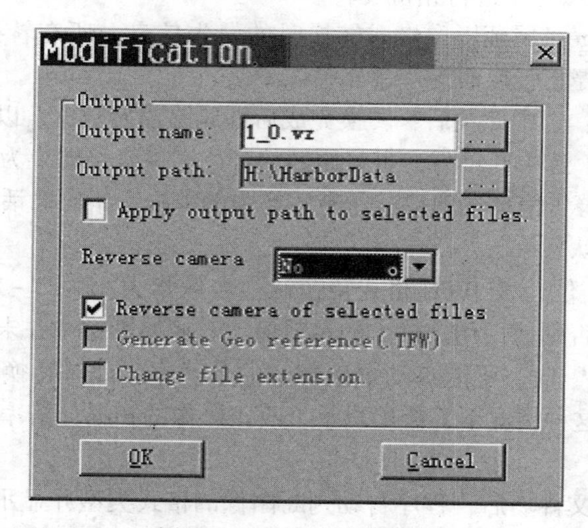


图 2.1.13　格式转换设置

其中：

①将输出路径作用于所有文件：将选中的所有文件输出到当前文件的输出路径上。

②旋转选中文件的相机：将列表中选中文件的相机旋转。

操作说明：

单击添加按钮，弹出文件选择对话框，用户可选择一个或多个影像文件参与转换，被选择的影像文件显示在界面上。单击开始按钮，界面上所有的文件将依次被转换成 VirtuoZo 系统所要求的影像格式，并自动生成其影像参数文件，即<影像名>. spt 文件，其参数记载了该影像的高、宽、扫描像素大小及相机文件名等。用户还可以修改像素大小、影像类型（量测，非量测，卫星）、相机文件名。

选好输入输出文件后，程序将自动计算输出文件的全路径。并可单击列表中的文件来修改输出文件的属性，使用添加、删除、删除所有按钮来改变参与格式转换的文件列表。

修改转换表中输入输出名及路径。双击转换表中要修改的行，系统弹出对话框（图 2. 1. 13），用户即可进行属性修改。

注意：

①输入文件如果位于局域网络中的另一台机器上，该文件应置于全共享子目录下。

②屏蔽警告信息有时不能屏蔽 TIFF 转换中的某些警告。

5. 建立测区影像列表

在主界面中单击 Triangulation—Images List 菜单项，系统将弹出如图 2. 1. 14 所示的对话框，本对话框提供建立和修改测区内航带和影像信息的功能。

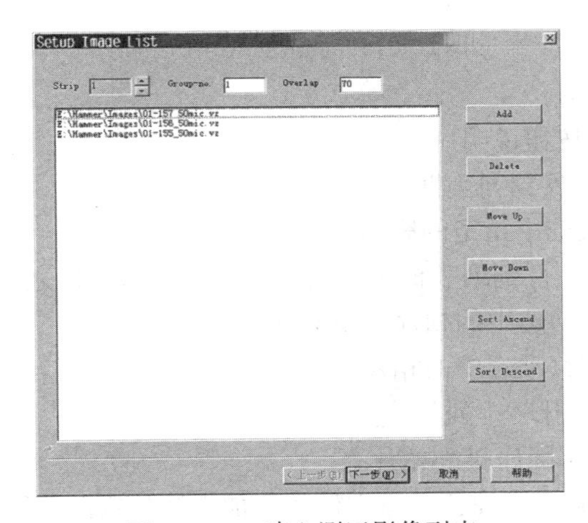


图 2. 1. 14 建立测区影像列表

（1）影像列表界面参数说明。

①Strip：当前航线的航带号，单击箭头进行选择。

②Group-no：将当前的航带分到某一组中，缺省情况下，测区中所有航线的组号都为 1，当测区中存在交叉航带时才需要分组。如图 2. 1. 15 所示，该测区中共有 6 条航线，其中航线 1 ~ 4 为东西向飞行，航线 5 和 6 为斜飞航线，此时应该将航线 1 ~ 4 设置为第一组，而航线 5 和 6 应该设置为第二组。航线的组号设置是专门为解决交叉航线设置的。

注意：航线组之间的航线偏移量的确定与普通航线之间偏移量的确定是不同的，具体操作请参见确定航线间的偏移量。

③Overlap：当前航线的航向重叠度，缺省值为 70% 。

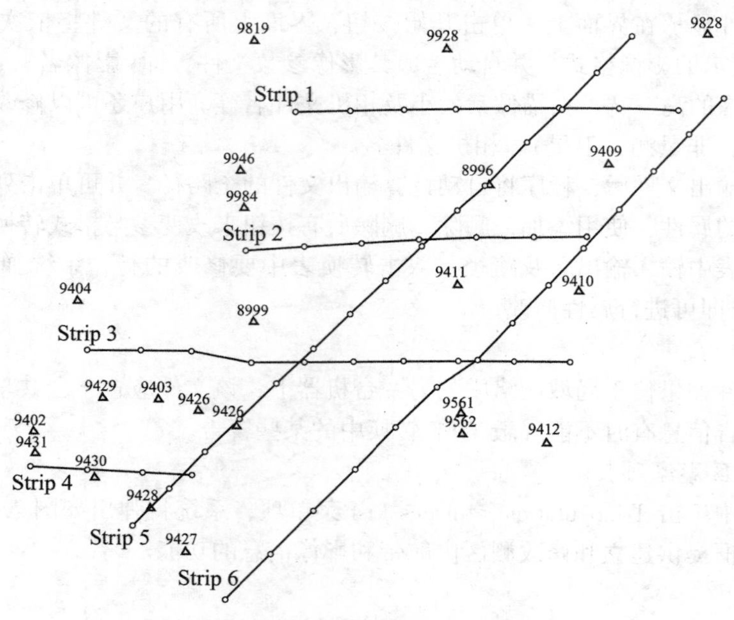


图 2.1.15　测区航线分布例图

（2）影像列表界面按钮说明。

- Add：增加影像文件到列表框中。
- Delete：删除列表框中指定的影像文件。
- Insert：插入影像文件到列表框中某高亮显示的影像文件之前。
- Move up：向上移动选中的相片（支持多选）。
- Move down：向下移动选中的相片（支持多选）。
- Sort Ascend：按照升序排列相片。
- Sort Descend：按照降序排列相片。

注意：为方便用户载入影像，影像文件的增加支持从资源管理器中拖拽，即打开资源管理器，选中一个或多个影像文件之后，按住鼠标左键不放，将其拖至影像列表编辑框中释放，此时即可将选中文件的路径存入影像列表框中。

当选中多个影像文件时，拖拽过程中请注意用鼠标左键拖住第一张影像，否则输入界面中影像文件的次序会发生改变。

将测区的相片列表建立好以后，单击界面最下方的下一步按钮，进入相片参数设置界面，如图 2.1.16 所示。

界面最上方的功能依次为：

- Strip：选择航线，通过编辑框旁边的箭头选择航线。
- Image-no.：首先在上面的列表中选中需要修改相片号的相片，然后单击该按钮，将会弹出下述对话框，如图 2.1.17 所示。

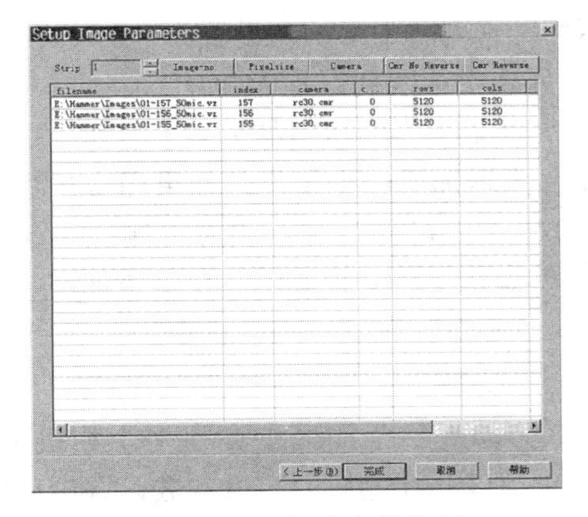

图 2.1.16　相片参数设置

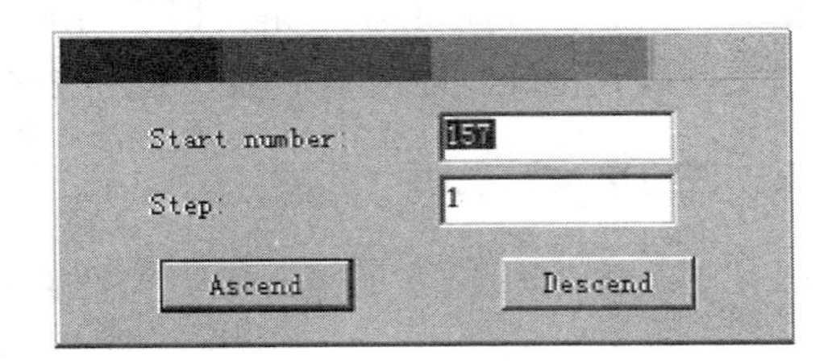


图 2.1.17　修改相片号

然后输入起始编号（Start Number）和编号步长（Step），单击升序（Ascend）或降序（Descend）按钮后，即可完成相片索引号的编排。

● Pixelsize：首先在列表中选中需要修改扫描分辨率的相片，然后单击该按钮，将会弹出如图 2.1.18 所示的对话框：

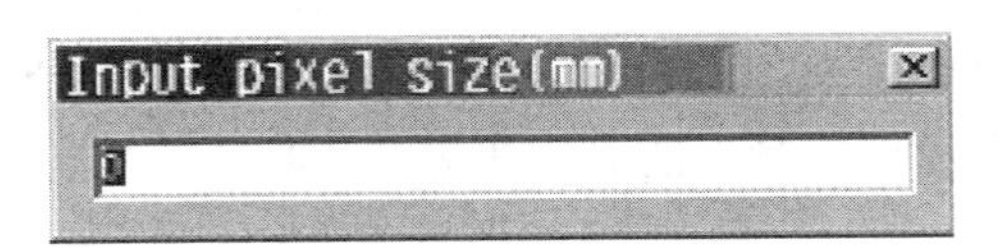


图 2.1.18　修改相片分辨率

输入扫描分辨率（单位：mm）即可完成扫描分辨率的修改。

● Camera：首先在列表中选中需要重新指定相机的相片，然后单击该按钮，将会弹出如图 2.1.19 所示的打开对话框。

图 2.1.19　选择相机文件

在测区目录下选择一个相机文件即可对选中的相片重新指定相机。

• Cmr No Reverse：设定选中相片的框标不翻转，列表中第四列设置为“0”。

• Cmr Reverse：设定选中相片的框标翻转，列表中第四列设置为“1”。

在完成相片参数的修改编辑之后，可以单击界面最下方的按钮结束整个操作。

注意：目前相片列表设置功能支持在测区中任意增加或减少相片。如果用户想增加或减少相片，只需在 ImageList 中完成相片的加、减操作即可，系统会相应将测区中各个相关参数文件设置正确，即使整个测区已经完成了自动转点甚至是空中三角测量加密。

### 五、注意事项及说明

（1）进行空中三角测量，首先需要建立测区。如果一个测区中存在多个相机文件，可以在测区设置对话框中为一个测区设置多个相机文件并在随后的相机参数设置中分别设置参数。

（2）在相机参数设置界面中，如果有的框标不清晰，例如由于相机磨损导致有的框标无法判断其框标中心的精确位置，此时应该在相机参数设置界面中设定该框标不再参与内定向计算。

（3）如果测区中存在交叉飞行的航线，可以在影像列表设置界面中通过对航线分组来实现。即把航向相同的航线分为一组，不同的航线分为不同的组。

（4）如果需要在测区中引入多组控制点，在控制点设置界面中提供了平面和高程的分组设置（最大可以提供九组），用户可以根据需要将控制点分组，并在 PATB 中对不同的组设置不同的权，从而实现控制点的分组平差。

## 任务二　自动内定向

### 一、预备知识

内定向是通过内方位元素确定摄影中心和影像之间相对位置关系的过程。数字影像内定向是数字摄影测量的第一步。数字影像内定向的目的就是确定扫描坐标系和相片坐标系之间的关系以及数字影像可能存在的变形。数字影像的变形主要是在影像数字化过程中产生的，而且主要是仿射变形。

#### 1. 相片内定向

相片内定向就是恢复相片的内方位元素，建立和摄影光束相似的投影光束，实际操作中是根据量测的相片四角框标坐标和相应的摄影机检定值，恢复相片与摄影机的相关位置，即确定像点在像框标坐标系中的坐标。对于胶片相机所获得的影像，内定向还可以消除相片因扫描、压平等因素导致的变形。内定向通常的方法是利用相片周边已有的一系列框标点（通常有 4 个或 8 个，它们的相片坐标是事先经过严格校正过的），利用这些点构成一个仿射变换的模型（像点变换矩阵），把像素纠正到框标坐标系。

#### 2. 数字影像内定向

数字影像内定向即内定向自动化。为了从数字影像中提取几何信息，必须建立数字影像中的像元素与所摄物体表面相应的点之间的数学关系。由于经典的摄影测量学已经有一套严密的像点坐标与对应的物点坐标关系式，因而只需要建立像素坐标系（传感器坐标系）与原有坐标的关系，就可利用原有的摄影测量理论，这一过程即数字影像的内定向。

数字影像是以“扫描坐标系 O-I-J”为准，即像素的位置是由它所在的行号 I 和列号 J 来确定的，它与相片本身的像坐标系 o-x-y 是不一致的。一般说来，数字化时影像的扫描方向应该大致平行于相片的 x 轴，这对于以后的处理（特别是核线排列）是十分有利的。因此扫描坐标系的 I 轴和像坐标系的 x 轴应大致平行，如图 2.2.1 所示。数字影像的变形主要是在影像数字化过程中产生的，而且主要是仿射变形。因此扫描坐标系和相片坐标系之间的关系可以用下述关系式（2.2.1）来表示：

$$
\begin{aligned}
x &= h_0 + h_1 I + h_2 J \\
y &= k_0 + k_1 I + k_2 J
\end{aligned}
\qquad (2.2.1)
$$

式中 $h_0$，$h_1$，$h_2$，$k_0$，$k_1$，$k_2$ 为内定向参数，可由 4 个框标坐标点平差解算。

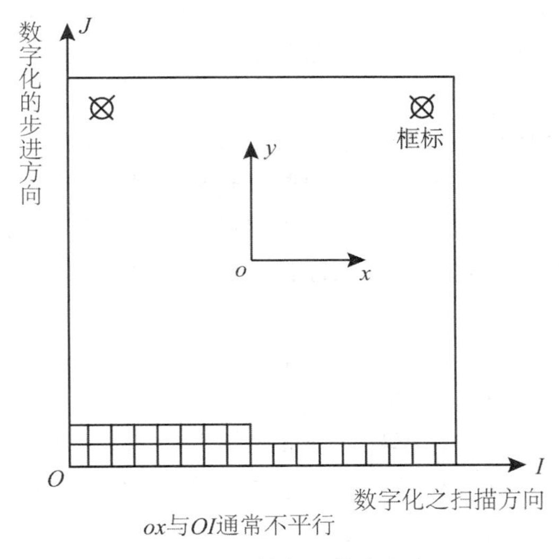


图 2.2.1　数字影像内定向

3. 相对定向

从两个摄站对同一地面摄取一个立体像对时，同名射线对相交于地面点，此时，若保持两张相片之间相对位置和姿态关系不变。将两张相片整体移动时，同名射线对相交的特性也不发生变化。利用立体像对中摄影时存在的同名光线对应相交的几何关系，通过量测的像点坐标，以解析计算的方法（此时不需要野外控制点），解求两相片的相对方位元素值的过程，称为解析相对定向。确定相邻两相片的相对位置和姿态的要素，称为相对定向元素。相对定向的目的是建立一个与被摄物体相似的几何模型，以确定模型点的三维坐标。因此，同名射线对相交是相对定向的理论基础。像对的相对定向无论是模拟法或解析法，都是以同名射线对相交即完成摄影时三线共面的条件作为解求的基础，模拟法相对定向是利用投影仪器的运动，使同名射线对相交，建立起地面的立体模型。而解析法相对定向是通过计算相对定向元素，建立地面的立体模型。

假设 $S_1a_1$ 和 $S_2a_2$ 为一对同名射线。其矢量用$\overrightarrow{S_1a_1}$和$\overrightarrow{S_2a_2}$表示，摄影基线矢量用 $\boldsymbol{B}$ 表示。同名射线对相交，表明射线 $S_1a_1$、$S_2a_2$、$\boldsymbol{B}$ 位于同一平面内，亦即三矢量共面。根据矢量代数，三矢量共面，它们的混合积等于零，即

$$\boldsymbol{B} \cdot (\overrightarrow{S_1a_1} \times \overrightarrow{S_2a_2}) = 0 \tag{2.2.2}$$

上式即为共面条件方程，其值为零的条件是完成相对定向的标准，用于解求相对定向元素。其对应的坐标表达形式如下

$$\begin{vmatrix} b_u & b_v & b_w \\ X & Y & Z \\ X' & Y' & Z' \end{vmatrix} = 0 \tag{2.2.3}$$

它的几何解释是由此三向量所形成的平行六面体的体积必须等于零，由此保证这一对相应光线共处于一个核面之内，成对相交。通过摄影测量的基础知识可以知道像对的相对定向元素有五个，分别为 $b_y$、$b_z$、$\varphi_2$、$\omega_2$、$\kappa_2$。在立体像对的两张相片上分别量测三对以上的同名像点坐标，利用式（2.2.3）即可解求相对定向元素。

4. 绝对定向概念

相对定向后建立的立体模型是相对于摄影测量坐标系统的，它在地面坐标系统中的方位是未知的，其比例尺也是任意的。如果想要知道模型中某点相应的地面点的地面坐标，就必须对所建立的模型进行绝对定向，即要确定模型在地面坐标系中的正确方位，及比例尺因子。很容易将模型坐标转化为地面坐标，这样就能确定出加密点的地面坐标。这叫立体模型的绝对定向。

绝对定向的定义：解算立体模型绝对方位元素的工作。立体模型绝对方位元素有七个，它们是：$X_S$，$Y_S$，$Z_S$，$\boldsymbol{\Phi}$，$\boldsymbol{\Omega}$，$\boldsymbol{K}$，$\lambda$。

绝对定向的目的就是恢复立体模型在地面坐标系中的大小和方位的工作，其实质就是利用已知地面控制点，确定立体模型在地面坐标系中的大小和方位，解求绝对方位元素，从而将模型点的摄测坐标变换为相应地面点的地面坐标。

## 二、实验的目的和要求

理解相片内定向的含义及其数字影像内定向的含义。

## 三、实验内容

完成自动内定向模板设置，进行自动内定向。

## 四、实验步骤

单击 AAT 主界面上的菜单项 Triangulation Interior Orientation，启动内定向模块。

（1）创建框标模板（这一步工作在这里不做说明，一般情况下都是系统建立好的）。

（2）检查自动内定向结果。创建框标模板以后，系统就可以自动进行内定向，计算结果显示在如图 2.2.2 所示的窗口中。

在窗口的列表框中，自左向右依次为影像名称、内定向 $x$ 坐标的中误差、$y$ 坐标的中

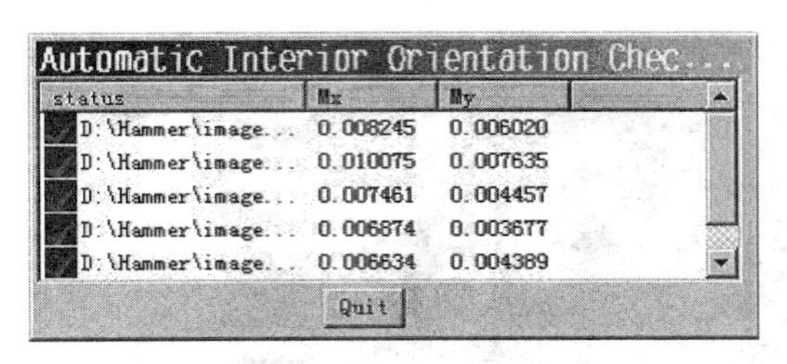


图 2.2.2　内定向结果

误差。列表框中还显示了自动内定向的状态，在各影像名左边有一个小的标记，其中：

✓ 表示内定向精度符合要求。

? 表示某个框标自动定位失败，但是剩余框标仍可进行内定向，因此需要检查。

×表示内定向精度很差或自动内定向失败，必须人工交互处理。

## 任务三　确定航线间的偏移量

### 一、预备知识

为了在航线间自动转点，程序需要知道航线之间的相互关系，确定航线间的偏移量就是用来确定航线之间的相互关系的。通常，确定航线之间的相互关系，只需在相邻的航线之间人工量测数个同名点，这些点我们称为航线间偏移点（Strip Offset 点），也可称为种子点。在普通航线（航向基本相同）之间和不同的航线组（交叉航线）之间，对航线间偏移点的数量有不同的要求：

（1）对于两条普通航线，基本要求为在航线的头尾各量测一个点，当航线比较长时，有时可以在航线中间再均匀地量测一个或多个点。

（2）对于不同的航线组，基本要求为在两个航线组（各包含多条航线）的公共区域内，人工至少量测 3 个偏移点，而且要求这三个点不要分布在一条直线上。

### 二、实验的目的和要求

（1）理解确定航线间偏移量的目的和要求；

（2）掌握确定航线间偏移量的方法。

### 三、实验内容

在相邻的航线之间人工量测数个同名点作为种子点。

### 四、实验步骤

1. 量测航线间偏移点

在 AAT 主菜单中，单击 Triangulation Strip Offset 菜单项，系统将出现如图 2.3.1 所示的界面。

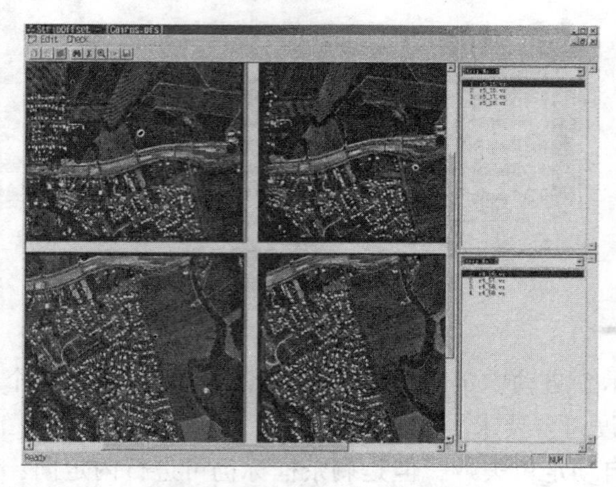

图 2.3.1　航线间便宜点量测

（1）工具条按钮说明。

中按钮的功能依次为：自动匹配、手动匹配、自动转点、寻找航带偏移点、删除航带偏移点、精确量测航带偏移点、给航带偏移点命名和存储当前的改动。

（2）窗口说明。

此界面共分为四个影像显示窗口，上下分别显示不同航带的两张航片，左右分别显示航带内相邻两张影像的全局视图。右方的列表框被分隔为上下两个窗口，分别显示上下两条航带的影像列表。

（3）操作说明。

①进入此界面后，单击右方影像列表中的箭头，选择相应的上下两条航带，影像列表中将顺序显示与当前航带对应的航片名，左方的影像列表缺省显示当前选中航带的前面两张航片的全局影像图。

②在航带影像列表中，使用鼠标左键分别选择上下两条航带将要寻找同名点的对应的航片名，左方的影像显示框将显示选中的航片和与之相邻的下一张航片。

③分别在显示出的四张影像上寻找相对应的同名点，找出后用鼠标左键选中此区域。

图 2.3.2　精确量测点

单击按钮，即进入精确量测点界面，其界面如图 2.3.2 所示。

（4）精确量测点界面说明。

①工具按钮说明。如图 2. 3. 3 所示，每张影像下方均显示如图 2. 3. 3 所示的工具条：

其中工具按钮的功能依次为：

• 确定此片是否为主片（若此影像下方灯亮（显示为绿色），则表示该片被设为主片，其他灯将都被关掉，即不设为主片）。

• 确定是否显示影像（若按钮显示为黄色，影像显示。否则影像不显示）。

• 自左往右的四个方向的箭头按钮分别表示影像的显示为上移、下移、左移、右移。

• 自左往右的四个方向的箭头分别表示将测标上移、下移、左移、右移一个步距，其移动的步距大小依影像放大显示的比率而定，若影像为 1∶1 显示，则单击一次按钮，移动一个像素。若为 1∶2 显示，则一次移动 0.5 个像素，依此类推。

②功能说明。

• 进入此界面后，用户可选择 ZOOM 菜单下的选项调整影像显示的放大率。

• 若用鼠标左键按下图标，此时在设为主片的影像上用鼠标左键选中某特征点时，其他的影像将自动匹配到该点处。若该点特征不明显，程序在其他影像上无法自动匹配到该点，此时会给出提示信息，如图 2. 3. 4 所示。

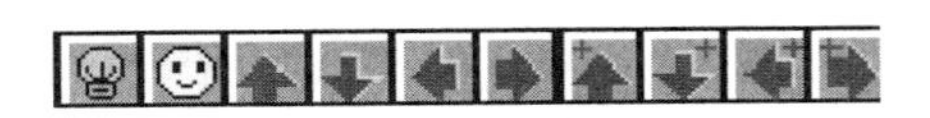

图 2. 3. 3 精调工具

图 2. 3. 4 自动匹配失败

• 若用鼠标左键按下图标，即进入手工对点状态，此时在任何一张影像上单击鼠标左键时，其他影像上的点位不会自动匹配该点，用户可通过放大影像精确调整每张影像上的同名点点位。

• 若用鼠标左键按下图标，在主片上调整了点位，然后用鼠标左键按下图标，此时用鼠标左键单击图标（或单击菜单项 Align Match），主片所选中的点位将自动转向其他相片，若有部分相片由于特征不明显无法自动转测，则会弹出如图 2. 3. 4 所示的提示信息。

• 若单击图标，此时会弹出如图 2. 3. 5 所示的对话框。

若用鼠标左键单击列表框中任一航带偏移点，然后单击 OK 按钮，此时即进入该航带偏移点的精确对点界面。

• 若单击图标，此时会弹出如图 2. 3. 6 所示的对话框。

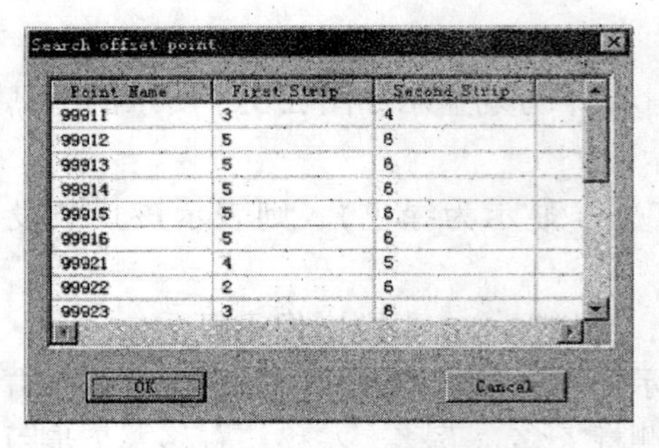


图 2.3.5　查找浏览偏移点

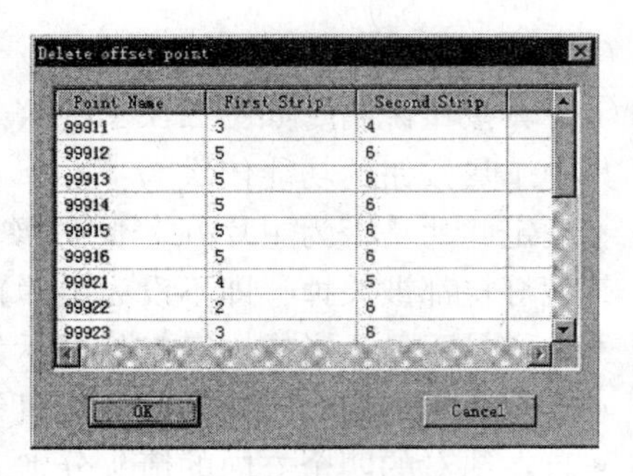


图 2.3.6　删除偏移点

若用鼠标左键单击列表框中任一航带偏移点，然后单击 OK 按钮，此时即删除当前选中的航带偏移点。

- 若单击图标 ID= （或单击菜单项 Name），此时即弹出如图 2.3.7 所示的对话框。

图 2.3.7　点号查找偏移点

用户可为当前航带偏移点输入点名，输入完毕后，按 Enter 键确认，或按 Esc 键取消。

- 若单击图标 （或单击菜单项 Save），即保存当前的改动。

**五、注意事项及说明**

同名点的选择应遵循如下原则：

（1）同名点应在不同的航带间选取。

（2）所选的同名点不能过于接近影像的边缘。

（3）选取的同名点点位应保证该点在同一航带间有至少两度重叠。

（4）航带间至少应选取两对以上的航带偏移点，对于航带间航偏角变化较大的航带，应尽可能多地选取航带偏移点，以保证航带间能建立连接。

（5）若存在交叉航带，则交叉航带组间也应添加航带偏移点，并且要保证所选航带偏移点不少于三个，且尽量避免所选点位的连线接近一条直线。

（6）每对航带偏移点应尽量精确对点，保证是同名点。

## 任务四　输入 GPS 参数

**一、预备知识**

近来，很多学者对在空中三角测量中利用 GPS 数据可以达到什么样的预期精度和可靠性进行了广泛的研究，使得 GPS 辅助空中三角测量的应用越来越广泛。目前的研究结果表明：

(1) GPS 摄站坐标在区域网联合平差中是极其有效的，只需要中等精度的 GPS 数据即可满足测图的要求。

(2) 外方位线元素的利用一般比角元素更有效。但是附加的姿态测量，在精度要求很高时可以用来改善高程加密精度。

(3) 利用 GPS 数据的光束法区域网平差将会有较好的可靠性，这包括 GPS 数据自身的可靠性，像点坐标观测值和少量地面控制点的可靠性。

(4) 原则上讲，GPS 提供的摄站坐标用于平差可以完全取代地面控制点，条件是 GPS 观测值在区域网中必须连续而没有中断。

(5) 为了解决基准问题，即为了获得国家坐标系（如高斯-克吕格坐标系）的加密成果，依然要求有一定的地面控制点。但是控制点数远远少于常规加密所需的控制点数。一般只在测区的角上布设平高控制点即可。

由此可见，GPS 定位数据和 INS 惯性导航数据在空中三角测量中的应用已日益受到人们的关注，VirtuoZo AAT 同样提供了使用 GPS 和 INS 数据进行自动转点和联合平差的功能。

## 二、实验的目的和要求

(1) 了解 GPS 辅助空中三角测量应用含义。

(2) 掌握 GPS 辅助数据添加的方法。

## 三、实验内容

GPS 数据导入参与解析空中三角测量。

## 四、实验步骤

(1) 创建测区时需要输入正确的摄影比例尺，如图 2.4.1 所示。

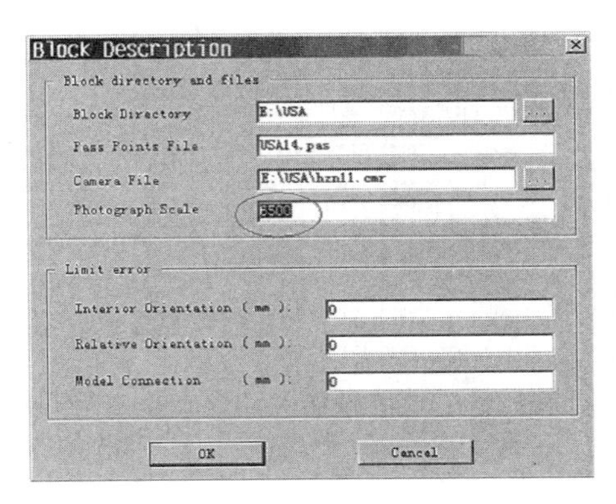


图 2.4.1　测区参数设置

（2）在影像列表设置时要输入影像索引编号，如图 2.4.2 所示。

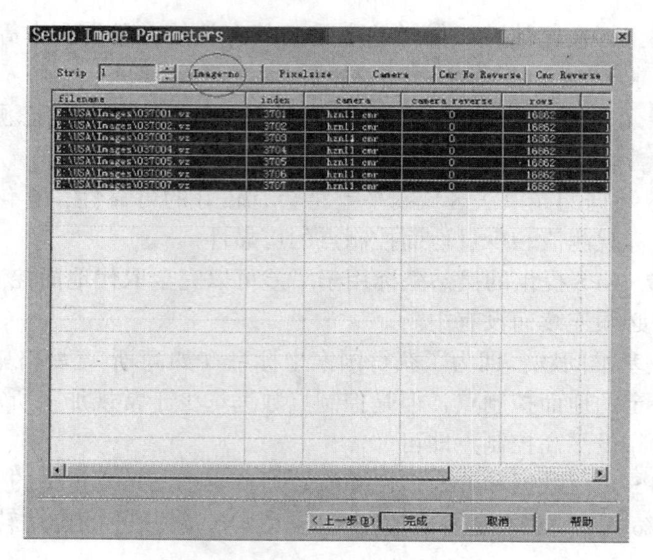


图 2.4.2　影像列表

（3）准备一个文本文件输入 GPS 或者 INS 参数，图 2.4.3 中是一个这样的例子。图 2.4.3 中的文本文件一共有 8 列数据，从左到右依次为：相片索引编号、摄站坐标（X，Y，Z）、方位角 $\omega$，$\varphi$，$\kappa$ 摄影时刻。如果没有 INS 数据，可以设置 $\omega$，$\varphi$，$\kappa$ 的值为零。准备这个文件时可以选用图 2.4.3 中任意一种格式，但是必须保证相片的索引编号与前面在相片列表中设置（图 2.4.2）的完全一样。

| 3701 | 2105241.973 | 16022498.113 | 6509.623 | -1.04997 | 0.05668 | 198.47243 | 235038.178830 |
|---|---|---|---|---|---|---|---|
| 3702 | 2107082.747 | 16022535.323 | 6505.270 | -0.37472 | 0.03436 | 197.76139 | 235044.575490 |
| 3703 | 2108944.928 | 16022567.312 | 6517.402 | 0.23708 | -0.71585 | 198.93126 | 235051.071250 |
| 3704 | 2110795.493 | 16022595.632 | 6513.103 | 0.13310 | -0.57694 | 199.29016 | 235057.569150 |
| 3705 | 2112643.009 | 16022639.712 | 6512.563 | -0.35635 | -0.35950 | -199.92876 | 235064.064100 |
| 3706 | 2114484.249 | 16022680.363 | 6525.349 | 0.15354 | -0.39426 | -199.43844 | 235070.560110 |
| 3707 | 2116322.523 | 16022705.715 | 6526.976 | 0.31633 | -0.11273 | -199.15102 | 235077.056290 |
| 3807 | 2116926.913 | 16019325.661 | 6554.150 | 1.38774 | 1.48806 | 4.76791 | 235189.890950 |
| 3806 | 2115082.418 | 16019297.469 | 6577.306 | 1.42927 | 0.48402 | 4.37095 | 235196.587580 |
| 3805 | 2113232.609 | 16019239.564 | 6581.989 | 0.71638 | -0.58276 | 4.36920 | 235203.282460 |
| 3804 | 2111368.375 | 16019176.405 | 6589.233 | 0.39032 | -0.13739 | 4.40497 | 235209.980270 |
| 3803 | 2109529.079 | 16019110.755 | 6607.069 | -0.10807 | 0.19214 | 1.55279 | 235216.576010 |
| 3802 | 2107664.803 | 16019056.650 | 6620.016 | -0.66668 | 0.12948 | 1.70711 | 235223.271610 |
| 3801 | 2105833.119 | 16019011.694 | 6638.555 | -0.14351 | 0.60561 | 1.63586 | 235229.868460 |
| 3901 | 2105400.291 | 16015391.607 | 6593.498 | 0.03313 | 0.29636 | -199.16118 | 235354.793850 |
| 3902 | 2107249.529 | 16015397.408 | 6571.479 | -0.43367 | 0.45419 | -198.31183 | 235361.591850 |
| 3903 | 2109118.172 | 16015413.060 | 6541.087 | -0.22489 | 0.61740 | -198.13395 | 235368.386900 |
| 3904 | 2110973.434 | 16015452.538 | 6518.763 | -1.24850 | -0.15732 | -197.47867 | 235375.082610 |
| 3905 | 2112799.682 | 16015520.612 | 6508.931 | -0.80273 | -0.15838 | -199.10943 | 235381.678290 |
| 3906 | 2114653.593 | 16015577.975 | 6506.690 | 0.24430 | -0.17370 | -198.85028 | 235388.375230 |
| 3907 | 2116524.806 | 16015612.743 | 6518.544 | 0.42850 | -0.85830 | -197.63566 | 235395.170100 |
| 4007 | 2117087.962 | 16012096.400 | 6548.633 | 0.94884 | -0.22867 | 3.36966 | 235516.401380 |
| 4006 | 2115224.487 | 16012066.417 | 6539.127 | 0.90902 | -1.03332 | 3.34163 | 235522.997570 |
| 4005 | 2113375.113 | 16012036.114 | 6543.026 | 0.30394 | -0.52064 | 3.37747 | 235529.492770 |
| 4004 | 2111520.913 | 16012014.398 | 6538.287 | 0.36309 | -0.18297 | 3.18209 | 235535.988730 |
| 4003 | 2109689.544 | 16011989.861 | 6527.459 | 0.03570 | -0.29452 | 3.08386 | 235542.385490 |
| 4002 | 2107828.206 | 16011968.413 | 6527.732 | 0.56558 | 0.15369 | 3.00749 | 235548.881680 |
| 4001 | 2105970.409 | 16011938.091 | 6530.387 | 0.16688 | 0.61164 | 3.07237 | 235555.377710 |

图 2.4.3　文本文件输入 GPS 或者 INS 参数

（4）单击菜单项 Triangulation import GPS+IMU（图 2.4.4）可以进入 GPS 参数的输入界面（图 2.4.5）。

（5）在 GPS 输入界面（图 2.4.5）中单击菜单项 Import 后弹出对话框（图 2.4.6）。

（6）在图 2.4.6 所示的对话框中，首先选择前面准备好的文本文件，例如在图 2.4.6 中选中的文件 Example1. txt 是前面所述的第一种格式。然后选择文件格式参数。因为有摄影时刻且方位角的顺序为 $\omega$，$\varphi$，$\kappa$，所以选择选项 Omega，Phi，Kapa，Time。由于方位角的单位是角度，因此选择 Degree 选项。因为此文本文件中的角度采用的是 400 度一周，故选择 400 选项。单击 OK 按钮。

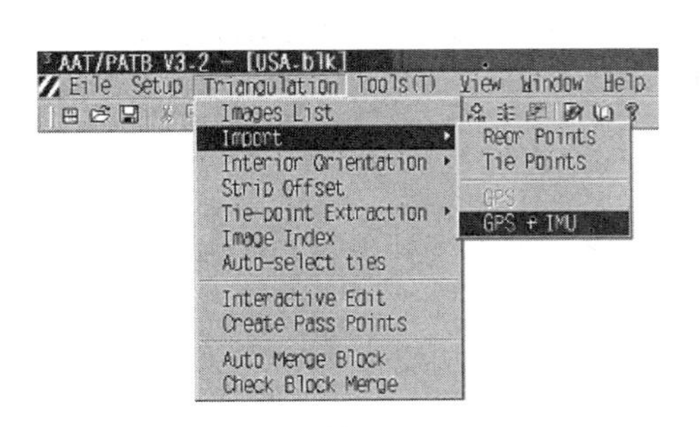


图 2.4.4　输入 GPS+IMU

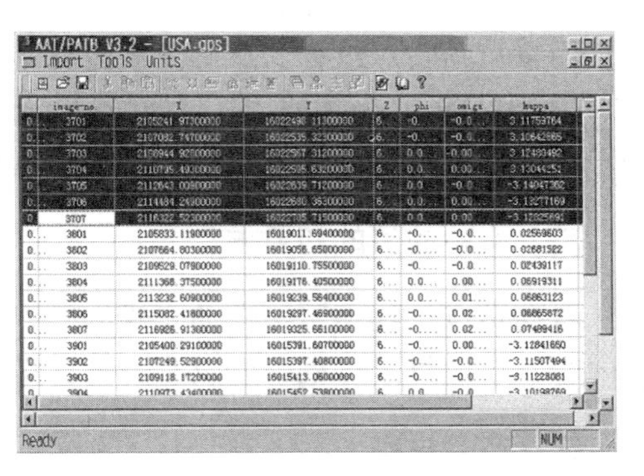


图 2.4.5　GPS 参数设置

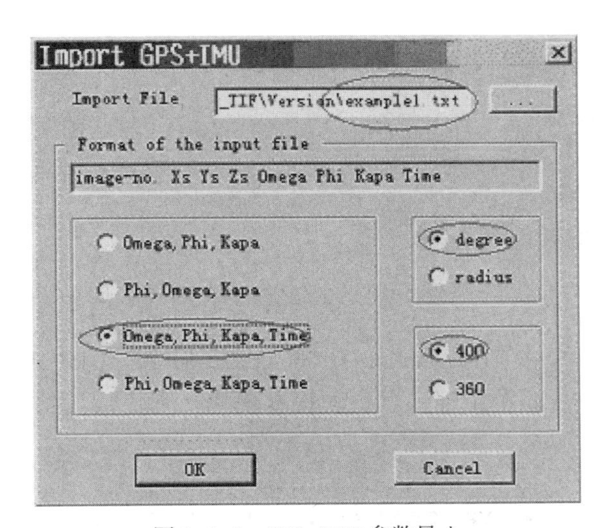


图 2.4.6　GPS+IMU 参数导入

（7）输入 GPS 参数后注意检查航线方向是否与 Kapa 角的方向一致。在图 2.4.5 中，可以发现第一条航线（影像从 3701 到 3707）的摄站参数表明航线沿 X 轴的正方向，而 Kapa 角度近似沿 X 轴的负方向。因此需要首先选中第一条航线的所有影像，然后单击菜单项 Tools-Rotate 180 将它们的方位角转过来。如图 2.4.5 所示，第三条航线也是如此。

（8）当完成 GPS 和 INS 参数的输入后，用户没有必要继续量测航线间的偏移点。系统在自动转点时会根据已经输入的 GPS 参数和 INS 参数完成航线间的相对定位。

# 任务五　自 动 转 点

## 一、预备知识

在做完上述数据准备工作后，就可以开始自动转点了，这部分作业计算机需要运算较长时间，但不需要作业员监管，因此，一个好的计划是尽量将数据准备工作安排在白天进行，而将自动转点过程安排到夜间进行，这样可以充分利用计算机而又减少人工的作业强度。另外，VirtuoZo AAT 的自动转点模块支持断电继续运行，这样即使自动转点过程中遇到停电，作业员在第二天也可以让程序重新启动后继续运行。

## 二、实验的目的和要求

自动转点过程是系统自动完成的，但是需要了解系统在自动转点过程中各个阶段的工作内容，掌握每个过程中涉及参数的含义及要求。

## 三、实验内容

(1) 自动转点。

①转点过程启动。

②自动创建所需的金字塔影像。

③航线内的自动转点。

④自动模型连接。

⑤航线之间的自动转点。

(2) 自动转点中数据备份。

## 四、实验步骤

在系统主菜单下，单击 Triangulation-Tie-point Extraction Make all 菜单项（图 2.5.1），系统会激活全自动空中三角测量连接点自动提取模块，它包括自动相对定向、自动选点、自动转点和自动量测。

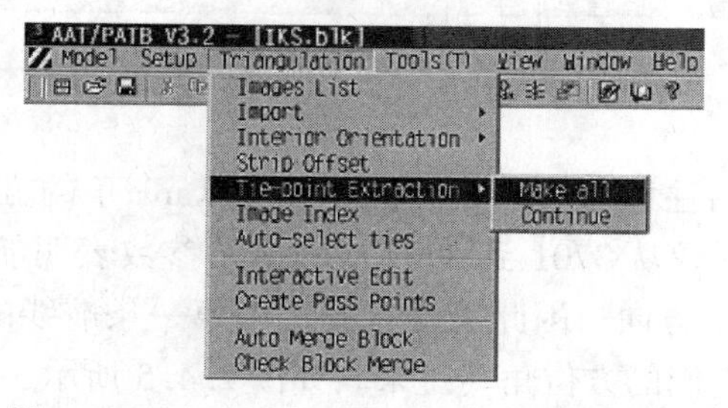


图 2.5.1　空中三角测量连接点自动提取模块

1. 自动转点

（1）转点过程启动。在自动转点开始时，系统会弹出如图 2. 5. 2 所示的信息提示：

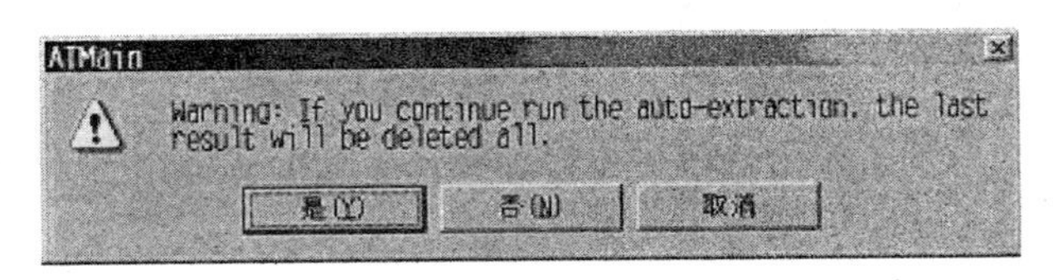


图 2. 5. 2　模块启动确认

确定以后如图 2. 5. 3 所示，自动转点开始时，首先显示的是测区的基本信息：

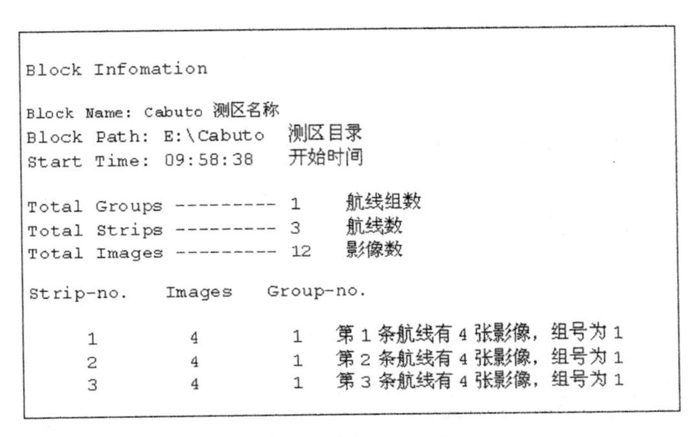


图 2. 5. 3　测区基本信息

（2）自动创建所需的金字塔影像。接下来，程序开始自动创建所需的金字塔影像，其提示信息如图 2. 5. 4 所示。

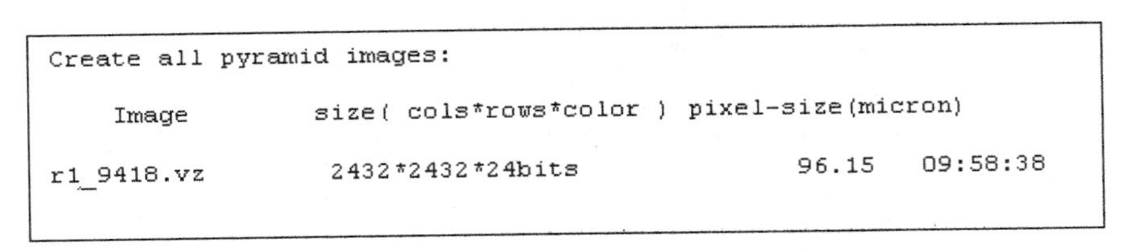


图 2. 5. 4　创建金字塔影像

第一列是影像文件名称，第二列是影像的大小（列数×行数×颜色位数），如果是黑白影像，则颜色位数为 8bits，如果是彩色影像，颜色位数为 24bits。第三列是影像的扫描分辨率，单位为 μ，即微米（micron）。最后一列是金字塔影像创建完毕时的系统时间。

（3）航线内的自动转点。在创建完所有影像的金字塔影像后，系统开始进行航线内的自动转点。一般首先是自动相对定向，其提示信息如图 2. 5. 5 所示。

```
==========================
AUTO RELATIVE ORIENTATION:

phi, omega, kappa in unit radian
bx, by, bz in unit micro-meter
RMS is the ROOT MEAN SQUARE VALUES of the up-down residual parallax in unit micron

        Model            ====================== Relative Orientation Parameters ======================   Points
 Left Image - Right Image   phi1    omega1   kappa1    phi2    omega2   kappa2     bx       by       bz     Number  RMS

    r1_9418-r1_9417        0.000    0.000    0.000   -0.005   -0.004   -0.002   84.562   -0.052   -0.292   1077    23.7
    r1_9417-r1_9416       -0.005   -0.004   -0.002   -0.003    0.003    0.003   88.959    0.242    0.261    973    23.6
    r1_9416-r1_9415       -0.003    0.003    0.003   -0.011    0.003   -0.004   87.085    0.648   -0.081    969    23.7
```

图 2.5.5 自动相对定向

信息的第一列是每个模型的左、右影像名。接下来的 9 个参数是模型的相对定向参数，依次为左影像的方位角（3 个）、右影像的方位角（3 个）、模型的基线分量（bx、by、bz）。最后两列分别是自动匹配的相对定向的点数和相对定向的中误差（单位为 μ）。

（4）自动模型连接。自动相对定向后是自动模型连接，其提示信息如图 2.5.6 所示。

```
==========================
AUTO MODEL CONNECTION:

Ratio is the model connection ratio
RMS is the ROOT MEAN SQUARE VALUES of model connect errors in unit micron

                              ================== RMS      Ratio      Points-Number =

r1_9418-r1_9417-r1_9416:                               7.8     0.9862         130
r1_9417-r1_9416-r1_9415:                              19.2     1.0254         131
```

图 2.5.6 自动模型连接

信息的第一列是连接两个模型的三张影像的名称，第二列是模型连接的中误差（单位为 μ），第三列是模型连接系数，第四列是在中间一张影像的三度重叠区内提取的连接点数。

（5）航线之间的自动转点。在做完单航线内部的转点后，系统会自动进入航线之间的自动转点，其提示信息如图 2.5.7 所示。

```
Connection Between Strips: 2 -- 3
    Auto matching offset Point 2301...Ok
    Auto matching offset Point 2302...Ok
    From E:\Cabuto\Images\r3_9435.vz To E:\Cabuto\Images\r2_9419.vz: 33
    From E:\Cabuto\Images\r3_9434.vz To E:\Cabuto\Images\r2_9420.vz: 25
    From E:\Cabuto\Images\r3_9433.vz To E:\Cabuto\Images\r2_9421.vz: 16
    From E:\Cabuto\Images\r3_9432.vz To E:\Cabuto\Images\r2_9422.vz: 9
    From E:\Cabuto\Images\r2_9419.vz To E:\Cabuto\Images\r3_9435.vz: 24
    From E:\Cabuto\Images\r2_9420.vz To E:\Cabuto\Images\r3_9434.vz: 31
    From E:\Cabuto\Images\r2_9421.vz To E:\Cabuto\Images\r3_9433.vz: 1  2
    From E:\Cabuto\Images\r2_9422.vz To E:\Cabuto\Images\r3_9432.vz: 8
```

图 2.5.7 航线间自动转点

信息“From E：\ Cabuto \ Images \ r3_ 9435. vz To E：\ Cabuto \ Images \ r2_ 9419. vz：33”表示从影像 r3_ 9435. vz 向 r2_ 9419. vz 转点的数量为 33。

以上信息提示是当测区中不存在交叉航线时的情况，对于交叉航线，由于测区中存在至少两个航线组，因此除显示上述信息外，还会有航线组之间转点的信息提示。

在所有上述过程结束后，系统还会给出整个自动转点过程中的警告信息和错误信息，这些信息对于异常处理是非常重要的。这些信息的典型例子如图 2.5.8 所示。

```
Total   10 Warnings:
   1. Model 1-2112.vz/1-2111.vz Relative Orientation: >>>>Warning: Perhaps....
   2. Model 1-2111.vz/1-2110.vz Relative Orientation: >>>>Warning: Perhaps....
   3. Model 1-2110.vz/1-2109.vz Relative Orientation: >>>>Warning: Perhaps....
   4. Model 1-2112.vz/1-2111.vz Relative Orientation: >>>>Warning: Perhaps....
   5. Model 1-2111.vz/1-2110.vz Relative Orientation: >>>>Warning: Perhaps....
   6. Model 1-2110.vz/1-2109.vz Relative Orientation: >>>>Warning: Perhaps....
   7. Model 2-1288.vz/2-1289.vz Relative Orientation: >>>>Warning: Perhaps....
   8. Model 2-1289.vz/2-1290.vz Relative Orientation: >>>>Warning: Perhaps....
   9. Model 2-1288.vz/2-1289.vz Relative Orientation: >>>>Warning: Perhaps....
  10. Model 2-1289.vz/2-1290.vz Relative Orientation: >>>Warning: Perhaps....

Total   3 Errors:
   1. Model 2-2908.vz/2-2099.vz: Relative orientation is failed !
   2. Model connection at image 2-2908.vz is failed
   3. Model connection at image 2-2099.vz is failed
```

图 2.5.8　警告信息和错误信息

2. 自动转点中数据备份

自动转点过程是一个非常复杂的过程，为了保证程序正确运行，转点过程中记录了大量的中间参数文件，并对转点结果作了相应备份。

在测区目录下，存放参数文件的目录主要有四个：Relative 子目录、Backup 子目录、Work 子目录和 Pyramid 子目录。分别记录了模型的相对定向结果、单航线连接后每张影像的外方位元素（模型坐标）、航线连接后每张影像的外方位元素（模型坐标）、测区中每一张影像对应的金字塔影像。其中 Backup 子目录在自动挑点结束以后就没有用了，可以删除，空中三角测量加密后 Pyramid 子目录中的金字塔影像也可以删除。因此我们只详细介绍 Relative 子目录和 Work 子目录中的参数文件内容。

（1）相对定向点文件（扩展名为“pcf”）。该文件的名称构成方式为：模型左影像名_模型右影像名.pcf，位于 Relative 子目录中，主要记录了模型自动匹配的所有相对定向点的相片坐标。

（2）相对定向参数文件（扩展名为“rop”）。该文件的名称构成方式为：模型左影像名_模型右影像名.rop，位于 Relative 子目录中，主要记录了模型相对定向的参数：右影像的相对方位角和基线的 y、z 分量。

（3）自动转点进程记录（StripConnect 文件）。该文件名称为 StripConnect，没有后缀，位于 Relative 子目录中，主要记录自动转点的进程，格式如图 2.5.9 所示。

在图 2.5.9 所示的例子中，测区共有 3 条航线，三个索引字 SingleStrip、StripConnect 和 StripPair 分别用来记录完成单航线连接的航线的索引号，完成航线间连接的航线的索引号和完成航线间连接的航线对。

```
[SingleStrip]记录完成单航线连接的航线的索引号
 1
 2
 3
[StripConnect]记录完成航线间连接的航线的索引号
 1
 2
 3
[StripPair]记录完成航线间连接的航线对
 1 2
 2 3
```

图 2.5.9　自动转点进程记录

（4）影像的外方位元素参数文件（扩展名为“abs”）。这种文件的名称的构成方式为：影像名.abs，位于 Work 子目录下，文件格式如图 2.5.10 所示。

```
498118.7767     6998730.5214     1267.1798  摄站坐标Xs、Ys、Zs
-0.00661382     -0.002081946     1.5776669  旋转角：φ、ω、κ
                                            以下为旋转矩阵
-0.00688422     -0.999954431      0.0066137
 0.99997422     -0.006870596      0.0020819
-0.00203641      0.006627920      0.9999759
```

图 2.5.10　外方位元素参数文件“abs”

在自动转点结束时，测区最后的转点结果记录在测区的备份目录中。例如：测区目录为 E：\ Cabuto，那么，测区的备份目录为 E：\ Cabuto_ BAK，如图 2.5.11 所示。

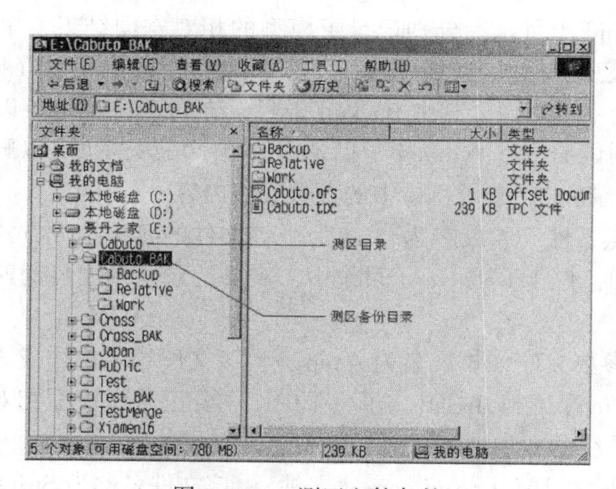


图 2.5.11　测区文件备份

在这个目录中，系统自动备份了 Relative 子目录、Backup 子目录和 Work 子目录，还有测区的连接点文件和航线间偏移点文件。

# 任务六　自 动 挑 点

## 一、预备知识

当自动转点完成后，用户就可以进入自动挑点作业。所谓自动挑点，就是反复调用 PATB 平差程序进行平差，并根据平查结果剔除自动转点中的粗差点，最后再根据用户指定的连接点分布方式挑选出精度最高的点保留下来作为加密点。

## 二、实验的目的和要求

(1) 掌握加密点点位选取的要求。

(2) 掌握剔除粗差点的方法。

## 三、实验内容

(1) 连接点布局方式。

(2) 反复自动调用 PATB 平差程序进行平差。

(3) 根据平差报告按照用户开始指定的布局方式挑选连接点。

## 四、实验步骤

在主界面下单击菜单项 Triangulation-Auto Select Ties 开始自动挑点。此时将弹出如图 2. 6. 1 所示的提示信息。

图 2. 6. 1　自动挑点启动

若单击否按钮，将取消此操作，若单击是按钮，将弹出如图 2. 6. 2 所示的连接点布局对话框。

在连接点布局对话框中，下部的数字按钮，代表在影像三度重叠区内的标准点位数。在 Points number 编辑框中输入每一点位中的点数。从图 2. 6. 2 中可以看到，当该模块选择 5 个点位，点位点数为 3 时，每张航片上将会有大约 15 个点，系统缺省值即为此布局，用户可根据实际情况来选择。

## 五、注意事项及说明

（1）在传统的空中三角测量作业中，一般是在影像三度重叠区的上中下三个标准点位上各量测一个连接点，这种分布方式只能保证最基本的加密作业，对于粗差检测和加密精度来说是远远不够的。因此推荐用户选用5×3 布局方式（5 个点位，每点位 3 个点），这种布局对于旁向重叠度大于30%时尤其有利。在选择了连接点布局方式后，系统将反复自动调用 PATB 平差程序进行平差（图 2. 6. 3 所示），并根据结果删除粗差观测值。这种重复过程一般最多持续 5 次。程序在最后根据平差报告按照用户开始指定的布局方式挑选连接点。

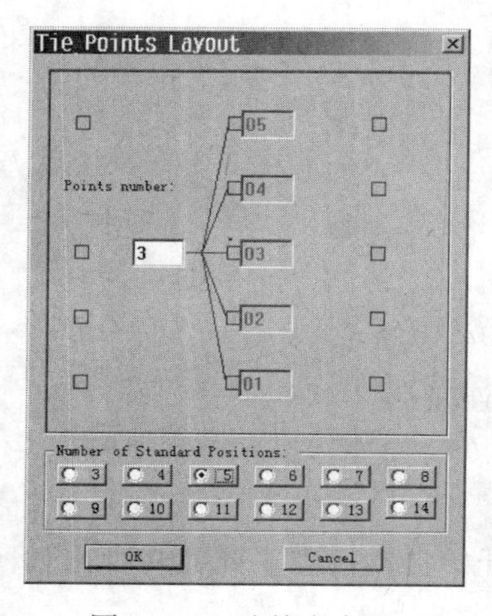


图 2. 6. 2　连接点布局

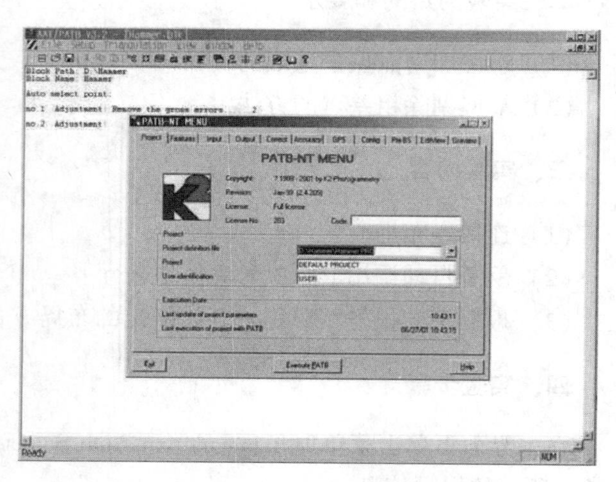


图 2. 6. 3　启动平差程序

（2）在调用 PATB 平差时，一般程序会自动从连接点中挑选一部分点计算模型坐标，并作为平差过程中的控制点使用。有时用户还可以在自动挑点之前进入连接点编辑界面并首先在测区的四角量测四个外业控制点，这样当用户作自动挑点时，程序将自动使用这些真正的外业控制点来做控制。

（3）如果因为某种情况，用户需要重新自动挑点，用户可以把测区的备份目录中的所有文件都拷贝到测区目录中，然后重复上述过程。

# 任务七　连接点的编辑

## 一、预备知识

完成自动转点之后，开始进入空中三角测量加密作业的最后一步，即编辑连接点并进行平差。一般说来，加密作业的步骤为：

（1）量测控制点。

（2）在标准点位增加像点。

（3）调用平差程序进行平差计算。

（4）删除或编辑粗差像点。

（5）重复第 3 步和第 4 步直至满足加密要求。

（6）输出加密成果。

这里主要介绍步骤 1、2 和 4，PATB 平差程序的使用将在后面介绍。

## 二、实验的目的和要求

（1）系统自动挑点完成之后会出现部分标准点位点数不够的情况，这时候就需要手动添加加密点，添加之后再平差计算。

（2）部分加密点误差超限，也需要手工编辑，掌握手工编辑的方法。

## 三、实验内容

（1）不足加密点的添加。

（2）误差超限加密点的编辑。

## 四、实验步骤

在连接点编辑主界面中单击 Triangulation—nteractive Edit 菜单项，启动连接点编辑程序。

### 1. 添加连接点

如图 2.7.1 所示，左边有一个树形列表，显示了测区中所有的航线和影像。用鼠标左键单击左边影像列表（树形列表）中任一影像时，窗口右边就会显示选中影像的全局金字塔影像，如图 2.7.2 所示。

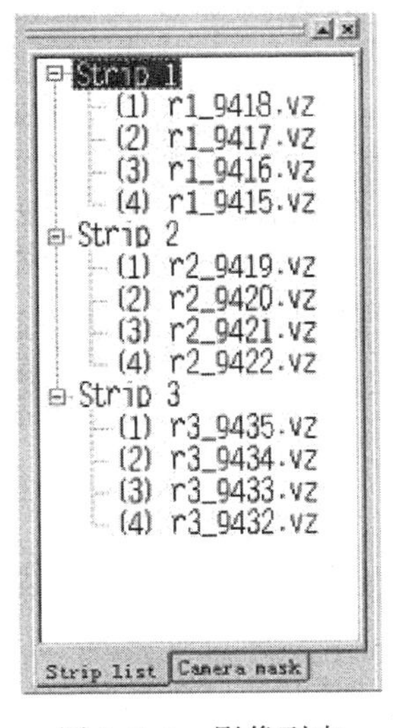


图 2.7.1　影像列表

图 2.7.2　选中影像

在全局金字塔影像上有三个蓝色的方框，代表上中下三个标准点位。

按下增加连接点的图标（红色+号），系统处于加点状态，鼠标会变为加点形式，移动鼠标到需要加点处，单击鼠标左键，此时出现如图 2.7.3 所示窗口。

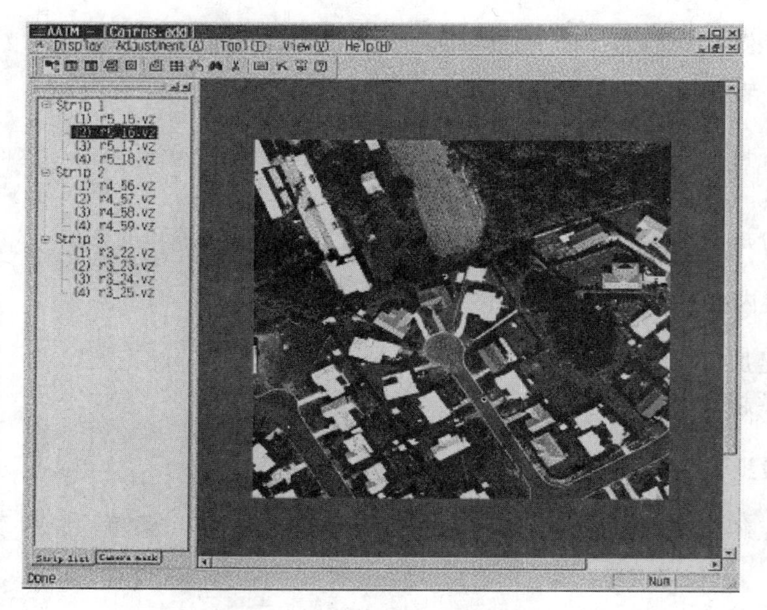


图 2.7.3　需要加点的影像界面

该窗口中显示了当前需加点处的原始影像，从而可以更加准确地寻找比较明显的地物点。若当前显示范围内没有明显地物点，可通过键盘的方向键移动影像，直至找到明显地物点，此时在该处单击鼠标左键，程序开始自动转点，并进入连接点的编辑界面（图 2.7.9）。

注意：若已使用过预测控制点的功能，此时单击图标中的第七个开关图标，界面上会显示出预测的控制点点位，如图 2.7.4 所示。图中的红色小三角形代表预测出的控制点的点位，如果小三角形中心有一个小点，表示该控制点尚未量测，反之若在小三角形中心有一个小十字丝，则表示该控制点已经量测过了。在该预测点位上加点，系统会直接进入连接点编辑界面（图 2.7.9），而不再经过如图 2.7.3 所示的状态。

上述流程是半自动加入连接点的方法，在这种流程中，系统会执行自动匹配，从而得到当前点在其他相片上的位置。但是如果影像质量不高或遇到大面积森林覆盖等特殊情况时，自动匹配会失败，这时可使用全人工的方法进行加点。

在工具栏上单击图标。系统会弹出如图 2.7.5 所示的人工选择影像的对话框。

图 2.7.4　预测控制点点位

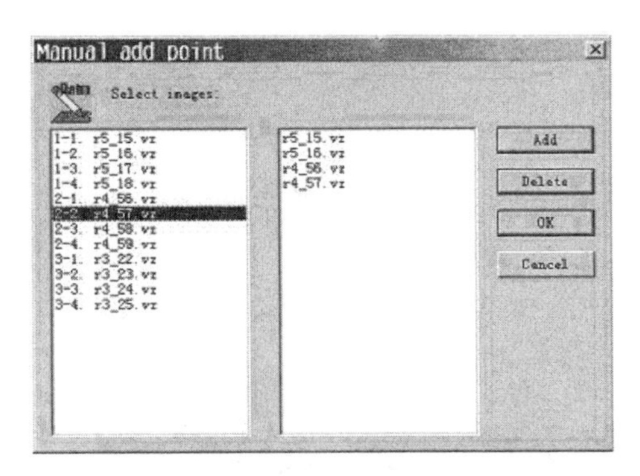


图 2.7.5　人工选择影像

在左边的测区影像列表框中，单击要加点的影像，然后单击 OK 图标进入如图 2.7.6 所示的界面。窗口中显示了所有刚才所选影像的金字塔影像，用鼠标单击每一张金字塔影像来移动每张影像上的点位（点位用中心有十字丝的红色方框表示），移动点位使得所有点位近似为同一点位，然后单击窗口右上方的关闭图标，就会进入连接点编辑界面，如图 2.7.7 所示。

图 2.7.6　所选影像的金字塔影像

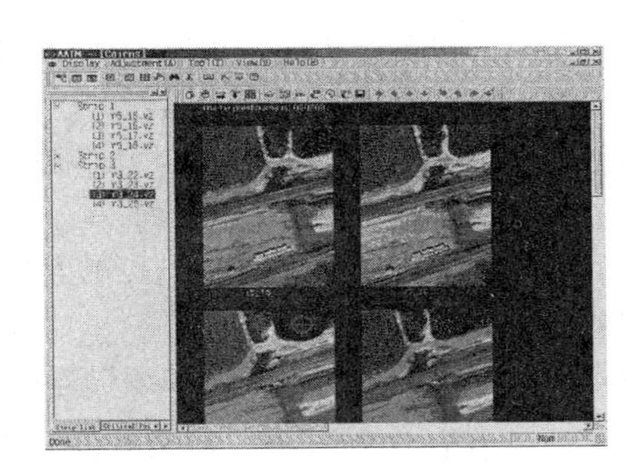

图 2.7.7　连接点编辑界面

注意：在如图 2.7.7 所示的界面中，有时由于影像为大面积森林或高山地形覆盖，导致在 600×600 的小影像上判读点位非常困难，用户此时可以单击菜单项 Pyramid-1：3，切换到 1：3 的金字塔影像上，此时可以较为准确地判读点位。

2. 进入连接点编辑界面的方法（半自动量测和人工量测）

这里介绍两种比较常用的方法：

● 在图 2.7.2 所示界面中选择拾取点状态（单击 ID CtrlTie 工具栏上的图标），移动鼠标到想观察点的附近并单击，系统就会进入拾取的连接点的编辑界面（图 2.7.9）。

● 在工具栏中，单击图标，会弹出一个点号的输入对话框，如图 2.7.8 所示。

在其中输入要编辑的连接点的点号，按 Enter 键，进入相应点的编辑界面，如图 2.7.9 所示。

图 2.7.8　点号查找点

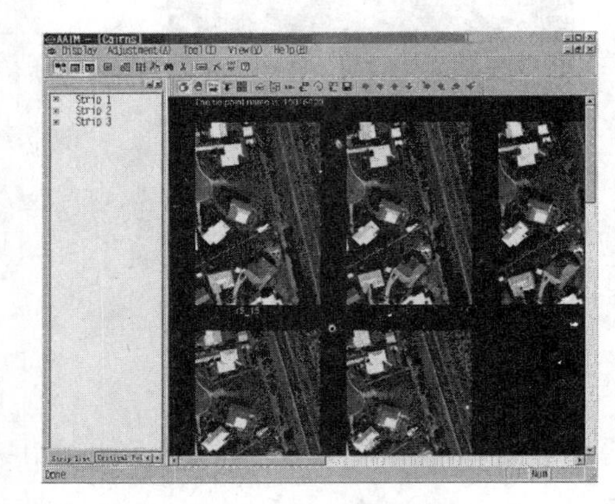

图 2.7.9　查找点编辑

在该界面中，点号显示在窗口的最上方，在点号下面显示了该点 5 张同名影像（或称该点是一个 5 度重叠点），在每张影像的下方标注着相应的影像名，绿色的影像名代表该影像是基准影像，其他非基准影像的文件名是红色的。

3. 量测控制点

在控制点的量测过程中，VirtuoZo AAT 提供了控制点预测的功能，这对于控制点的量测非常方便，控制点的量测步骤为：

（1）首先在测区的四角量测四个控制点。

（2）调用 PATB 平差程序进行平差。

（3）平差结束后预测其他控制点的点位。

（4）继续量测其他控制点。

使用前面介绍的增加连接点和编辑连接点的方法，首先量测测区四角上的四个控制点后，在工具栏中单击图标，调用 PATB 平差程序，如图 2.7.10 所示。

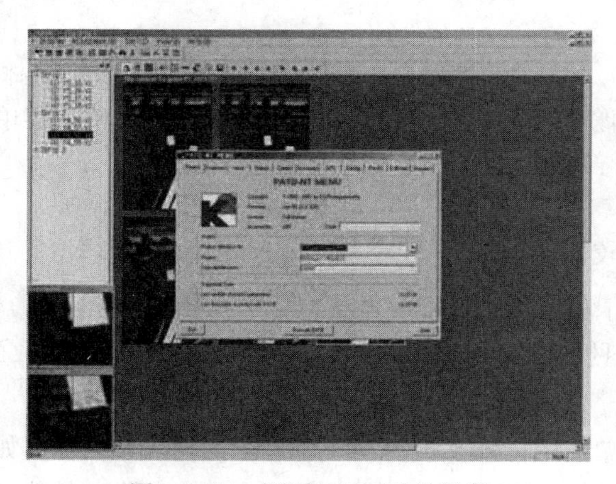

图 2.7.10　调用 PATB 平差程序

平差解算结束后，界面如图 2.7.11 所示。

单击确定按钮，系统返回图 2.7.10 所示的界面，然后单击 PATB 界面左下方的按钮 Exit，返回连接点编辑的主界面即可完成初步平差。

完成初步平差后，单击工具栏倒数第二个图标，系统就可以预测控制点，然后返回主界面，此时单击工具栏的第六个图标，就会显示如图 2.7.12 所示的界面。在界面中可以看到很多红色的三角形，它们代表预测的控制点点位，重复自动加点过程，完成剩余控制点的量测工作。

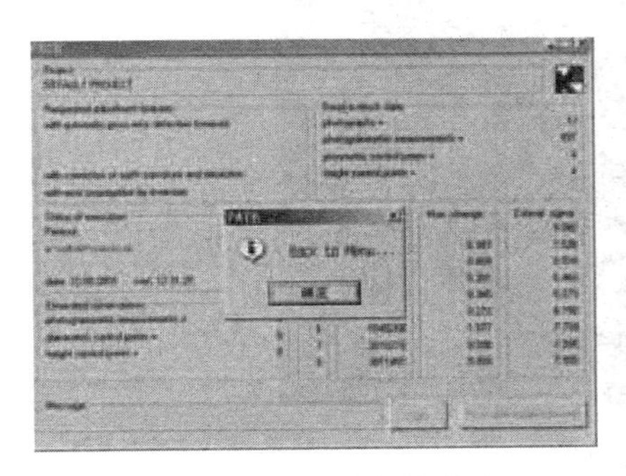

图 2.7.11　平差解算结束

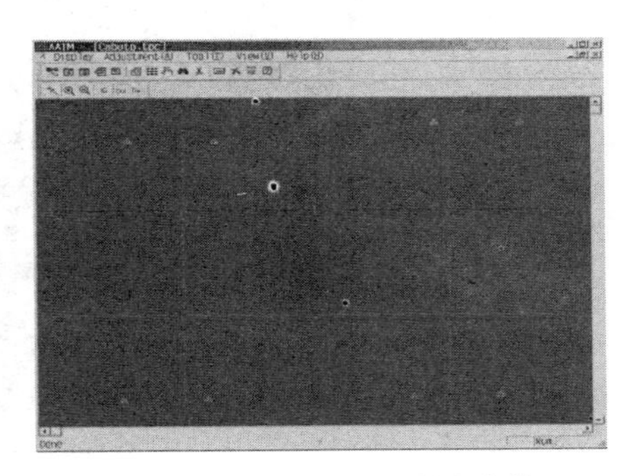

图 2.7.12　预测的控制点点位

注意：控制点预测只能预测平高控制点和平面控制点，对高程控制点是不能预测出点位的。另外平面控制点的预测精度比平高控制点的预测精度差。

4. 像点网的编辑

区域网的内部连接性是由测区像点构网强度决定的，而且对最后的加密精度有重要的影响。因此在量测了所有控制点后，最重要的工作就是对像点网的编辑。

（1）保证像点构网强度需要遵循的原则。

①要保证测区中每一张影像三度重叠区的上、中、下三个标准点位上必须有连接点。如图 2.7.13 所示，影像的中间自上而下有三个蓝色的方框，这三个方框中的区域就对应着三个标准点位。

另外，用鼠标左键单击工具栏的第六个图标，就会显示图 2.7.14 所示的界面，在窗口中可以清楚地看到每一张影像中像点（绿色十字丝）和控制点（绿色三角形加绿色十字丝）的分布，因此很容易确定测区中哪些影像在标准点位上缺少连接点，然后在这些影像的对应点位上量测连接点。

②要保证航线之间的连接强度，即位于航线间重叠区域里的像点必须向相邻的航线转测。这一原则在实际作业中有时会比较困难，例如当航线之间覆盖了大片茂密的森林时，无论选点还是转测都会非常困难，但是应该尽量保证这个原则，这个原则只在当航线间重叠区域是大面积落水时才可以例外。

（2）根据 PATB 报告编辑像点网。如果已经执行过 PATB 平差，那么在连接点编辑界面中单击菜单项 Adjustment Adjust Result，如图 2.7.15 所示。系统会调用 Windows 的记事本（Notepad. exe）打开 PATB 的平差报告。

图 2.7.13　标准点位

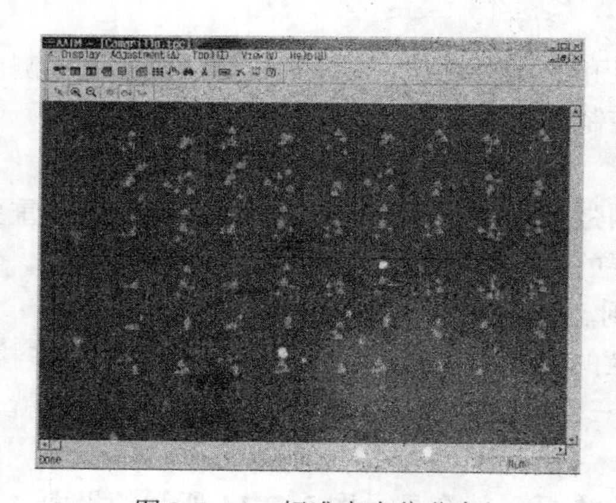

图 2.7.14　标准点点位分布

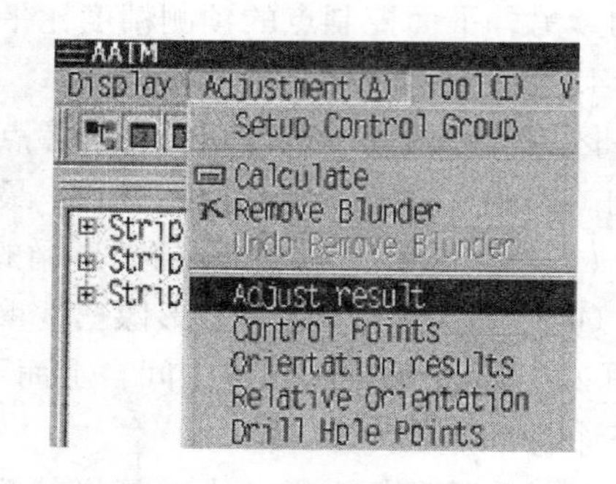


图 2.7.15　PATB 平差报告

在 PATB 报告中，精度不好的像点会作为粗差观测值不参与最后的平差计算，图 2.7.16 显示的是 PATB 报告中的粗差报告部分。

报告中，第 4 列是像点粗差观测值的点号，第二列是该粗差观测值所在的影像，第五列和第六列代表这个像点的重叠度，第八列代表该像点观测值的残差，单位为微米。例如第一行的意思为：像点 2011307 是一个 4 度重叠点，它在第 6 张影像上的观测值的残差为 50.166 微米，是一个粗差，没有参与平差。

在连接点编辑界面中，单击菜单项 Adjustment—Remove Blunder（图 2.7.15）可以根据 PATB 的粗差报告（图 2.7.16）自动删除所有的粗差像点。单击菜单项 Undo Remove Blunder，可以回复最近一次删除粗差的操作。

```
sigma reached =    6.1503 (in image system)

image   6    point    2011307   TP 4   vxy=   50.166   eliminated
image   6    point    3011302   TP 4   vxy=   59.402   eliminated
image  10    point    2010210   TP 4   vxy=   38.780   eliminated
image  11    point    2020311   TP 5   vxy=   39.305   eliminated
image  11    point    2040304   TP 4   vxy=   42.732   eliminated
image  12    point    2040309   TP 4   vxy=   44.524   eliminated
image   7    point    1040203   TP 5   vxy=   38.794   eliminated
image   4    point    1040207   TP 5   vxy=   46.023   eliminated
```

图 2. 7. 16　PATB 平差报告内容

在 PATB 界面中，在 Output 选项卡中选中 Critical Points 选项，如图 2. 7. 17 所示，则可以在 PATB 报告中看到像点粗差的详细报告，如图 2. 7. 18 所示。

注意：一般情况下，当用户从界面中调用 PATB 时，该项已经缺省选中。

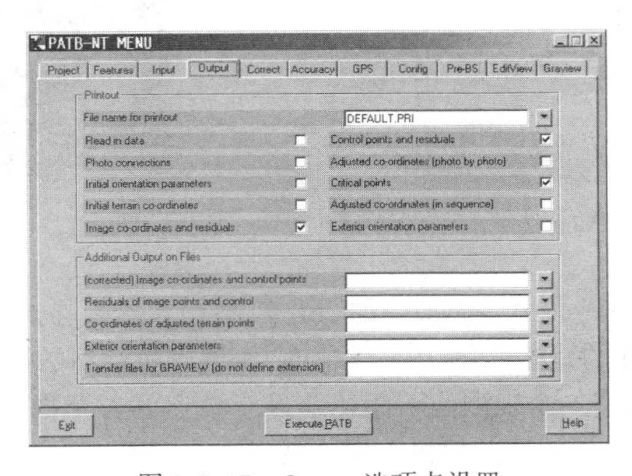


图 2. 7. 17　Output 选项卡设置

根据报告，用户可以在连接点编辑中查找相应的点号并进入相应点的编辑界面，例如查找点 1040207，该点的编辑界面如图 2. 7. 19 所示。

```
   COORDINATES AND RESIDUALS OF CRITICAL POINTS
   --------------------------------------------
   arranged by increasing point numbers
photo-no.      x            y         rx        ry     sds check

            point-no.            1040207    TP 5 -> TP 4

   3        75626.1      -81027.9    22.1      21.4     0    9   3
   8       -87995.1       70022.0    -9.1       9.9     0    .   .
   6        96853.0       71220.9     8.0     -20.1     0    .   2
   7         5815.5       71711.9   -21.5     -10.4     0    8   .
   4       -11985.6      -81484.7    14.6*     50.2*   10    .   .

            point-no.            2011307    TP 4 -> TP 3

   6      -100130.3       79804.8    54.6*     15.1*   10    .   .
   5        -5883.4       81015.0    -8.5       2.7     0    .   .
   2       -31354.8      -77657.0    10.7       0.6     0    .   .
   1        53234.4      -78277.7    -1.9      -3.0     0    .   .
```

图 2. 7. 18　像点粗差报告

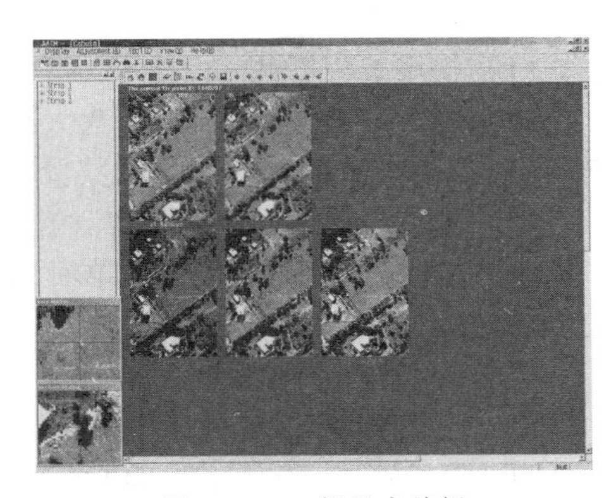

图 2. 7. 19　粗差点编辑

显然，该点是一个5度重叠点，根据报告，容易看出上面一排第二张影像上的观测值是一个粗差观测值（X坐标残差14.6μ，Y坐标残差50.2μ）。

注意：VirtuoZo AAT的新版本中增加了对“Critical Point”的显示，在每次平差后，用户可以在编辑主界面中单击Critical Point选项卡，将显示平差报告中所有的Critical Point（图2.7.20），其中在每个点号后面有三列标志，从左到右依次为：像点粗差标志，平面控制粗差标志和高程控制粗差标志（如果是粗差，相应的标志位为“*”）。用户现在只需要用鼠标单击列出的点号，就可以直接进入点编辑（图2.7.21）。

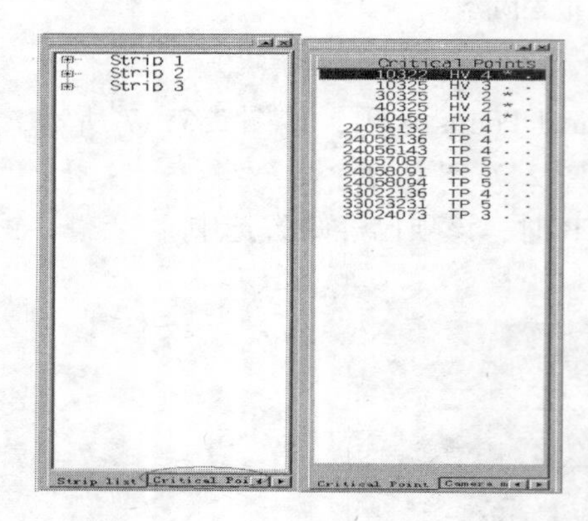


图2.7.20　Critical Point选项卡

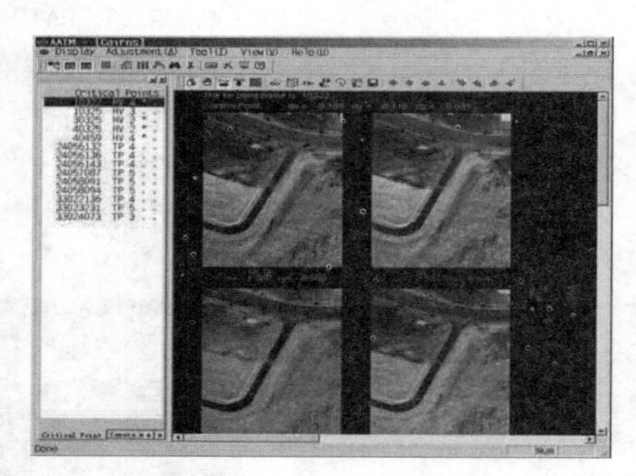

图2.7.21　点编辑

在图2.7.21所示的界面中，如果当前点是控制点，那么在点号下面会显示出该控制点的x、y和z地面坐标的残差（图中注释一）。如果当前点不是控制点，上述内容不会出现。另外，在当前点的每一个观测值下面还会显示该点的各个像方观测值的x、y坐标的残差（图中注释二）。提供的残差仅供参考，调点时还需要参照具体影像或立体观测结果进行调节，而不是只根据残差结果进行调点。如果点位不好，如点落在树丛的阴影里，最好先换一个明显点位再进行调节。

5. PATB的基本操作

PATB是世界上著名的区域网平差程序之一，它使用理论上最严密的光束法平差算法，具有下述特点：

（1）使用了相机自检校技术，可以很好地消除由影像变形造成的系统误差。

（2）强大的粗差探测功能，大大减轻了人工检查粗差的工作。

（3）对测区的大小、像点的数量、航线的航向重叠度和旁向重叠度没有任何限制。

（4）支持与动态差分GPS观测值进行联合平差计算。

单击连接点编辑界面下的菜单项Adjustment-Calculate或用鼠标单击图标，都可以启动PATB。

在PATB界面中单击Feature选项，如图2.7.22所示。

首先检查PATB是否处于挑粗差状态，其次要指定PATB必须从像点文件中读取相机的主距。一般说来，VirtuoZo AAT在第一次运行PATB时，这两项都是缺省设置的，在平差的最后，当像点粗差和控制点粗差都已经调节好以后（即PATB平差报告中没有粗差观测值)，可以在该选项中关闭挑粗差选项。

在 PATB 界面中单击 Output 选项，如图 2.7.23 所示。

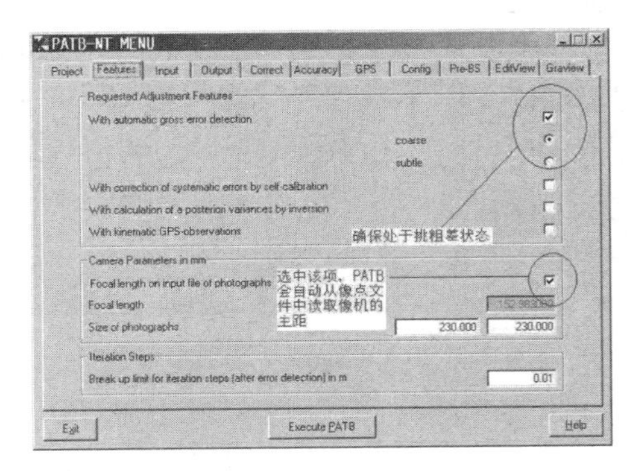


图 2.7.22　Feature 选项卡设置

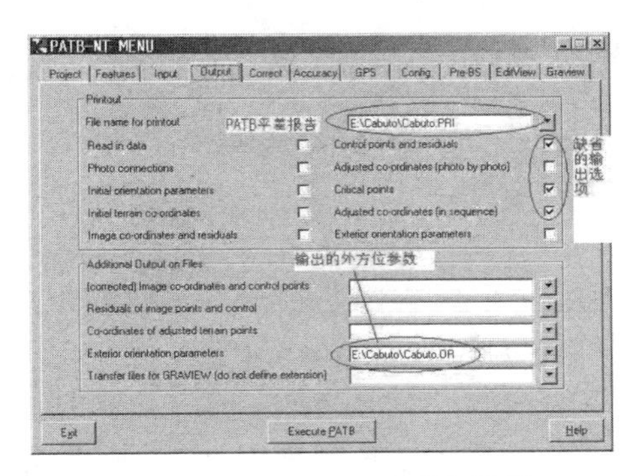


图 2.7.23　Output 选项卡设置

界面中的 PATB 平差报告和外方位参数文件是 VirtuoZo AAT 自动为用户设置好的。请用户不要修改这些设置项，否则可能会导致连接点编辑中的某些功能无法使用。缺省的三个输出选项从上到下分别为：控制点的残差和中误差，粗差点的详细信息和按点号顺序排列的加密点坐标。

其中控制点的残差和中误差，可以通过在连接点编辑界面中单击菜单项如图 2.7.24 所示 Adjustment-Control Points，直接打开记事本进行查看（已经从 PATB 平差报告中截取出来）。

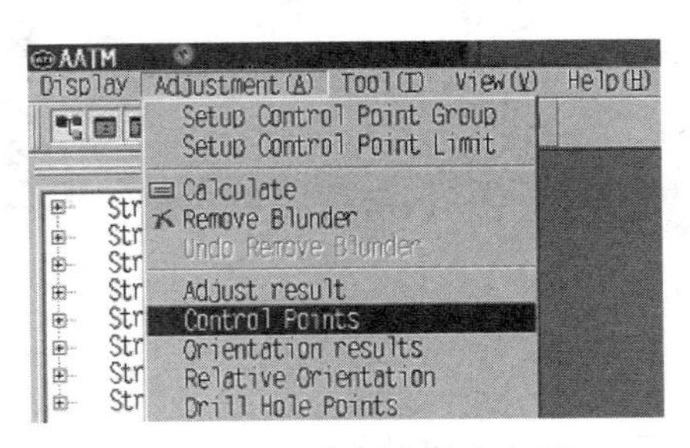


图 2.7.24　控制点信息查看

在 PATB 界面中单击 Correct 选项，如图 2.7.25 所示。

确保红色圆圈中的两个选项已经被选中。这两个选型分别指定 PATB 在平差过程中自动进行地球曲率改正和大气折光差改正。

在 PATB 界面中单击 Accuracy 选项，如图 2.7.26 所示。

图中用红圈圈出的部分是控制点的验前精度，在这两个编辑框中应该输入控制点地面坐标的量测精度（左边是平面精度，右边是高程精度），通常情况下，空中三角测量加密作业都对控制点上的最大残差有一定的要求，用户可以分别取平面要求和高程要求的一半输入到这两个编辑框中。

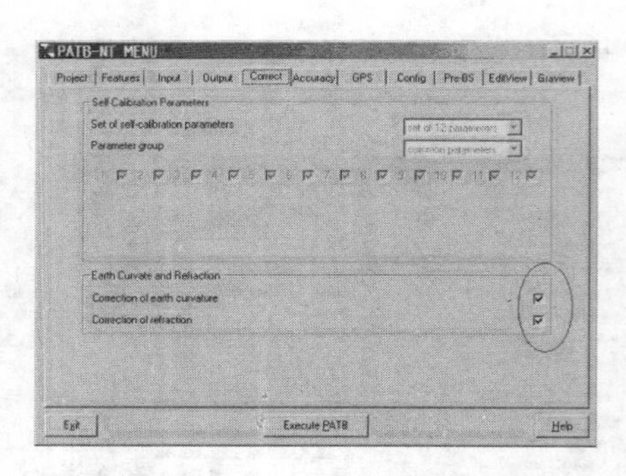


图 2.7.25　Correct 选项卡设置

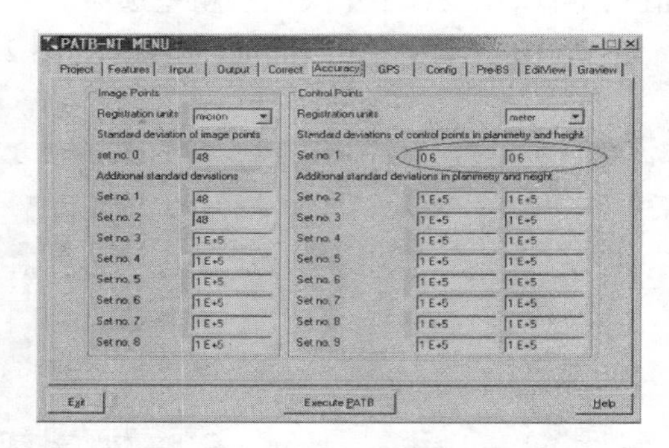


图 2.7.26　Accuracy 选项卡设置

注意：在空中三角测量作业中，经常会遇到控制点的精度不一样的情况。例如，一部分控制点是外业量测的，精度较高。另一部分控制点是从已有的地图上人工量测的，这些控制点的精度很显然是由地图的成图比例尺决定的，通常精度较低。在这种情况下，应该将控制点按照量测精度分为两组，并在图 2.7.26 所示界面中“Set no. 1”和“Set no. 2”的后面分别输入精度。控制点的分组设置要在连接点编辑主界面下单击菜单项 Adjustment-Setup-Control Point Group，如图 2.7.27 所示。

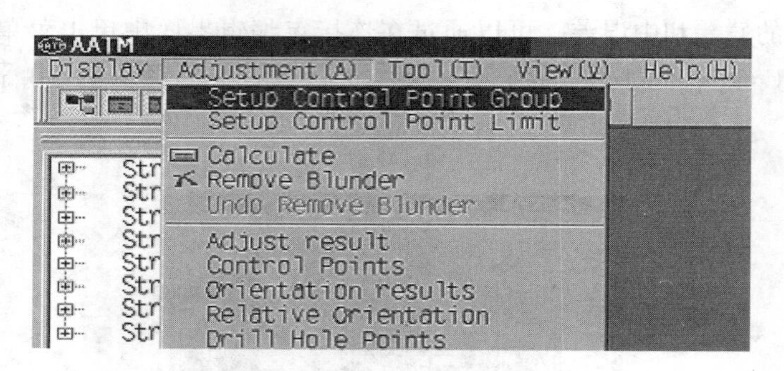


图 2.7.27　控制点分组

系统弹出控制点的设置对话框。表的最后两列是平面组号和高程组号，单击相应控制点，会出现下拉框，在其中选择相应的组号即可。注意选项中的最后一项是“X”，代表该控制（平面或高程）无效，即不再当做控制条件使用。例如，如果点 673284 的平面组号为 X，高程组号为 2，那么该点在平差中是一个第二组的高程点。

# 项目三　模型定向与核线重采样

## 一、了解 VirtuoZo NT 系统

VirtuoZo NT 系统是基于 Windows NT 的全数字摄影测量系统，利用数字影像或数字化影像完成摄影测量作业。由计算机视觉（其核心是影像匹配与影像识别）代替人眼的立体量测与识别，不再需要传统的光机仪器。从原始资料、中间成果及最后产品等都是以数字形式，克服了传统摄影测量只能生产单一线画图的缺点，可生产出多种数字产品，如数字高程模型、数字正射影像、数字线画图、景观图等，并提供各种工程设计所需的三维信息、各种信息系统数据库所需的空间信息。

VirtuoZo NT 不仅在国内已成为各测绘部门从模拟摄影测量走向数字摄影测量更新换代的主要装备，而且也被世界诸多国家和地区所采用。下面简要介绍一下 VirtuoZo NT 的运行环境及软件模块等。

1. 运行环境及配置

VirtuoZo NT 基于 WindowsNT（4.0 以上版本）平台运行，基本配置为：Pentium Ⅱ 300/128MB RAM/9GBHD/20×CDROM；17 寸彩色显示器，1024×768 分辨率，刷新频率大于 100Hz。另外还应有数字化影像获取装置（例高精度扫描仪）、成果输出设备以及立体观察装置等附属配置。其中立体观察装置有偏振光、闪闭式、立体反光镜、互补色（红绿镜）等四种。

2. 主要软件模块

VirtuoZo NT 基本模块有：

- 核线影像重采样
- 影像匹配
- 生成数字高程模型
- 制作数字正射影像
- 生成等高线
- 制作景观图、DEM 透视图
- 等高线叠加正射影像
- 文字注记
- 图廓整饰

3. 作业方式

自动化与人工干预。系统在自动化作业状态下运行不需任何人工干预。人工干预是

作为自动化系统的“预处理”与“后处理”，如必要的数据准备、必要的辅助量测等及自动化过尚无法解决的问题。人工干预不同于人工控制操作，而是尽可能达到了半自动化。

## 二、了解系统目录

1. 硬盘目录结构简图（图 3.1）

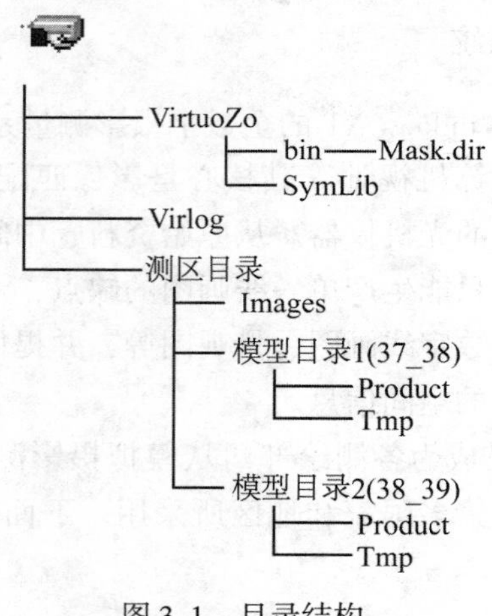


图 3.1　目录结构

2. 系统目录说明

Bin 目录：执行程序目录，存放系统的所有可执行程序及框标模板文件。

Virlog 目录：测区的路径文件（c：\ Virlog \ Blocks \ <测区名>. blk）

3. 测区目录说明

某测区用户目录（在创建一个新 Block 时，系统以用户所给的测区名自动产生该测区目录），存放该测区所有参数文件及中间结果、成果等。

Images 目录：影像目录，存放 VirtuoZo 影像文件、影像参数文件、内定向文件、影像外方位元素文件。

模型目录：系统以所给的模型目录名自动建立（如 37_38 目录），存放该模型所有信息。

Product 目录：产品目录，存放当前模型所有已生成的产品及输出文件。

TMP 目录：核线影像目录，存放当前单模型的核线影像文件。

## 三、系统启动

运行 bin 目录下的 VirtuoZoNT. exe 程序（或直接选择系统快捷图标），进入VirtuoZoNT系统，屏幕显示本系统主界面，如图 3.2 所示。

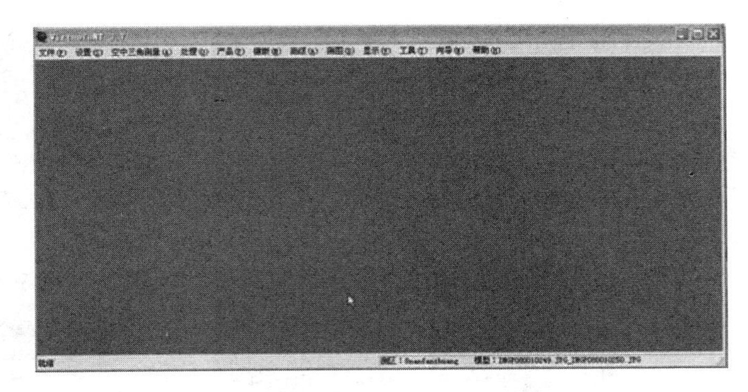

图 3.2　系统主界面

## 任务一　模型定向

### 一、预备知识

模型定向分为内定向、相对定向、绝对定向，解算其定向参数：

内定向：框标自动识别与定位。利用框标检校坐标与定位坐标计算扫描坐标系与相片坐标系间的变换参数。

相对定向：利用二维相关，自动在相邻影像上识别同名点（几十至上百个点），计算相对定向参数。

绝对定向：人工在左（或右）影像上定位控制点，最小二乘匹配同名点，计算绝对定向参数。

生成核线影像即是形成按核线方向排列的立体影像：同名核线影像灰度重排，形成核线影像。

### 二、实验目的和要求

（1）能编写相机文件和像控点文件。

（2）能根据转换数字航片的数据格式。

（3）能进行单模型的内定向。

（4）能进行单模型的相对定向——绝对定向。

### 三、实验内容

1. 实验数据（图 3.1.1）

摄影比例尺：1∶15000。

影像的分辨率是 0.045mm。

2. 实验内容

（1）数据准备。

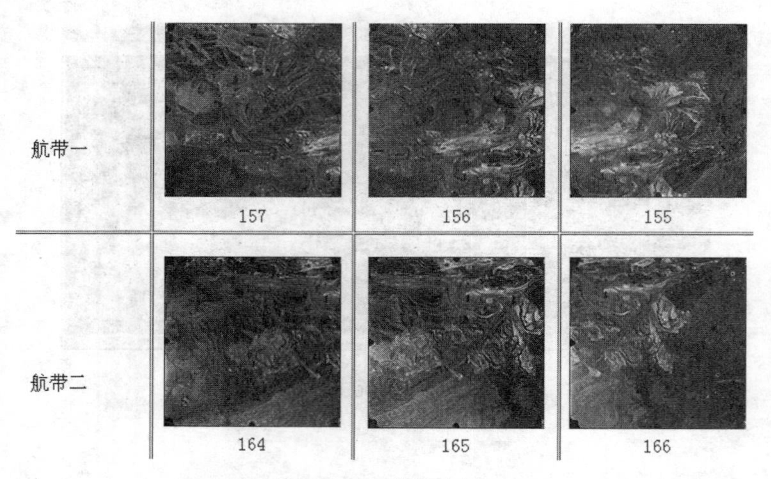

图 3.1.1　航片略图

（2）内定向。
（3）相对定向。
（4）绝对定向。

## 四、实验步骤

1. 数据准备

（1）创建一个测区。本次实验的测区名为【班级学号】，在 VirtuoZo NT 主菜单中，选择设置→测区参数项，屏幕显示［打开或创建一个测区］文件对话框，输入测区名即【班级学号】，进入测区参数界面，如图 3.1.2 所示。现以测区名为“shixi”为例。

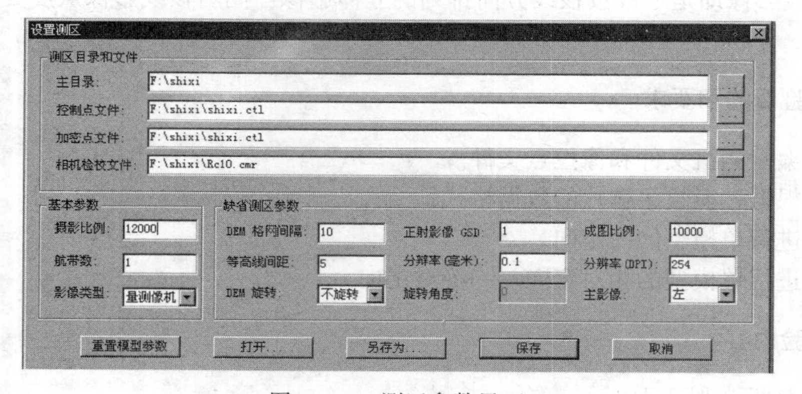

图 3.1.2　测区参数界面

测区参数输入要求如下：

1）测区目录和文件。

● 主目录行：输入测区路径和测区名，即d:\<班级学号>。本系统自动在 d 盘建立名为【班级学号】文件夹。

● 控制点文件行：输入控制点文件名，即 d:\ <班级学号>\shixi. ctl。

● 加密点文件行：输入与上行相同，即 d:\ <班级学号>\shixi. ctl。

● 相机检校文件行：输入 d:\ <班级学号>\Rc10. cmr。

注意：若以上文件已存在，可单击右边的文件查找按钮，查找当前文件。

2）基本参数。

● 摄影比例：输入“15000”；

● 航带数：输入“2”；

● 影像类型：选择“量测相机”。

3）缺省测区参数。

● DEM 间隔：10m；

● 等高线间距：5m；

● 分辨率（DPI）：254（即正射影像的输出分辨率）。

4）选择【保存】按钮，将测区参数存盘。其参数文件存放在【班级学号】文件夹中。

（2）录入相机参数。相机检校数据用以做内定相计算。在 VirtuoZo NT 主菜单中，选择设置→相机参数项，屏幕弹出相机参数界面，如图 3.1.3 所示（注意：若新建时，界面中无参数，请输入）。

相机检校文件名是在测区参数中生成的，即“Rc10. cmr”。

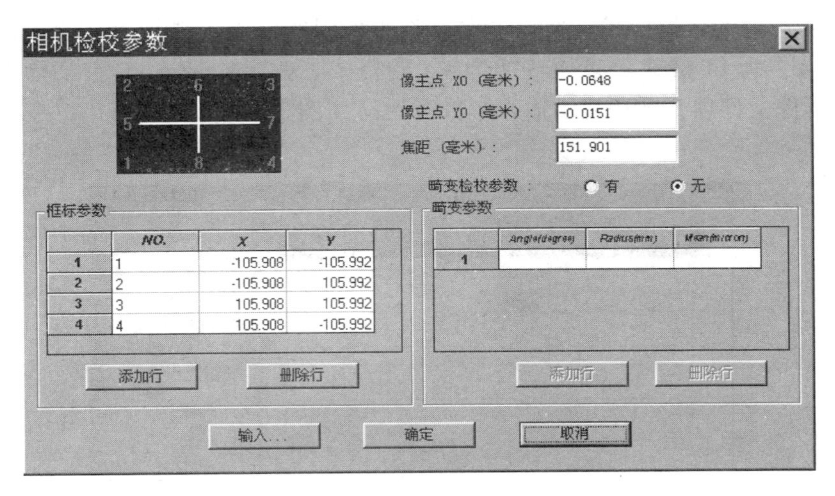


图 3.1.3　相机检校参数界面

本次实验的相机数据为：由上已知资料的相机数据，在输入处双击鼠标左键，将相机数据对应填写到本界面中，如图 3.1.3 所示。选择【确定】按钮，将参数存盘。

（3）录入控制点数据。控制点参数用以绝对定向计算。在 VirtuoZo NT 主菜单中，选择设置→地面控制点项，屏幕显示当前控制点文件，如图 3. 1. 4 所示（注意：若新建时，界面中无参数，请输入）。

控制点文件名是在测区参数中生成的，即“shixi. ctl”。

控制点数据如图 3. 1. 4 所示。

由上已知资料控制点数据，在输入处双击鼠标左键，将控制点数据依次填写到本界中，如图 3. 1. 4 所示。选择【确定】按钮，将控制点参数存盘。

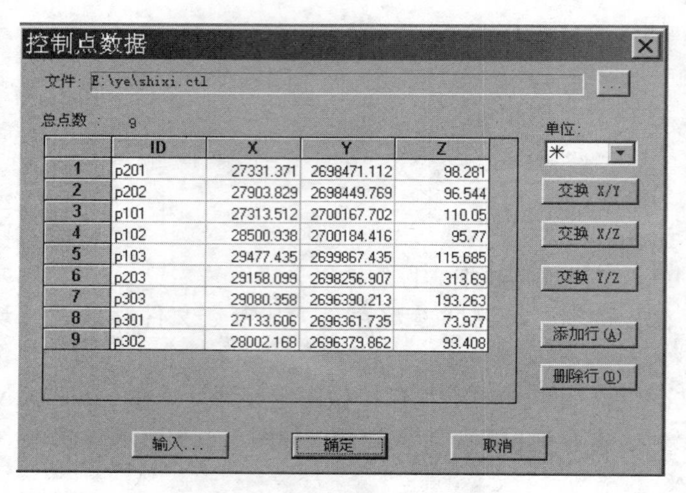


|  | ID | X | Y | Z |
|---|---|---|---|---|
| 1 | p201 | 27331.371 | 2698471.112 | 98.281 |
| 2 | p202 | 27903.829 | 2698449.769 | 96.544 |
| 3 | p101 | 27313.512 | 2700167.702 | 110.05 |
| 4 | p102 | 28500.938 | 2700184.416 | 95.77 |
| 5 | p103 | 29477.435 | 2699867.435 | 115.685 |
| 6 | p203 | 29158.099 | 2698256.907 | 313.69 |
| 7 | p303 | 29080.358 | 2696390.213 | 193.263 |
| 8 | p301 | 27133.606 | 2696361.735 | 73.977 |
| 9 | p302 | 28002.168 | 2696379.862 | 93.408 |

图 3. 1. 4　控制点文件界面

（4）原始影像的数据格式转换。本次实验所采用的原始资料是由航片经扫描而获得的数字化影像，为 tif 格式，必须转换为 Vz 的格式。在 VirtuoZo NT 主菜单中，选择文件→引入→影像文件项，屏幕显示输入影像对话窗（图 3. 1. 5）。

| 输入路径 | 输入名 | 输入类型 | 输出路径 | 输出名 | 输出类型 |
|---|---|---|---|---|---|
| F: | zug33.tif | TIFF | F: | zug31.vz | VZ |
| F: | zug34.tif | TIFF | F: | zug34.vz | VZ |

图 3. 1. 5　输入影像对话窗

在窗口中选择：输入路径、输入影像文件名、输入（＊.tif）、输出影像文件名（＊.Vz）与路径（测区目录下的 images 分目录）等。然后，选择处理按钮，则将＊.tif 文件转换为＊.vz 文件，并将＊.vz 文件存放在测区目录下的 images 分目录中。

2. 内定向

（1）创建新模型。新模型是指尚未在当前测区建立目录的模型，作业要从创建模型开始。在当前测区“shixi.blk”下，创建 157-156 模型。

在系统主菜单中，选择文件→打开模型项，屏幕显示［打开或创建一个模型］文件对话框，输入当前模型名即“157-156”，进入模型参数界面，如图 3.1.6 所示。

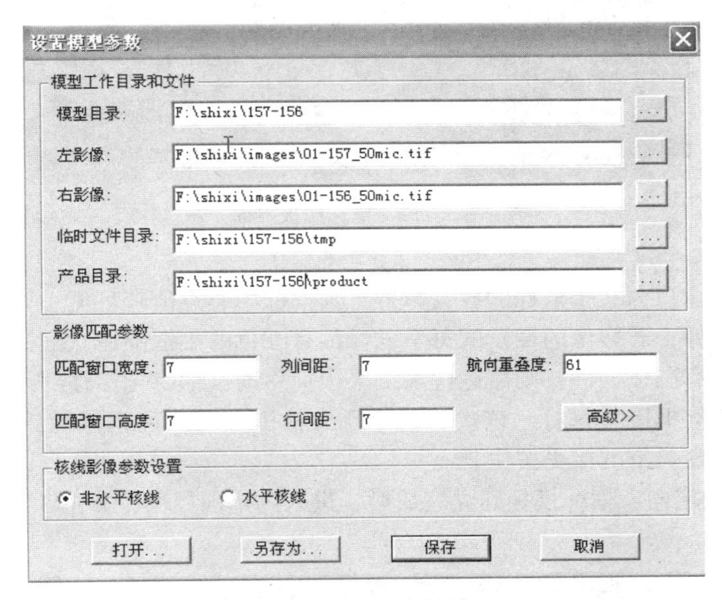


图 3.1.6　模型参数界面

其中模型目录、临时文件目录、产品目录均由程序自动产生，只需在左影像、右影像栏分别引入左影像名及右影像名。影像匹配窗口和间距一般相同（其参数为奇数，最小值为 5）。模型参数填写好后，选择保存按钮即可。

（2）自动内定向。

1）作业步骤。

- 调用内定向程序，建立框标模板（若模板已建立，则进入左影像的内定向）；
- 左影像内定向；
- 右影像内定向；
- 退出内定向程序模块；

2）操作说明。

① 建立框标模板：当模型打开后，在系统主菜单中，选择处理→定向→内定向项，程序读入左影像数据后，屏幕显示建立框标模板界面，如图 3.1.7 所示。

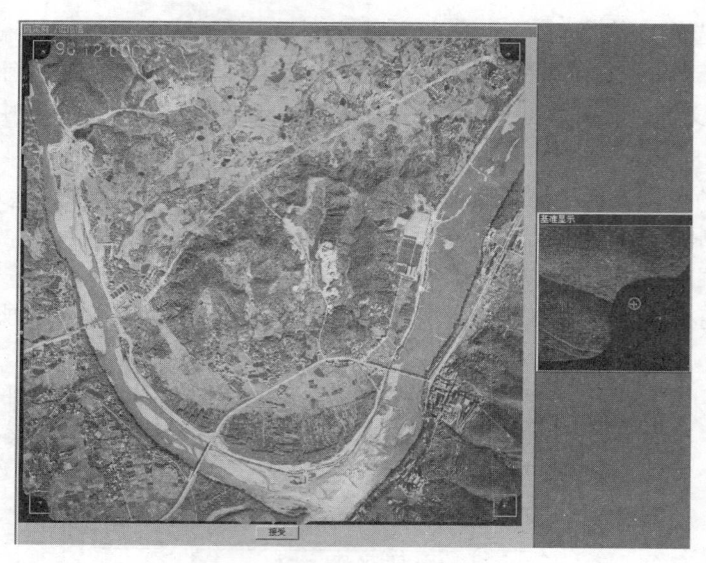


图 3.1.7　框标模板界面

界面右边小窗口为某个框标的放大影像，其框标中心点清晰可见。界面左窗口显示了当前模型的左影像，若影像的四角的每个框标都有红色的小框围住，框标近似定位成功。

若小红框没有围住框标，则需进行人工干预：移动鼠标将光标移到某框标中心，单击鼠标左键，使小红框围住框标。依次将每个小红框围住对应的框标后，框标近似定位成功。选择界面左窗口下的接受按钮。

② 左影像内定向：框标模板建立完成后，进入内定向界面，如图 3.1.8 所示。

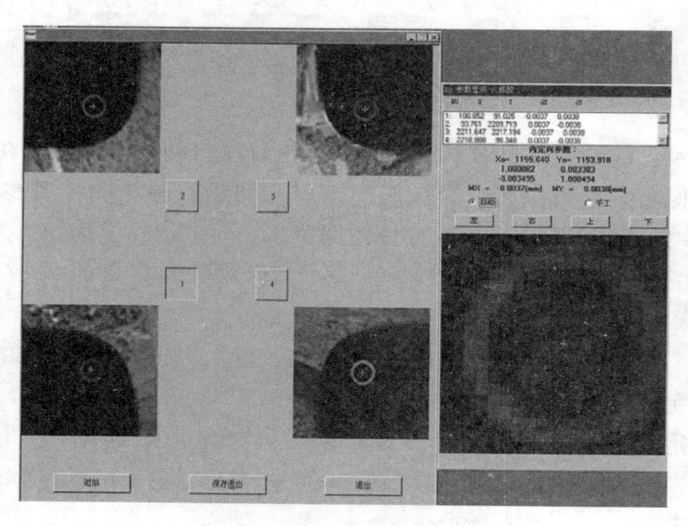


图 3.1.8　内定向界面

该界面显示了框标自动定位后的状况。可选择界面中间小方块按钮将其对应的框标放大显示于右窗口内，观察小十字丝中心是否对准框标中心，若不满意可进行调整。

框标调整有自动或人工两种方式：

自动方式：选择自动按钮后，移动鼠标在左窗口中的当前框标中心点附近单击鼠标左键，小十字丝将自动精确对准框标中心。

人工方式：若自动方式失败，则可选择人工按钮，移动鼠标在左窗口中的当前框标中心点附近单击鼠标左键，，再分别选择上、下、左、右按钮，微调小十字丝，使之精确对准框标中心。

③ 右影像内定向：左影像内定向完成后，程序读入右影像数据，对右影像进行内定向。具体操作同上。

至此一个新模型的内定向完成。程序返回系统主界面。紧接着可进行模型的相对定向。

（3） 自动相对定向。

1） 模型的相对定向。

①作业步骤。

- 进入相对定向界面；
- 自动相对定向；
- 检查与调整。

②操作说明。

a. 进入相对定向界面：在系统主菜单中，选择处理→定向→相对定向项，系统读入当前模型的左右影像数据，屏幕显示相对定向界面，如图 3. 1. 9 所示。

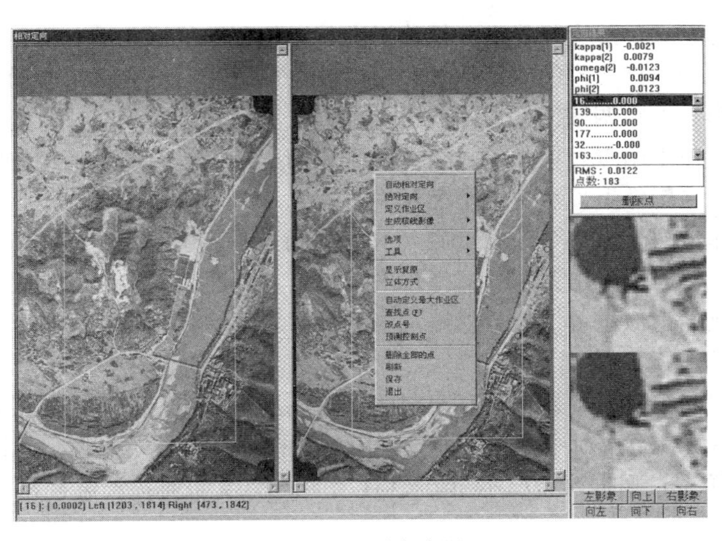


图 3. 1. 9　相对定向界面

b. 自动相对定向：单击鼠标右键，弹出菜单，选择自动相对定向，程序将自动寻找同名点，进行相对定向。完成后，影像上显示相对定向点（红十字丝）。

c. 检查与调整：在界面的定向结果窗中显示相对定向的中误差等。拉动定向结果窗的滚动条可看到所有相对定向点的上下视差。如某点误差过大，可进行调整（删除或微调）。

删除点：选中（将光标置于定向结果窗中该点的误差行再点击鼠标左键）要删除的点后，选择界面上的删除点按钮，删除该点。

微调点：选中（将光标置于定向结果窗中该点的误差行再点击鼠标左键）要微调的点后，分别选择界面右下方的左影像或右影像按钮，然后对应按钮上方的两个点位影像放大窗中的十字丝，分别点击向上、向下、向左、向右按钮，使左、右影像的十字丝中心位于同一影像点上。

(4) 自动绝对定向。

1) 普通方式的模型绝对定向。

①作业步骤。

- 量测控制点；
- 绝对定向计算；
- 检查与调整。

②操作说明。

a. 量测控制点：在相对定向的界面下，按照控制点的真实地面位置，在影像上逐个量测。其量测方法一般采用半自动量测，分述如下：

半自动量测：

移动鼠标将光标对准左影像上的某个控制点的点位，单击左键弹出该点位放大影像窗。

再将光标移至点位放大影像窗，精确对准其点位单击鼠标左键，程序自动匹配到右影像的同名点后，弹出该点位的右影像放大窗以及点位微调窗。在点位微调窗中可以鼠标左键点击左或右影像的微调按钮，精确调整点位直至满意。

在点位微调窗中的点号栏中输入当前所测点的点号，然后选择确定按钮，则该点量测完毕。此时该点在影像上显示黄色十字丝。

按以上操作依次量测三个控制点后（三个控制点不能位于一条线上），可进行控制点预测：即单击鼠标右键弹出菜单，选择预测控制点。随即影像上显示出几个蓝色小圈，以表示待测控制点的近似位置。然后继续量测蓝圈所示的待测控制点。

b. 绝对定向计算：控制点量测完后，单击鼠标右键弹出菜单，选择绝对定向→普通方式，随即在定向结果窗中显示绝对定向的中误差及每个控制点的定向误差。另弹出控制点微调窗（图 3. 1. 10），窗中显示当前控制点的坐标，且设置了立体下的微调按钮。

c. 检查与调整：根据误差显示可知绝对定向的精度如何，若某控制点误差过大，则可进行微调。

其微调方法与步骤如下：

在定向结果窗中对某控制点误差行单击鼠标左键，选中该点，弹出该控制点的微调窗。所需调整的点均完成后，选择控制点微调窗中的确定按钮，程序返回相对定向界面。

至此，绝对定向完成。

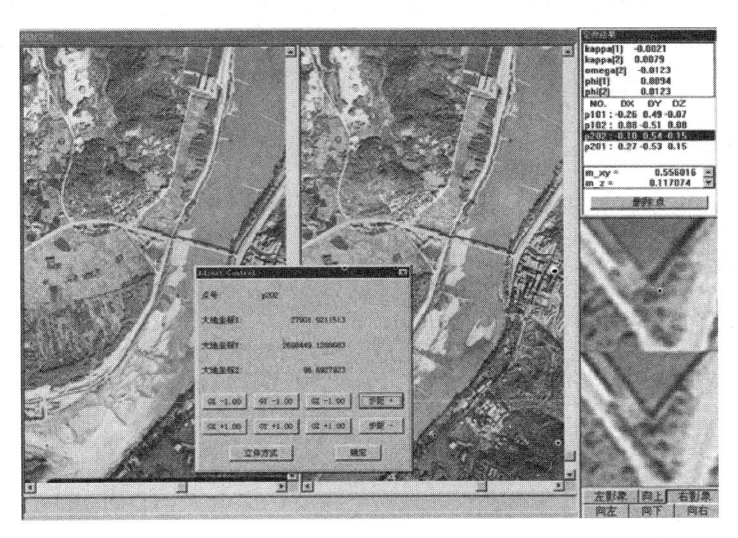


图 3.1.10　绝对定向界面

## 五、注意事项及说明

(1) 原始数字影像即数字摄影测量所用的原始资料，有数字影像（如卫星影像）和数字化影像（如用模拟的航片经扫描而获得的影像），影像的数据格式有多种（一般常用的有 tif 格式等）。这些影像格式 VirtuoZo NT 系统不能直接引用，必须转换为 VirtuoZo NT 所认识的 Vz 格式。

(2) 参数文件的设置与基本数据的录入一定要正确，否则将无法进行后继的处理，或者将出现错误。

(3) 创建测区即为将要进行测量的区域创建一个工作区目录。一个测区一般由多个相邻的模型所组成。

(4) 内定向调整中应参看界面右上方的误差显示，当达到精度要求后，选择保存退出按钮。

(5) 相对定向调整中应参看定向结果窗中的误差显示，以保证精度要求。当达到精度要求后单击鼠标左键弹出菜单，选择保存，则相对定向完成。

(6) 绝对定向在操作中随时参看定向结果窗中的误差变化，以确保控制点位和计算精度要求。选中另一个需调整的点，进行微调。

# 任务二　核线重采样

## 一、预备知识

非水平方式的核线重采样是基于模型相对定向结果。遵循核线原理对左右原始影像沿核线方向保持 X 不变，在 Y 方向进行核线重采样，这样所生成的核线影像保持了原始影像同样的信息量和属性。因此当原始影像发生倾斜时，核线影像也会发生同样的倾斜。而水平核线重采样使用了绝对定向的结果，将核线置平。

## 二、实验目的和要求

掌握核线影像重采样，生成核线影像对。

## 三、实验内容

根据模型定向的结果进行核线影像生成。

## 四、实验步骤

1. 生成核线影像作业步骤

（1）定义作业区；

（2）生成核线影像；

（3）退出。

2. 操作说明

（1）定义作业区。在相对定向界面，单击鼠标右键弹出菜单，选择全局显示，界面显示模型的整体影像，然后再弹出菜单，选择定义作业区，随之将光标移至右影像窗中，置于作业区左边一角点处，按下鼠标左键，然后拖动鼠标朝对角方向移动，当屏幕显示的绿色四边形框符合作业区范围时，停止拖动，松开鼠标左键，则作业区定义好，显示为绿色四边形框，如图 3. 2. 1 所示。

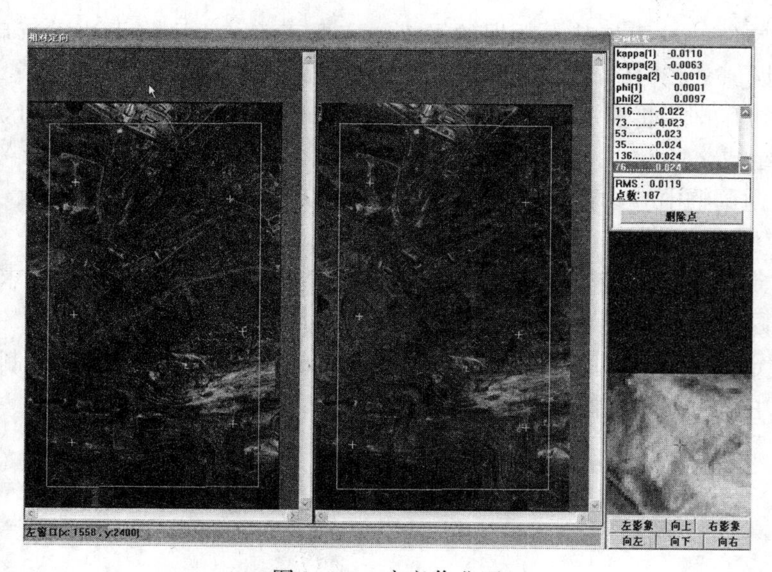


图 3. 2. 1　定义作业区

如果在弹出的菜单中，选择自动定义最大作业区，程序将自动定义一个最大作业区。

（2）生成核线影像。单击鼠标右键弹出菜单，选择生成核线影像→非水平核线，程序依次对左、右影像进行核线重采样，生成模型的核线影像。

（3）退出。单击鼠标右键弹出菜单，选择保存，然后再弹出菜单，选择退出，然后回答界面上的提示，程序退出相对定向的界面，回到系统主界面。

### 五、注意事项及说明

（1）如果已由系统自动生成最大作业区，或在以前的作业中已定义过作业范围，则无需进入相对定向界面定义作业区，可直接在 VirtuoZo 主界面中单击处理 → 核线重采样菜单项或批处理生成核线影像即可。

若用户没有定义过作业区，直接单击处理→核线重采样菜单项或批处理生成核线影像，则系统会自动生成最大作业区，并按照该范围生成核线影像。

（2）只有进行绝对定向以后，才可生成水平核线影像。若仅作相对定向，只能生成非水平核线影像。

# 项目四　4D 产品制作

随着测绘技术和计算机技术的结合与不断发展。地图不再局限于以往的模式，现代数字地图主要由 DOM（数字正射影像图）、DEM（数字高程模型）、DRG（数字栅格地图）、DLG（数字线画地图）以及复合模式组成。

1. DLG（数字线画地图）

现有地形图上基础地理要素分层存储着矢量数据集。数字线画图既包括空间信息也包括属性信息，可用于建设规划、资源管理、投资环境分析等各个方面以及作为人口、资源、环境、交通、治安等各专业信息系统的空间定位基础。

其表示方法采用矢量模型表示，矢量模型有两种：面片（Spaghetti）数据模型和拓扑数据模型。面片模型中点用空间坐标（x，y，z）表示，线用组空间坐标表示，而面由封闭的线（即多边形）来表示。矢量数据的属性信息在计算机中利用附加不同的编码来区分并用表现号来描绘；面可以用不同图案、不同颜色来表示。在拓扑模型中，多边形被分割成一系列的弧和节点，节点、弧及多边形之间空间关系在属性表中定义。各种空间要素的拓扑关系包括点—点、点—线、点—面、线—线、线—面、面—面等多种形式。

2. DEM（数字高程模型）

数字高程模型是以高程表达地面起伏形态的数字集合。可制作透视图、断面图，进行工程土石方计算、表面覆盖面积统计，用于与高程有关的地貌形态分析、通视条件分析、洪水淹没区分析。

其表示方法有两种：数学方法和图形方法。

用数学方法来表达，可以采用整体拟合方法即根据区域所有的高程点数据，用傅立叶级数和高次多项式拟合地面高程曲面。也可采用局部拟合方法，将地表复杂表面正方形规则区域或面积大致相关的不规则区域，根据有限个点拟合形成高程曲面。

用图形方法表达有两种：线模式和点模式。

线模式：等高线是表示地形最常见的形式。其他的地形特征线也是表达地面高程的重要信息源，如山脊线、谷底线、海线及坡度变换线等。

点模式：用离散采样数据点建立 DEM 是常用的方法之一。数据采样可以按规则格网采样，可以是密度一致的或不一致的；可以是不规则采样，如不规则三角网、邻近网模型等；也可以有选择性地采样，采集山峰、洼坑、隘口、边界等重要特征点。

3. DOM（数字正射影像图）

利用航空相片、遥感影像，经像元纠正，按图幅范围裁切生成的影像数据。它的信息丰富直观，具有良好的可判读性和可量测性，从中可直接提取自然地理和社会经济信息。

其表示方法是利用数字化的航空相片影像或数字遥感影像，经几何改正和镶嵌，按一定图幅范围生成的数字正射影像集。DOM 包含三个数据层：注记层、格网修饰层、正射影像数据层，其中前两层为矢量数据，最后一层为栅格数据。正射影像地图使用的是一种矢量-栅格混合数据模型表示，这使得它既具有矢量格式数据的高精可量测特征，又具有景仰数据直观、信息丰富等特征。

4. DRG（数字栅格地图）

数字栅格地图是纸制地形图的栅格形式的数字化产品。可作为背景与其他空间信息相关，用于数据采集、评价与更新，与 DOM、DEM 集成派生出新的可视信息。

其表示方法一般用数学矩阵表示，以简单的文件格式存储在计算机中。栅格地图每一位置点对应矩阵中的一个元素，栅格地图的最终产品以 LZW 压缩存储。

# 任务一　数字线画图（DLG）生成

## 一、预备知识

数字线画地图（DLG）是基础地理信息系统的核心数字产品，它采集方法很多，主要包括以下几个方面：

（1）平板仪测量：夹板仪测量采集的是非数字产品，它最终生成的成果是纸质或薄膜地图。它要生成 DLG，还需要经过内业数字化、编辑处理。目前，平板仪测量已经不是 GIS 野外数据采集的主要手段，它正逐渐被全野外数字测量所取代。

（2）全野外数字测量：利用电子手簿、便携机或掌上电脑与全站仪相连，测量结果直接以数字形式存储，不需要经过内业数字化处理。

（3）GPS 测量：采用实时动态 GPS 测量系统，用两台或更多台 GPS 接收机来协同工作，将一台接收机作为基站，放在已知点上，其他接收机对空间目标测量，采集的数据存放于便携电脑或掌上电脑中。

（4）地图数字化：地图数字化有两种作业方式：手扶跟踪数字化和扫描矢量化。手扶跟踪数字化是使用数字化仪进行地图数字化，扫描矢量化是通过专用软件对扫描处理后的数字栅格地图进行屏幕跟踪矢量化。

（5）摄影测量：摄影测量经历了模拟摄影测量和解析摄影测量阶段，随着计算机技术及其应用的发展以及数字图像处理、模式识别、计算机视觉等学科的发展，现已进入数字摄影测量阶段。长期以来，摄影测量在基本比例图生产中占据着非常重要的位置，特别是发展到今天的数字摄影测量阶段，摄影测量以其高效快速、生成数据产品齐全而发挥着其他测量手段无法比拟的作用。

## 二、实验目的和要求

掌握立体切准的技能以及地物数据采集与编辑的基本操作。完成水系、房屋、道路、植被等基本地物的数据采集以及必要的文字注记。

## 三、实验内容

根据模型定向数据，采用交互式数字影像测图系统（IGS），进行地物、地貌信息的量测。从立体影像上对目标进行数据采集及编辑，生成三维数字测图文件（* * *.xyz），并按标准的制图符号输出为矢量图。

## 四、实验步骤

1. 进入测图界面

在 VirtuoZo NT 系统主菜单中，选择数字测图→IGS 数字测图项，调用测图模块，屏幕弹出测图界面。

2. 新建或打开测图文件

新建一个测图文件：选择文件→新建项，屏幕弹出文件查找对话框，输入一个新的 xyz 文件名，弹出测图参数对话框。在对话框中输入各项测图参数：成图比例尺（分母）；高程注记的小数位数；流数据压缩容限（单位：毫米）；图廓坐标：Xtl、Ytl（左上角）、Xtr、Ytr（右上角）、Xbl、Ybl（左下角）、Xbr、Ybr（右下角）。选择保存按钮后，将创建一个新的测图文件。此时屏幕弹出矢量图形窗并显示其测图的图廓范围。

打开一个测图文件：选择文件→打开项，此时弹出文件查找对话框，选择一个已有 *.xyz文件，打开后，屏幕显示当前的矢量图形文件。

3. 装入立体模型

当打开测图文件后，方可打开立体模型。在菜单栏中选择文件→打开项，在文件查找对话框，选择一个模型 * * *.mod（或 *.set）文件，打开后，屏幕弹出影像窗显示立体影像。

4. 界面调整与功能设置

（1）激活当前工作窗。在测图界面内的影像窗或矢量图形窗内（最好在窗口顶上的标题条上）点击鼠标左键，则该窗口被激活为当前工作窗（窗口顶上的标题条显示蓝色）。

（2）影像与矢量图形缩放。

①工作窗均可在界面内通过拉伸、推缩及拖动改变窗口大小及位置。

②工作窗中的影像或矢量图形可拉动本窗口的滚动条上下或左右移动。对于影像还可在选择按钮后，在影像窗中移动鼠标使窗中的立体影像移动。

③当前工作窗中的影像或矢量图形可由图标按钮、、、、进行放大或缩小等。

（3）影像贴图与矢量图形的层控制。

①矢量贴图：按下图标，可将测量的结果（矢量图形）显示在立体影像上，便于检查遗漏和所测地物的精度。

②层控制：在数字化测图中，同一种地物为一层，每一层都有一个属性码（或层号）。所测的地物都被分层管理，层控制就是对地物分层管理的工具。

选择图标（或选择菜单 Tools→Layer 项），可弹出层控制选择对话框。选定某层

(由鼠标左键单击层控制选择对话框内左边地物显示窗中的某行地物，该行显示为蓝色时则被选中)，然后选择层操作按钮，则能对其进行层控制。层控制有以下五种：

层锁定：不能对选定层的已测地物进行编辑，但可显示、新增该类地物。

层冻结：不能对选定层作任何操作，既不能显示也不能编辑及新增该类地物。

层关闭：关闭或打开选定层图形的显示。

设置层颜色：可设置选定层在影像上的贴图颜色，一次只能设定一层。

层删除：可删除一个或多个层的全部地物。

(4) 影像显示方式。

左右影像分屏显示，由立体反光镜进行立体观测；

立体显示双影像：通过硬件的支持，左右影像交替显示，戴上相应的立体眼镜，可以进行立体观测。

激活影像窗后，选择菜单模型→显示方式项，两种显示方式可相互切换。

(5) 测标调整。测标有左右两个，分别显示于左右影像上。在数据采集时，通过调整测标可测得地面高程。测标调整的方式：

①自动调整：选择功能工具条中的 A 图标，此时根据模型的 DEM 自动解算高程，则测标可随地面起伏自动调整。

②人工调整：在影像窗中，按住鼠标中键左右移动；或按住键盘上的 Shift 键，左右移动鼠标；还可用键盘的 PageUp 和 PageDown 两键微调，都可调整测标使之切于立体模型的表面。若用手轮脚盘，可转动脚盘调整测标。

(6) 鼠标功能。

鼠标左键：在测量中鼠标左键用于定位的确定。单击左键即记录了某点的坐标数据。

鼠标中键：在测量中鼠标中键用于调整测标的高程（或称测标视差）。

鼠标右键：在测量状态中，鼠标右键用于结束当前的操作。在无测量状态下，鼠标右键用于测量和编辑两种状态的切换。在编辑状态下，鼠标右键用于弹出编辑菜单。

5. 地物的测绘

地物量测的基本步骤：

输入地物属性码→进入量测状态→根据需要选择线型或辅助测图功能→对地物进行量测。

(1) 输入地物属性码。每种地物都有各自标准的测图符号，而每种测图符号都对应一个地物属性码，数字化地物时首先要输入待测地物的属性码。

方法一：直接输入。当你熟记了属性码，可在状态条的属性码显示框中输入当前码(图 4.1.1)。

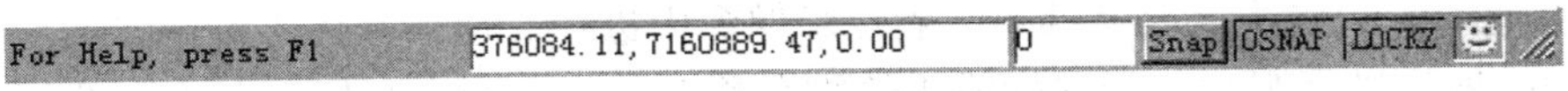

For Help, press F1 | 376084.11,7160889.47,0.00 | 0 | Snap | OSNAP | LOCKZ

工具提示信息　　当前测标的大地坐标　　属性码　设置吻合

图 4.1.1　属性码显示框

方法二：选择图标。按下 Sh 图标按钮，将弹出地物属性码选择框（图 4.1.2）。

图 4.1.2　地物属性码

（2）进入量测状态。按下图标按钮；或单击鼠标右键可将编辑状态切换到量测状态。

（3）选择线型和辅助测图功能。

①线型的选择。VirtuoZo NT 测图把数据表示的形状分为如下七种类型并统称为线型，在地物线型工具条中有这七种类型的图标，说明如下：

点：用于点状地物，即只需单点定位的地物。只记录一个点。

折线：用于折线状地物，如：多边形、矩形状地物等。记录多个节点。

曲线：用于曲线状地物，如道路等。记录多个节点。

圆：用于圆形状地物。记录三个点。

圆弧：用于圆弧状地物。记录三个点。

隐藏线：只记录数据不显示图形，用于斜坡的坡角线等。

同步线：用于小路、河流等曲线状地物，可加快测量速度。流数据模式记录。

②辅助测图功能的选择。

C 自动闭合：对于需要闭合的地物，选择自动闭合功能，可将起点与终点自动连线。

R 直角化与自动补点：对于房屋等直角的地物，选择直角化功能，可对所测点的平面坐标按直角化条件进行平差，得到标准的直角图形；自动补点，对于满足直角化条件的地物，最后一点不测，而由软件按平行条件进行自动增补。

高程注记：对高程碎布点，自动注记其高程。

（4）基本量测方法。地物量测一般在影像窗中进行，通过立体眼镜（或立体反光镜）对需量测的地物进行观测，用鼠标或手轮脚盘移动影像并调整测标，立体切准某点后，按鼠标左键或踩左脚踏开关记录当前点，按鼠标右键或右脚踏开关结束量测。在量测过程中，可随时修改线型或辅助测图功能，随时取消当前的测图命令等。

（5）不同线型的量测。

单点：按鼠标的左键（或踩左脚踏开关）记录单点。

折线：单击鼠标左键记录所有节点，单击鼠标右键结束。对于线段一侧有短齿线等附加线画时，应注意量测方向，一般附加线画绘于量测方向的左侧。

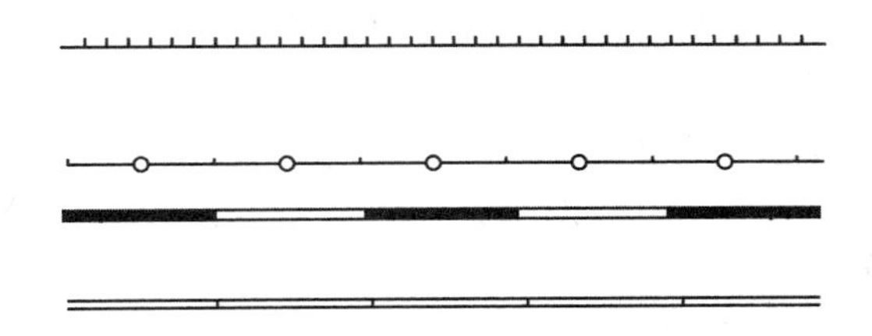

曲线：单击鼠标左键记录所有曲率变化点，单击鼠标右键结束。

同步线：单击鼠标左键或左脚踏开关记录起点，由手轮、脚盘跟踪地物量测，最后用右脚踏开关记录终点。

平行线：对于具有规则宽度的地物（如公路等）需要量测地物的平行宽度，先量测完地物一侧的基线（单线量测），然后在另一侧量测一点（单点量测），即可确定平行线宽度，系统自动绘出平行线。

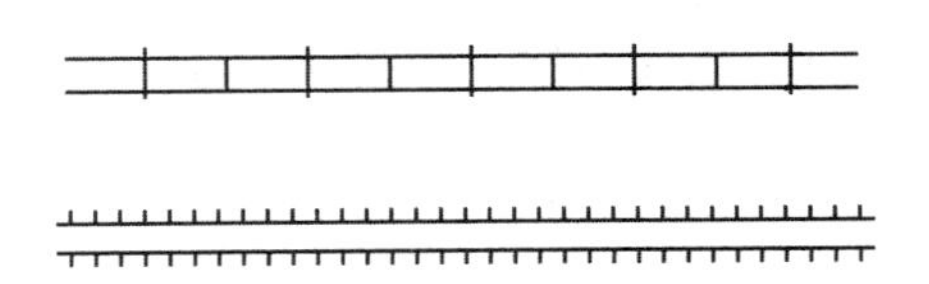

底线：对于有底线的地物（如斜坡等）需要量测底线来确定地物的范围。先量测完基线，然后量测底线（一般测于基线量测方向的左侧）。在测底线前可选隐藏线型进行量测，底线将不绘出。

圆：在圆周上量测三个单点，用鼠标的右键结束。

圆弧：按顺序量测圆弧的起点、圆弧上的一点和圆弧的终点，用鼠标右键结束。

（6）测图命令的中断。在量测地物的过程中，可以按 ESC 键中断正在进行的量测。

（7）点的回退。在量测地物的过程中，如测错了点，可以按键盘上的←键，回退到前一点。

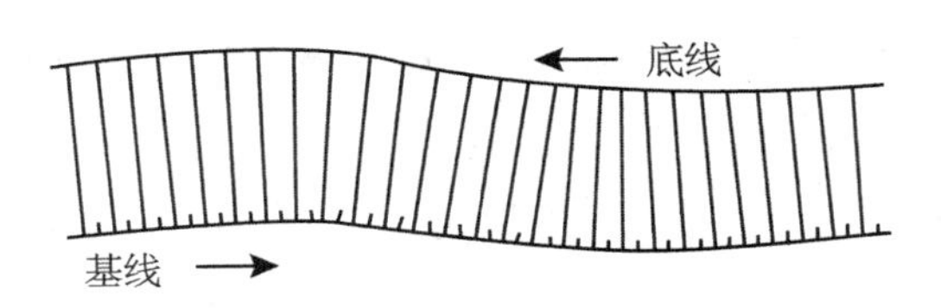

6. 地物的编辑

地物编辑的基本步骤：

进入编辑状态→选择将要编辑的某个地物及某个点→选择所需的编辑命令→进行具体的修测修改等。

（1）进入编辑状态。可用两种方式进入编辑状态：按下图标按钮，即可进入编辑状态。单击鼠标右键可将量测状态切换到编辑状态。

（2）选择地物及某个点（PICK 功能）。

①选择一个地物：把光标对准要选择的地物，单击鼠标左键即选中地物，地物被选中后，该地物图形上的所有节点将显示蓝色标识框。

②选择一个点：在被选中地物上，对某个蓝色标识框单击鼠标左键，则该点被选中，该点上原来的蓝色标识框变为红色标识框。

（3）编辑命令的使用。

①当前地物的编辑：选用编辑工具条上的图标对当前地物进行编辑。

移动地物：拖动当前地物移动至某处后，再单击鼠标左键，则当前地物被移动。

删除地物：当前地物被删除。

打断地物：鼠标左键点击断开处，则当前地物在某一点断开为两个地物。

地物反向：反转当前地物的方向。主要用于陡坎、土堆等。

地物闭合：当前地物未闭合则闭合，当前地物闭合则断开。

地物直角化：当前地物的相邻边修正为相互垂直。

房檐修正：选择修正边，输入修正值，修正当前房檐。

改变属性码：将当前属性码改为新的属性码，地物属性码与图形都随之改变。

②当前点的编辑：选择弹出式菜单执行，也可由快捷方式执行。

在当前地物的某点上，单击鼠标右键，弹出菜单（如下图），可移动或删除当前点。

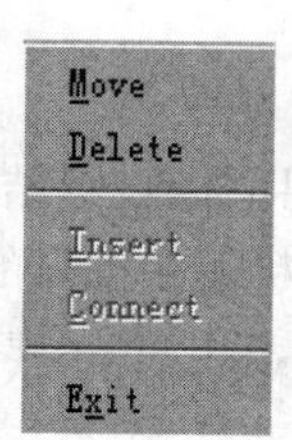


移动当前点：拖动测标移至某位置后，单击鼠标左键，则当前点被移动。

删除当前点：选择此菜单后，则当前点被删除。

在当前地物的两点之间，单击鼠标右键，弹出菜单（如下图所示），可在当前点与后一点间插入一点；可改变当前点与后一点的连接码。

③编辑恢复（Undo）功能：选择图标或快捷键 Ctrl+Z，可恢复编辑前的状态。

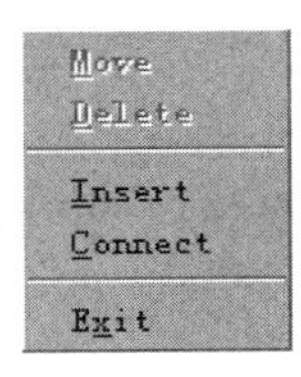


插入一点：拖动测标移至某位置后，单击鼠标左键，则插入一点。
改变连接码：在弹出的线型工具条上选择某项，改变当前点与后一点的连接形式。

7. 文字注记

文字注记的基本步骤：进入注记状态→输入注记的参数→注记定位。

（1）进入注记状态。选择菜单 View→Text dialog 项或按下主工具条上的A图标进入注记状态。

（2）注记的参数。

①注记的字符串：包括汉字、英文及数字等。输入汉字时由 Ctrl+空格键切换。

②注记的字高：字的大小，以毫米为单位。

③注记的角度：注记与正北方向的角度，以度为单位。

④注记的颜色：为 VGA 的 16 种颜色之一。

⑤注记的分布方式：给予注记控制点（定位点）不同的分布，可以确定注记的分布方式。

单点方式（Point）：单点方式只要一个控制点和一个角度。注记沿给定的方向分布。

布点方式（Points）：每一个字符需要一个控制点，字头朝向只能是正北。

直线方式（Line）：需要两个控制点，注记沿直线的方向分布，字间的距离由两点的长度来计算。每个字的朝向根据直线的角度来确定。

任意线方式（Curve）：任意线方式是利用若干个控制点来确定一个样条，注记沿样条分布。每个字的朝向都需要根据该字在样条上的位置的切线来确定。

⑥字头的朝向方式：字头朝北（North）：字头朝正北方向；字头平行（Paralle）：字头与定位线平行；字头垂直（Perpenticular）：字头与定位线垂直。

⑦字体的变形：对于河流、山脉等的注记，经常用到左斜（Left Slant）、右斜（Right Slant）、左耸（Left Shrug）、右耸（Right Shrug）等字体的变形样式。

（3）注记参数的输入。在参数对话框中，输入或选择相应的参数。

（4）注记定位。输入注记的字符串及参数后，在影像或图形工作窗内单击鼠标左键，则当前注记在该处定位并显示。

（5）注记的编辑。注记的编辑要在编辑状态下，选择将要编辑的注记后，才能进行：

①注记参数的修改：在弹出的注记参数对话框中修改注记参数，即可修改当前注记。

②注记控制点的编辑：注记控制点（定位点）串可用常规的插入、删除、重测等编辑命令对定位点进行任意修改。

## 五、注意事项及说明

在每一次测图文件自动存盘时，系统都会在 C 盘的根目录下同步更新一个备份文件

~virautosave. xyz。若读入 xyz 文件时发生错误，不要选择任何操作，直接在当前矢量文件所在目录中找到备份文件 ~virautosave. xyz，将其改名后打开即可，一般来说是可以避免损失的。造成错误的原因在于 xyz 文件只能容纳 6 万个地物（一般来说对于一个模型或者一幅图是足够的），请您在安排工作流程时以图或像对为单位进行测图，再转出到 DXF 进行修饰和接边。建议您注意及时备份正在使用的 xyz 文件。

## 任务二　数字高程模型（DEM）生成

### 一、预备知识

数字高程模型（DEM）的数据采集通常包括以下几种方法：

1. 地面测量

利用自动记录的测距经纬仪（常用电子速测经纬仪或全站仪）进行野外实测。这种速测经纬仪一般都有微处理器，可以自动记录和显示有关数据，还能进行多种测站上的计算工作。其记录的数据可以通过串行通信，输入计算机中进行处理。

2. 现有地图数字化

利用数字化仪对已有地图上的信息（如等高线）进行数字化，目前常用字数字化仪有手扶跟踪数字化仪和扫描数字化仪。

3. 空间传感器

利用全球定位系统 GPS，结合雷达和激光测高仪等进行数据采集。早在 2000 年，美国“奋进”号航天飞机在结束了 9 天的绕地飞行后，采用星载成像雷达和合成孔径雷达等高新技术，采集了地球上人类所能正常活动地区（约占地表总面积的 80%）的地面高程信息，经处理可制成数字高程模型和三维地形图。此次计划所取得的测绘成果，覆盖面大、精度高、有统一的基准，不但在民用方面应用广泛，而且在导弹发射、战场管理、后勤规划等军事活动中具有重要价值，因此引起了各国军界和传媒的广泛关注。

4. 数字摄影测量方法

这是 DEM 数据采集最常用最有效的方法之一。利用附有的自动记录装置（接口）的立体测图仪或立体坐标仪、解析测图仪及数字摄影系统，进行人工、半自动或全自动的量测来获取数据。

5. LIDAR +CCD 相机

LIDAR 也叫机载激光雷达，是一种安装在飞机上的机载激光探测和测距系统，是由 GPS（全球卫星定位系统）、INS（惯性导航系统）和激光测距三大技术的集成应用系统。如加拿大 OPTECH 公司生产的 ALTM3100 系统和德国 IGI 公司生产的 LiteMapper5600 系统，ALTM3100 和 LiteMapper5600 机载激光扫描遥感系统同时还集成了 CCD 相机，它与激光探测与测距系统协同作业，同步记录探测点位的影像信息，因此它可直接获取一个地区高精度的数字高程模型（DEM）、数字地表模型（DTM）、数字正射影像图（DOM），由于这种方法可以直接获取高精度的正射影像数据，免去了影像处理的环节，它的成果可以广泛应用于城市测绘、规划、林业、交通、电力、灾害防治等部门。

## 二、实验目的和要求

(1) 掌握匹配窗口及间隔的设置，运用匹配模块，完成影像匹配。

(2) 掌握匹配后的基本编辑，能根据等视差曲线（立体观察）发现粗差，并对不可靠区域进行编辑，达到最基本的精度要求。

(3) 掌握 DEM 格网间隔的正确设置，生成单模型的 DEM。

## 三、实验内容

根据模型定向数据和 DLG 数据，通过影像立体匹配结果编辑和 DEM 编辑生产合格的 DEM 产品。

## 四、实验步骤

### 1. 进入编辑界面

在 VirtuoZo NT 主菜单中，选择菜单处理→匹配结果编辑项，进入匹配结果编辑界面，如图 4.2.1 所示。屏幕显示立体影像。

匹配编辑界面被划分为三个窗口：

- 全局视图：显示左核线影像全貌。
- 作业编辑放大窗。
- 编辑功能窗：显示各编辑功能键。

图 4.2.1 匹配编辑界面（立体显示）

### 2. 选择显示方式检查匹配结果

将光标移至编辑功能键窗口选择相应的显示按钮，通过下列各按钮来检查立体影像的匹配结果。

（1）选择影像按钮为开状态，打开立体影像。

（2）选择等直线按钮为开状态，打开等视差曲线，检查不可靠的线。

（3）选择匹配点按钮为开，即打开格网匹配点，其中绿点为好、黄点为较好、红点为差点。

（4）在全局视图窗，将光标移到黄色框上，按住鼠标左键，拖动黄色框至要显示的区域。

3. 调用编辑主菜单调整其参数

当显示比例、视差曲线间距等参数需要调整时，调用编辑主菜单调整其参数。在“作业编辑放大窗”，单击鼠标右键，屏幕弹出编辑主菜单。

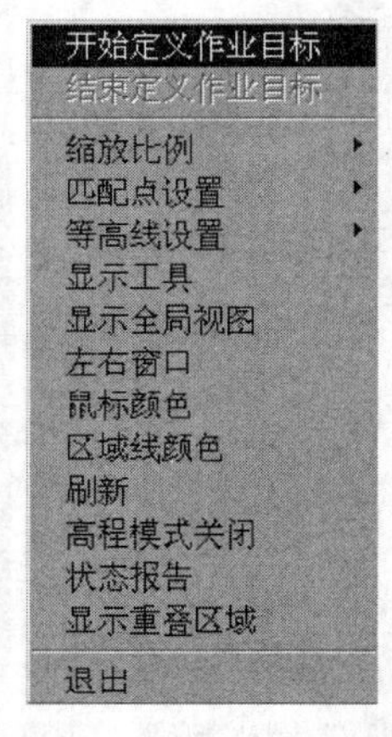


▶选择缩放比例行，调整编辑窗口影像显示的比例。

▶选择匹配点设置行，调整匹配点显示的大小和颜色。

▶选择等高线设置行，调整等视差线的显示颜色和间距等。

可经常在主菜单中选择高程模式关闭开关，通过来回切换检查匹配结果。

高程模式关闭（无“✓”）时，屏幕左上方显示当前光标点的 xyz 坐标；

高程模式关闭（有“✓”）时，屏幕左上方显示当前光标点的视差值。

4. 编辑范围的选择

（1）选择矩形区域。光标移至“作业编辑放大窗”内，按住鼠标左键拖动出一个矩形区域，松开左键即矩形区域中的点变成白色点，即当前区域被选中。

（2）选择多边形区域。

①在“作业编辑放大窗”，按鼠标右键弹出编辑主菜单，选择菜单开始定义作业目标项。

②再用鼠标左键逐个点出多边形节点（圈出所要编辑或处理的区域）。

③在编辑主菜单，选择结束定义作业目标项，闭合多边形区域，区域中匹配点变成白色，即当前区域被选中。

注意：当你的区域超出‘作业编辑放大窗’时，将光标拖至显示小窗口，移动黄色矩形，继续选择你所需要的区域，直至沿着要选择的区域边界选中所有的多边形节点，再闭合多边形。

5. 对选中区域编辑运算

（1）平滑算法。选择编辑区域后，选择平滑档次（轻、中、重）；再单击平滑算法按钮，即对当前编辑区域进行平滑运算。

（2）拟合算法。选择编辑区域后，选择表面类型（曲面、平面）；再单击拟合算法按钮，即对当前编辑区域进行拟合运算。

（3）匹配点内插。选择编辑区域后，选择上/下或左/右项；单击匹配点内插项，被选区域边缘高程值对内部的点进行上下或左右插值运算。

（4）量测点内插。选择多边形区域，单击量测点内插项，被量测的区域边缘高程值对内部的点进行插值运算。

6. 编辑用法举例

（1）对河流编辑。因影像中的河流纹理不清晰，常有很多错误的匹配点，用多边形方法沿着河边和水平面边缘圈出一个区域，选择拟合算法（平面）按钮。

另一种编辑方法为：在编辑主菜单，选择高程模式关闭时，屏幕左上方显示当前光标点为 xyz 坐标。在河流处移动光标，可检查河流及河流四周的高程，寻找一合理高程值，选择定值平面按钮，在屏幕提示框输入已知水平面高程值，确认后即可按该高程值拟合为水平面。

（2）房屋和建筑物。等高线常常像小山包一样覆盖在建筑物上，圈出这个区域，可用两种方法对其进行编辑：

①采用平面拟合算法（平面）消除它；

②先采用插值算法，再用平滑算法即可。

（3）单独的树或一小簇树。由于匹配点在树表面上，不在地面上，使树表面覆盖了等高线看上去像一个小山包。用选择矩形区域的方法，圈出这个区域，用平滑方式或平面拟合方式处理，将其“小山包”消除掉。

7. 编辑结果及应用

在立体编辑工作完成后，一定要注意保存编辑结果再退出编辑程序，或在退出时要保存。这时系统自动覆盖原<模型名>. plf 文件，其结果用于建立 DEM/DTM。

在 VirtuoZo NT 主菜单中，选择产品→生成 DEM 项，建立当前模型的数字地面模型。

注意：当模型的 DEM 生成后，应通过系统显示模块进行 DEM 检查，对于 DEM 中不对处，要再调用‘匹配结果的编辑’模块进行检查并修改。

8. DEM 生成

在系统主菜单中，选择产品→生成 DEM→生成 DEM（M）项，屏幕显示计算提示界面，计算完毕后，即建立了当前模型的 DEM。

产生的结果文件为：

<立体像对名>. dtm — 各匹配点的地面坐标文件；

<立体像对名>. dem — 矩形格网点的坐标文件。

结果文件 * * * . dem 存放于〈测区目录名〉/〈立体模型目录名〉/Product（产品）/……中。

9. 显示单模型 DEM（检查 DEM）

单模型透视景观：建立数字地面模型后，在系统主菜单中，选择显示→立体显示→透示显示项，进入显示界面，屏幕显示当前模型的数字地面模型（图 4. 2. 2）。

图 4. 2. 2　透视显示界面

将光标置于影像中，按住鼠标左键移动鼠标可对当前图像作旋转，纵向移动绕 x 轴旋转，横向移动绕 y 轴旋转。

将光标置于影像中，按住鼠标右键移动鼠标可对当前图像推远或拉近，纵向向上移动推远图像，纵向向下移动拉近图像，横向移动绕 z 轴旋转图像。

通过缩放，旋转等显示功能，从不同角度观看地面立体模型。还可选择菜单设置中的各项，来加强对 DEM 的显示，观察地面立体模型的对错（如河流、DEM 边缘等）。

## 五、注意事项及说明

影像匹配是数字摄影测量系统的关键技术，是沿核线一维影像匹配，确定同名点，其过程是全自动化的。

匹配窗口及间隔在模型参数中设置。窗口设置得大，则数据量小，但损失地形细貌；窗口设置得小，则数据量大，但能较好表示地貌。因此对平坦地区，窗口可设置大些。

匹配后的编辑是影像匹配的后处理工作，是一个交互式的人工干预过程。目前，在影像匹配中，尚有一些区域（例：水面、人工建筑、森林等）计算机难以识别，将出现不可靠匹配点（没有匹配在地面上），这将影响数字高程模型 DEM 的精度。因此，对这些区域进行人工干预是必要的。

一般需要编辑的情况有以下几种：

（1）由于影像中常有大片纹理不清晰的影像，如河流、沙漠、雪山等地方出现大片匹配不好的点，则需要进行编辑。

（2）由于影像的不连续、被遮盖及阴影等原因，使得匹配点没切准地面，则需要进行编辑。

（3）城市的人工建筑物、山区的树林等，使得匹配点不是地面上的点，而是物体表面上的点，则需要进行编辑。

（4）大面积平地、沟渠及比较破碎的地貌需要进行编辑。

DEM 的建立是根据影像匹配的视差数据、定向元素及用于建立 DEM 的参数等，将匹配后的视差格网投影于地面坐标系，生成不规则的格网。然后，进行插值等计算处理，建立规则（矩形）格网的数字高程模型（即 DEM）。其过程是全自动化的。

DEM 格网间隔设置在 DEM 参数窗中进行。在 VirtuoZo NT 主菜单中，选择设置→DEM 参数项，进入 DEM 参数对话窗。

## 任务三　数字正射影像（DOM）制作

### 一、预备知识

数字正射影像图（DOM）是利用数字高程模型（DEM）对经扫描处理的数字化航空相片或高空采集的卫星影像数据，逐像元进行投影差改正、镶嵌，按国家基本比例尺地形图图幅范围剪裁生成的数字正射影数据集。

对于航空相片，利用全数字摄影系统，恢复航摄时的摄影姿态，建立立体模型，在系统中对 DEM 进行检测、编辑和生成，最后制作出精度较高的 DOM。

对于卫星影像数据，可利用已有 DEM 数据，通过单片数字微分纠正生成 DOM 数据。

### 二、实验目的和要求

（1）掌握正射影像分辨率的正确设置，制作单模型的数字正射影像。

（2）通过 DEM 及正射影像的显示，检查是否有粗差。

### 三、实验内容

根据数字高程模型数据，运用数字正射影像修补方法生产合格的数字正射影像图。

### 四、实验步骤

1. 生成单模型正射影像

当 DEM 建立后，可进行正射影像的制作。

在系统主菜单中，选择产品→生成正射影像项，自动制作当前模型的正射影像，屏幕显示计算提示界面，计算完毕后，自动生成当前模型的正射影像。此为单影像处理方式，即逐个模型进行。正射影像结果文件为：

<立体模型名>. orl —左影像的正射影像文件；

<立体模型名>. orr —右影像的正射影像文件。

以上两种文件都存放于〈测区目录名〉/〈立体模型目录名〉/Product（产品）/……中。

2. 显示单模型正射影像（检查影像）

正射影像生成后，应显示其影像，检查正射影像是否正确或完整。在系统主菜单中，选择显示→正射影像项，屏幕显示当前模型的正射影像。将光标移至影像中，按鼠标右键弹出菜单，供选择不同的比例，可对影像进行缩放。

注意：显示正射影像时，可拉动上下左右滚动条，检查正射影像的每个部位的影像有无变形。

3. 修补正射影像选取

在 VirtuoZo 主界面中，单击镶嵌 →正射影像修补菜单项，系统导入当前模型的数据，并弹出选择参考影像对话框，如图 4. 3. 1 所示。

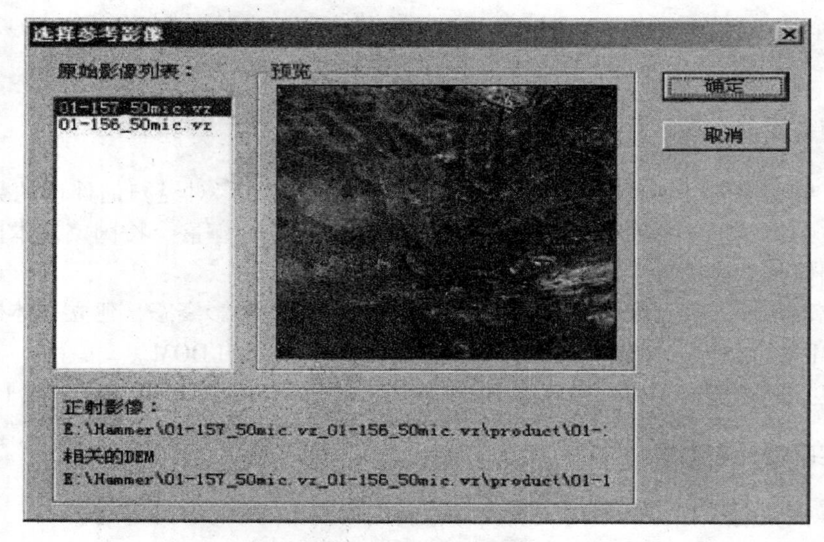


图 4. 3. 1　参考影像对话框

在左边的原始影像列表中单击用于修复当前正射影像的参考影像。

若直接双击可执行程序 OrthoFix. exe 启动正射影像修补模块，需要手工新建修补工程文件或者打开一个已经存在的修补工程文件 . ofp 单击文件→新建工程/打开工程菜单项，在系统弹出的工程设置对话框中指定当前修补工程中要进行修补的正射影像、作为参考的影像和 DEM。

当仅存在要修补的正射影像和原始影像，而没有相应的 DEM 时，仍可以新建修补工程文件。在工程设置对话框中填入相应的正射影像和用于修复的原始影像文件（DEM 文件可选，没有相应的 DEM 文件时，此栏可以不填）。单击确定按钮，系统会弹出如图 4. 3. 2 所示的消息框。

此时再次单击确定按钮，即可进入修复界面进行修复，但需要用户自己选择对应点。

图 4.3.2　信息提示窗口

当参考影像是原始影像时，在进行正射影像修补前，请将相机文件置于 Images 目录下，否则系统将无法预测参考影像的范围，可能会出现影像定位错误。

当参考影像是正射影像或者是有地理编码的影像时，系统无需相机文件即可预测参考影像范围。

若预测的参考影像点位落在参考影像外，则此时加点设置修补线时，系统会弹出如图 4.3.3 所示的对话框，询问是否搜索可用影像。

图 4.3.3　信息提示窗口

单击取消按钮取消加点操作；单击“否”按钮，参考影像窗口中将显示工程设置中指定的参考影像的全局视图，用户需手工寻找修补影像的范围。单击“是”按钮，用户可以指定要进行搜索的目录，系统将自动在该目录中搜索所有的参考影像，并在找到可用影像的同时弹出如图 4.3.4 所示的对话框。

图 4.3.4　信息提示窗口

4. 正射影像修补

选中相应的参考影像并确认后，即进入如图 4.3.5 所示的界面。

（1）单击编辑→工程设置菜单项，系统弹出工程设置对话框，显示当前修补工程中要进行修补的正射影像、作为参考的影像和 DEM，如图 4.3.6 所示。用户可单击各个文本框后的浏览按钮修改当前的设置。

图 4.3.5 正射影像修补窗口

（2）单击显示→属性菜单项，系统弹出显示设置对话框，用户可在此设置修补线的颜色、线宽以及使用键盘方向键移动影像的速度，如图 4.3.7 所示。若参考影像与正射影像存在一定的夹角，用户可在旋转角文本框中设置相应的转角，调整参考影像的显示角度，使得参考影像与正射影像的方位一致，以方便用户寻找同名点，定义修复区域。选中预测参考影像范围复选框，系统会自动预测正射影像和参考影像的重叠区，并在正射影像上用绿色的边框加以显示。

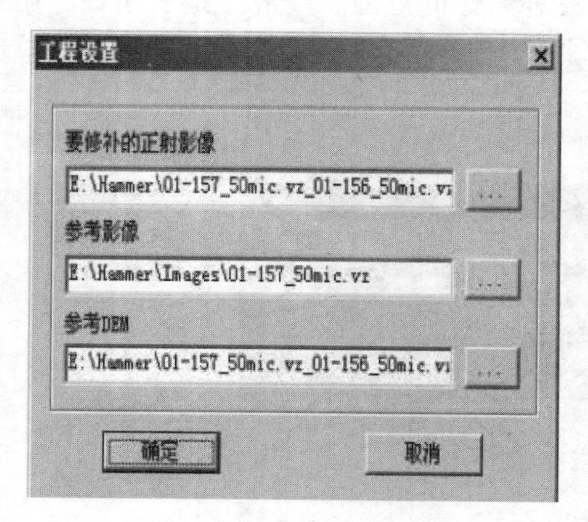


图 4.3.6 工程设置窗口

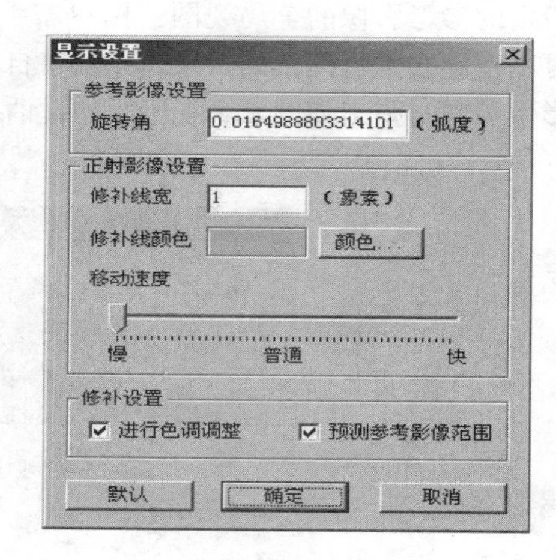


图 4.3.7 显示设置窗口

（3）移动正射影像到需要修复的地方，按下显示线图标（注意：此时请确保拖动图标未被按下。用户也可以使用空格键来切换到编辑修补线状态），在正射影像中单击，以选中修复区域的起点，系统同时弹出与该点对应的参考影像窗口，如图 4.3.8 所示。

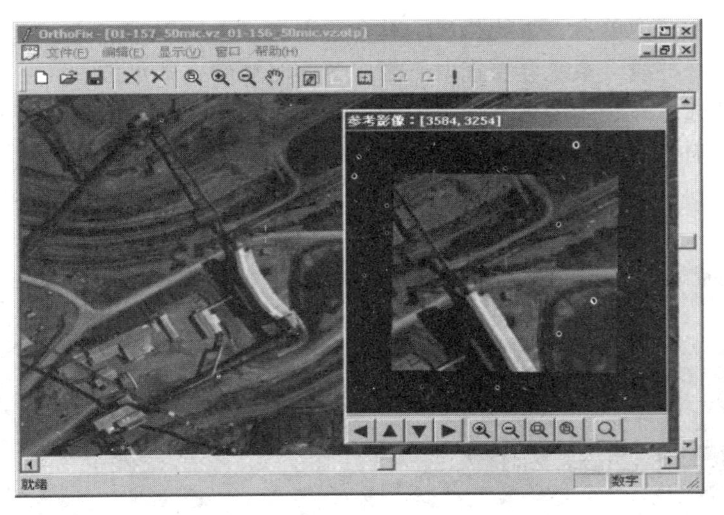


图 4.3.8　参考影像窗口

用户可以通过单击参考影像窗口对话框上的左、右、上、下四个按钮在参考影像上对点位进行微调，也可以直接在影像窗口上单击做大幅度的点位调整，还可选择放大、缩小按钮来调整参考影像显示的比例。增加修补点时，参考影像窗口的标题栏会显示出当前点位的参考影像坐标。

（4）在正射影像上单击，依次选取修复区域轮廓上的其他点位。最后单击鼠标右键，系统将自动闭合当前修复区域，如图 4.3.9 所示。

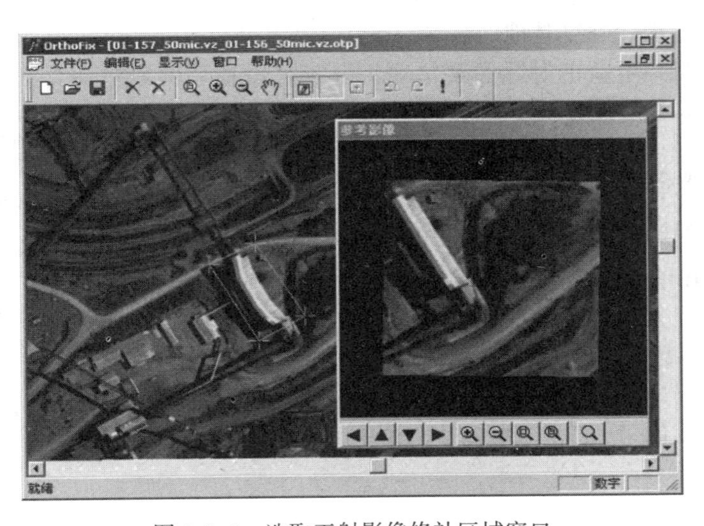


图 4.3.9　选取正射影像修补区域窗口

（5）用户也可以在参考影像上选点，然后再在正射影像上调整相关点位。

在正射影像上单击选定一点，激活工具栏上的从参考影像上选点图标。按下该图标，然后在参考影像窗口中单击，系统将显示其在正射影像上的对应点位。继续在参考影像窗口中单击以定义修补线，系统会在正射影像窗口实时更新这些点位。

说明：这种选点方法作为正常选点的辅助手段，只能在修补区闭合前使用。

（6）单击修补图标，则系统自动用参考影像上相应的影像替换正射影像上所需修复的影像区域，达到修复的效果，如图 4.3.10 所示。

图 4.3.10　正射影像修补替换窗口

说明：此时系统并未保存对正射影像所作的修改。

（7）重复上述步骤修复其他的区域。

（8）单击编辑→更新正射影像菜单项，系统将修补后的数据保存到正射影像中。更新后的正射影像不可再恢复。

### 五、注意事项及说明

（1）数字正射影像的制作是基于 DEM 的数据，采用反解法进行数字纠正而制作。其过程也是全自动化的。

（2）正射影像分辨率设置在正射影像参数窗中进行。在 VirtuoZo NT 主菜单中，选择设置→正射影像参数项，进入正射影像参数对话窗。

## 任务四　数字栅格影像图（DRG）生成

### 一、预备知识

数字栅格地图（DRG）是通过一张纸质或其他质地的模拟地形图，由扫描仪扫描生成一维阵列影像，同时对每一系统的灰度（或分色）进行量化，再经二值处理、图形定向、几何校正即形成一幅数字栅格地图，需要经过以下几个步骤：

（1）图形扫描：采用扫描分辨率不低于500dpi的单色或彩色扫描仪扫描。

（2）图幅定向：将栅格图幅由扫描仪坐标变换为高斯投影平面直角坐标。

（3）几何校正：消除图底及扫描产生的几何畸变。可以采用相关软件对栅格图像的畸变进行纠正，纠正时要按公里格网进行，通过仿射变换及双线性变换，实现图幅纠正。

（4）色彩校正：用 Photoshop 等软件进行栅格图编辑轰动单色图按要素人工设色，对彩色图作色彩校正，为使色彩统一，应按规定的 RGB 比例选择所用的几种色调。

## 二、实验目的和要求

掌握数字栅格影像图的生成方法。

## 三、实验内容

根据数字线画图数据，运用图廓整饰的方法生成数字栅格影像图。

## 四、实验步骤

### 1. 进入图廓整饰主界面

在 VirtuoZo 主界面上单击工具→图廓整饰菜单项或双击可执行文件 OutImage. exe 启动程序，系统弹出图廓整饰主界面 New Map-MapGroom，如图 4. 4. 1 所示。

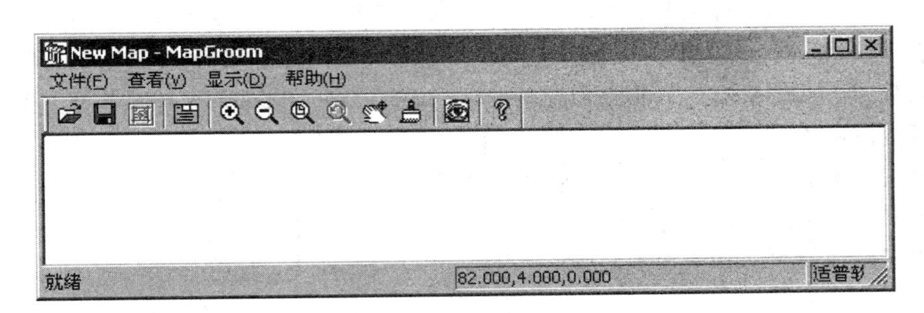


图 4. 4. 1　图廓整饰

工具栏按钮说明如下：

- 打开一个现有图像文件。
- 以新文件名保存当前图廓设置。
- 弹出属性对话框。
- 放大显示。
- 缩小显示。
- 显示影像全局。
- 撤消最后一步的缩放操作。
- 移动显示区域。
- 刷新显示当前影像。

- 显示整饰得到的影像。
- 显示版本等信息。

2. 打开要使用的数字影像文件

在 New Map-MapGroom 界面中单击文件→打开菜单项，在系统弹出的对话框中选择需要整饰的影像文件，如 5756. orl 或已经存在的整饰结果文件 . map，系统将打开所选影像并弹出属性对话框。用户可在此分步设置所有的图廓参数。

属性对话框包含九个属性页，它们是：影像、图廓、矢量、图框、注记、格网、图表、标识和输出。

注意：更改参数后，单击刷新显示按钮才可使系统接受所作修改，并实现预览效果。

3. 选择要生成的图幅文件类型并填写图廓参数

（1）影像属性设置。

单击影像属性页，如图 4. 4. 2 所示。

单击浏览按钮，系统弹出文件对话框，在其中选择要整饰的影像文件，单击刷新显示按钮，系统将读入当前影像的基本信息。

注意：单击刷新显示按钮，系统才会更新所作的设置。

（2）图廓属性设置。

单击图廓属性页。

①指定图廓参数文件：若已有图廓文件，则单击图廓参数种子文件文本框右边的浏览按钮，在弹出的文件对话框中指定已有的图廓参数文件 . mf 即可将该图廓参数读入对话框。若尚未建立图廓文件，则在弹出的对话框中输入新图廓文件名，然后在其他属性页中输入新的图廓参数。

②在内图廓坐标栏中的八个文本框内输入图廓四角的地面坐标。

（3）矢量属性设置。

单击矢量属性页，如图 4. 4. 3 所示。

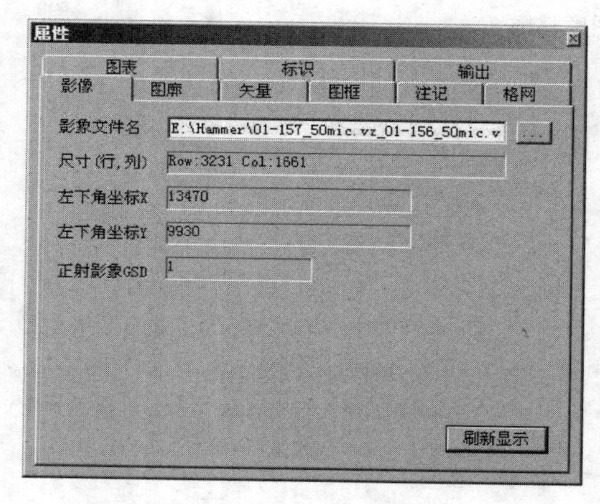


图 4. 4. 2　属性对话框

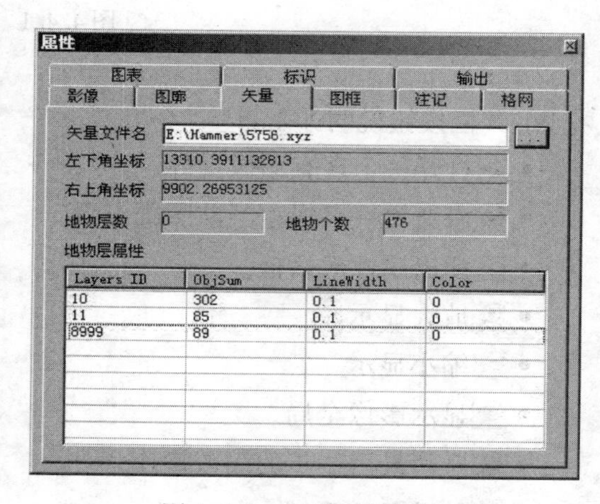


图 4. 4. 3　矢量属性设置

单击矢量文件名文本框右侧的浏览按钮...，系统弹出文件对话框，在其中选择需要引入的矢量文件。

地物层属性列表用来显示该测图文件的基本信息，其中各列依次为：制图符号的属性码、地物数量、该符号的线宽和颜色属性。

(4) 图框属性设置。

单击图框属性页，如图 4.4.4 所示。

内图框：选择内图框形式并设置内图廓的线宽，单位为毫米。

外图框：

- 输出外图框：在输出图件上绘制图幅外图廓。
- 沿外图框裁切：以外图廓为范围对影像或矢量进行裁切。
- 外框线宽度（毫米）：外图廓线宽，单位为毫米。
- 外框偏移量（毫米）：内图廓到外图廓的距离，单位为毫米。

(5) 注记属性设置。

单击注记属性页，如图 4.4.5 所示。

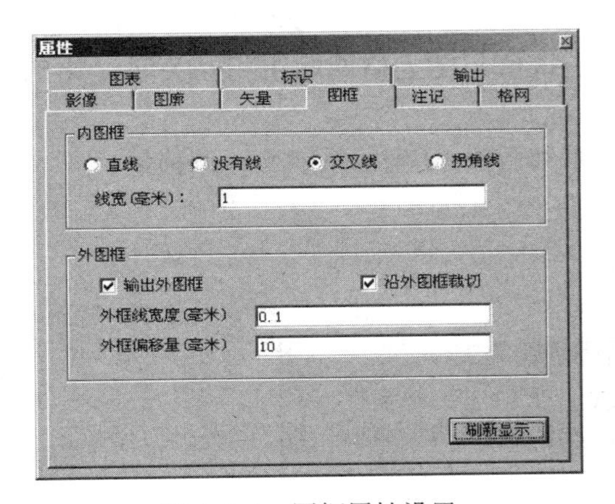


图 4.4.4　图框属性设置

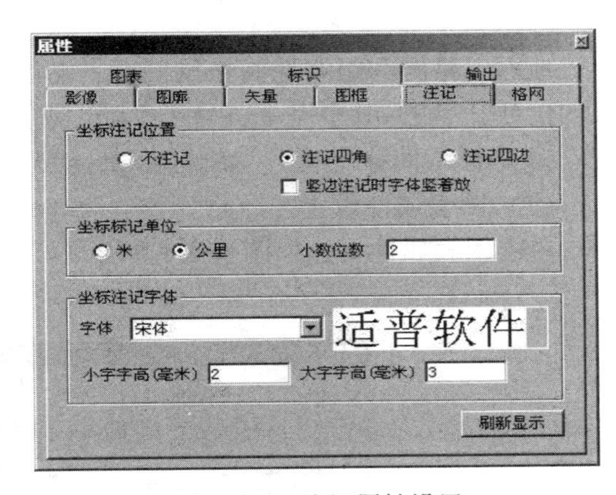


图 4.4.5　注记属性设置

坐标注记位置：选择坐标注记的位置。包括三个选项：不注记、注记四边和注记四角。

坐标注记单位：选择坐标注记的单位，包括两个选项：米或公里。

小数位数：设置坐标注记小数点后的位数。

坐标注记字体：套用了 Windows True Type 字体，可直接调用，所见即所得。

小字字高：坐标注记字百公里以上的部分的字高，单位为毫米。

大字字高：坐标注记字百公里以下的部分的字高，单位为毫米。

(6) 格网属性设置。

单击格网属性页，如图 4.4.6 所示。

格网类型：是否显示格网，或采用格网形式还是十字形式。

图上格网间距（毫米）：格网间距，单位为毫米。

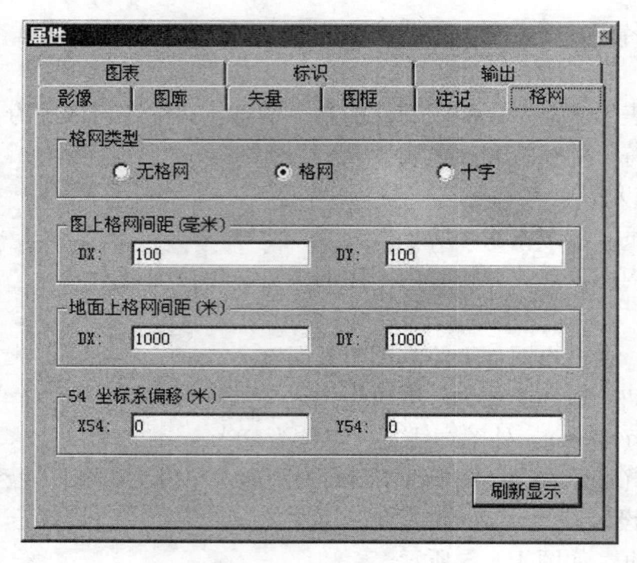

图 4.4.6　格网属性设置

地面上格网间距：地面格网间距，单位为米。该值与图上格网间距相互关联（比例尺的倍数），输入其中一个，另一个随之调整。

54 坐标系偏移（米）：在此键入北京 54 坐标系和西安 80 坐标系的坐标偏移量。

（7）图表属性设置。

单击图表属性页，如图 4.4.7 所示。

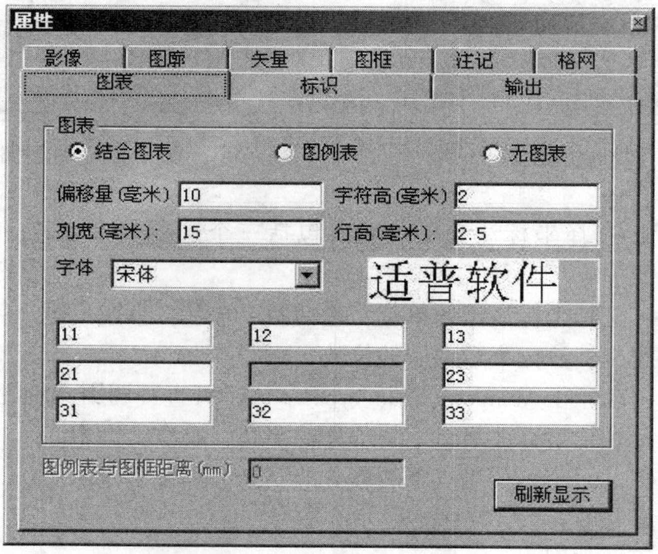

图 4.4.7　图表属性设置

单击结合图表或无图表前面的单选框，确定是否在输出图件上绘制结合图表。并在结合图表的小格中（中心小格除外），依次输入与本幅图邻接的图幅编号，如图 4.4.7 所示。

偏移量（毫米）：结合图表的底线到内图廓距离，单位为毫米。

字符高度（毫米）：结合图表中的字符高度，单位为毫米。

列宽（毫米）：结合图表每小格的宽度，单位为毫米。

行高（毫米）：结合图表每小格的高度，单位为毫米。

图例表与图框距离：图例表距外图廓的距离，单位为毫米。

（8）标识属性设置。

单击标识属性页，如图 4.4.8 所示。

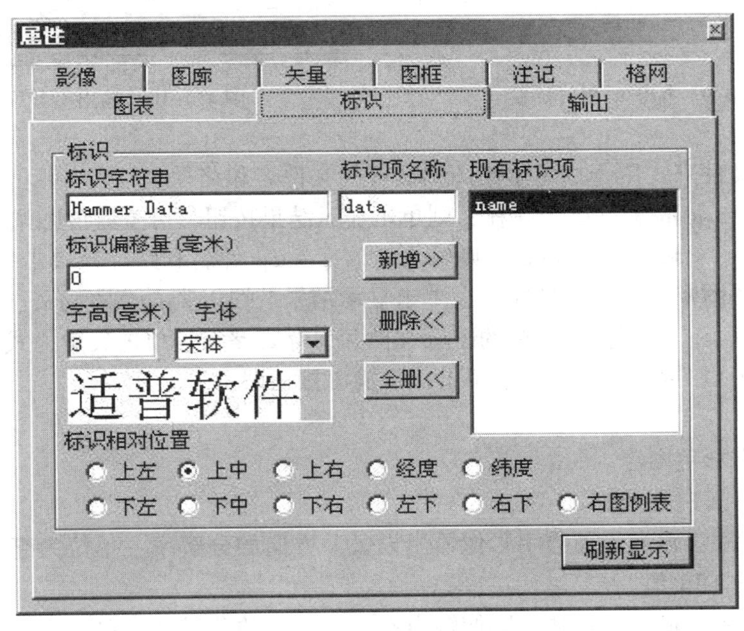


图 4.4.8　标识属性设置

标识字符串：标识字符串的内容（用字符串表示）。

标识项名称：给当前标识字符串一个标识名称。

现有标识项：显示现有标识项列表。

标识偏移量：当前标识与内图廓的距离，单位为毫米。

字高：当前标识字符串的字高，单位为毫米。

字体：选择一种 True Type 字体。

标识项相对位置：系统对标识字符串与图廓的相对位置定义，如图 4.4.9 所示。

说明：在标识项名称文本框中输入标识项的名称，单击新增按钮，将其添加到现有标识项列表中。在标识项列表中选中某项，单击删除按钮，即将其删除。

4. 确定输出参数

单击输出属性页，如图 4.4.10 所示。

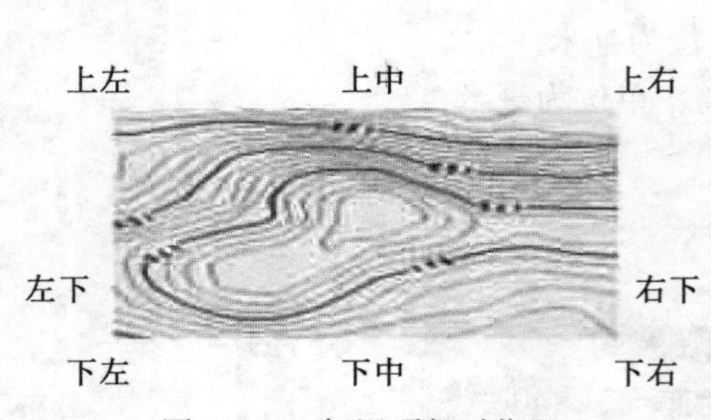


图 4.4.9　标识项相对位置

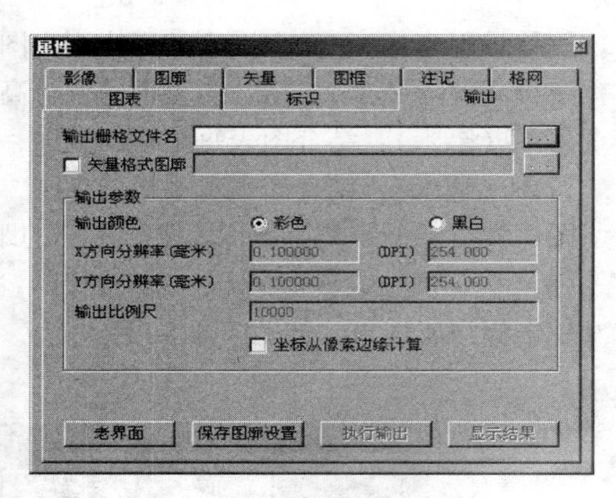


图 4.4.10　输出参数设置

输出栅格文件名。用于指定生成图幅文件的文件名和路径。

若指定的 *.map 文件已经存在，则单击显示结果按钮，可查看该图幅文件。

若指定的 *.map 文件不存在，则输入新的 *.map 件名和路径，单击执行输出按钮，系统将生成新的图幅文件。处理完毕后单击显示结果按钮以查看该图幅文件。

矢量格式图廓。用于指定生成的图廓文件并保存其路径。单击矢量格式图廓前的复选框，给定新的 DXF 格式的文件名，单击执行输出按钮即可。

输出参数：

彩色：输出彩色图像。

黑白：输出黑白图像。

x 方向分辨率：输入当前数字影像输出设备 x 方向的分辨率，单位为毫米。系统将自动计算出相应的 DPI 值。

y 方向分辨率：输入当前数字影像输出设备 y 方向的分辨率，单位为毫米。系统将自动计算出相应的 DPI 值。

输出比例尺：输入输出比例尺的分母，如比例尺为 1∶5000，则输入“5000”。

坐标从像素边缘计算：选中该选项表明坐标不是从像素中心而是从像素边缘计算的。

按钮说明：

老界面：单击该按钮，返回 VirtuoZo 图廓整饰老模块界面。

保存图廓设置：单击该按钮，保存图廓参数文件 .mf。

执行输出：单击该按钮，生成所定义的图幅文件 .map。

显示结果：单击该按钮，显示当前已生成的图幅文件。

**五、注意事项及说明**

（1）选中矢量格式图廓选项，系统将把所有的图廓矢量信息输出为 DXF 格式，而相应的测图的矢量信息及正射影像信息将仍然叠加输出为 *. map 文件。用户可以利用 AutoCAD 等软件来编辑图廓的矢量信息，然后再套合 *. map 文件输出成为一幅完整的地图。

（2） AutoCAD 不能直接读取 *. map 文件，用户可以利用 VirtuoZo 系统提供的影像格式转换功能将其转换为 AutoCAD 可以识别的格式，如：TIFF、JPEG 等。

# 项目五 遥感图像输入/输出

## 一、预备知识

1. 遥感图像格式

多波段图像具有空间位置和光谱信息。随着遥感图像波段数的增加以及国际上相应标准格式的出现，遥感数据的记录格式也逐渐规范化。目前，遥感数字图像的记录格式主要有下述几种。

（1）BSQ 格式（Band Sequential Format）。它是按遥感图像的波段次序来进行遥感数据记录的一种格式。该格式将每个单独波段中全部像元值按顺序放在一个独立的数据块中，每个数据块都有各自开始和结束记录标记，各波段的数据块按顺序进行排列记录。数据块的个数对应于遥感图像中的波段数。记录顺序如下：

（（（像元号顺序），行号顺序），波段顺序）。

（2）BIL 格式（Band Interleaved by Line）。它是将遥感图像按各行像元的 n 个波段进行顺序记录的一种格式。对每一行中代表一个波段的光谱值进行排列，然后按波段顺序排列该行，最后对各行进行重复，记录顺序如下：

（（（像元号顺序），波段顺序），行号顺序）

（3）BIP 格式（Band Interleaved by Pixel）。它是将遥感图像按各单独像元的 n 个波段进行顺序记录的一种格式。同 BIL 格式一样，BIP 格式记录中也只存在一个图像数据记录块。在一行中，每个像元按光谱波段次序进行排列，然后对该行的全部像元进行这种波段次序排列，最后对各行进行重复，记录顺序如下：

（（波段次序，像元号顺序），行号顺序）

（4）行程编码格式（Run-length Encoding）。为了压缩数据，采用行程编码形式，属波段连续方式，即对每条扫描线仅存储亮度值以及该亮度值出现的次数，如一条扫描线上有 60 个亮度值为 10 的水体，在计算机内以 060010 整数格式存储，其含义为 60 个像元，每个像元的亮度值为 10，计算机仅存 60 和 10，这要比存储 60 个 10 的存储量少得多。但是对于仅有较少相似值的混杂数据，此法并不适宜。

（5）HDF 格式（Hierarchical Data Format）。HDF 格式是一种不必转换格式就可以在不同平台间传递的新型数据格式，由美国国家高级计算应用中心（NCSA）研制，已经应用于 MODIS、MISR 等数据中。

HDF 有 6 种主要数据类型：栅格图像数据、调色板（图像色谱）、科学数据集、HDF 注释（信息说明数据）、Vdata（数据表）、Vgroup（相关数据组合）。HDF 采用分层式数据管理结构，并通过所提供的“层体目录结构”可以直接从嵌套的文件中获得各种信息。

因此，打开一个 HDF 文件，在读取图像数据的同时可以方便地查取到其地理定位、轨道参数、图像属性、图像噪声等各种信息参数。

除了遥感专用的数字图像格式之外，为了更加方便于不同遥感图像处理平台间的数据交换，遥感图像常常会被转换为各处理平台间的图像公共格式，比如常用的 TIFF、JPG 以及 BMP 等格式。

2. 遥感图像格式转换

在进行遥感图像处理时，往往需要在不同处理平台或处理模块之间进行数据交互共享。由于不同平台之间处理所支持的格式各不相同，为了处理的方便，就必须进行不同的遥感图像格式间的转换。

目前，ERDAS9. X 支持的输入数据格式有 170 多种，输出数据格式有 70 多种，几乎包括常见或常用的栅格和矢量数据格式，具体所支持的数据格式见表 5. 1 所示。

表 5. 1　**ERDAS IMAGINE 9. X 常用输入/输出数据格式**

| |
|---|
| 支持输入数据格式：ArcInfo Coverage E00、ArcInfo GRID E00、ERDAS GIS、ERDAS LAN、Shape File、DXF、DGN、IGDS、Geo TIFF、TIFF、JPEG、USGS DEM、GRID、GRASS、TIGER、MSS Landsat、TM Landsat、Landsat-7HDF、SPOT、AVHRR、　RADARSAT 等 |
| 支持输出数据格式：ArcInfo Coverage E00、ArcInfo GRID E00、ERDAS GIS、ERDAS LAN、Shape File、DXF、DGN、IGDS、Generic Binary、Geo TIFF、TIFF、JPEG、USGS DEM、GRID、GRASS、TIGER、DFAD、OLG、DOQ、PCX、SDTS、VPF 等 |

## 二、实验目的和要求

（1）了解常见遥感图像格式。

（2）掌握遥感图像输入/输出的方法和过程。

## 三、实验内容

（1）单波段数据输入。

（2）JPG 图像数据输入/输出。

（3）TIFF 图像数据输入/输出。

## 四、实验步骤

1. 单波段数据输入

首先需要将各波段数据（Band Data）依次输入，转换为 ERDAS IMAGINE 的 IMG 格式文件。

（1）运行 ERDAS 软件，在 ERDAS 图标面板工具条中单击 Import/Export 图标，打开输入/输出对话框（图 5. 1）。设置如下：

①选择输入数据操作：Import。

②选择输入数据类型（Type）为普通二进制：Generic Binaty。

③选择输入数据介质（Media）为文件：File。

④确定输入文件路径和文件名（Input File）：band3. dat。

⑤确定输出文件路径和文件名（Output File）：band3. img。

⑥单击 OK 按钮（关闭数据输入/输出对话框）。

（2）打开 Import Generic Binary Data 对话框（图 5.2）。在 Import Generic Binaty Data 对话框中定义下列参数（在图像说明文件里可以找到参数）。

图 5.1　Import/Export 对话框

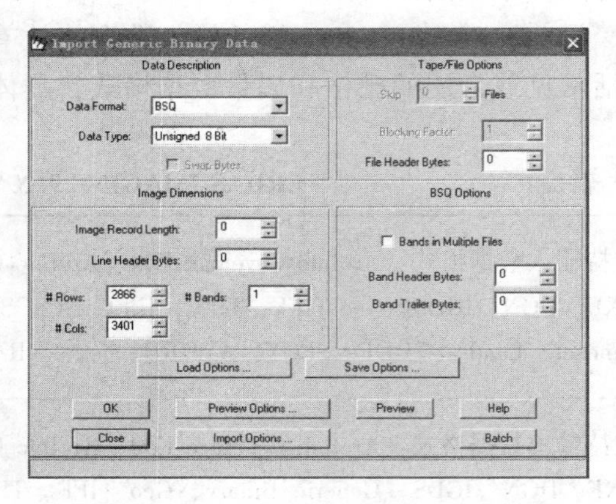


图 5.2　Import Generic Binary Data 对话框

- 数据格式（Data Format）：BSQ。
- 数据类型（Data Type）：Unsigned 8 Bit。
- 图像记录长度（Image Record Length）：0。
- 头文件字节数（Line Header Bytes）：0。
- 数据文件行数（Rows）：5728。
- 数据文件列数（Cols）：6920。
- 文件波段数量（Bands）：1。

（3）完成数据输入。

①保存参数设置（Save Options）。

②打开 Save Options File 对话框（图略）。

③定义参数文件名（Filename）：＊. gen。

④单击 OK 按钮，退出 Save Options File 对话框。

⑤预览图像效果（Preview）。

⑥打开一个视窗显示输入图像。

⑦如果预览图像正确，说明参数设置正确，可以执行输入操作。

⑧单击 OK 按钮，关闭 Import Generic Binary Data 对话框。

⑨打开 Import Generic Binary Data 进程状态条。

⑩单击 OK 按钮，关闭状态条，完成数据输入。

重复上述部分过程，依次将多个波段数据全部输入，转换为 IMG 格式文件。

2. JPG 图像数据输入/输出

JPG 图像数据是一种通用的图像文件格式，ERDAS 可以直接读取 JPG 图像数据，只要在打开图像文件时，将文件类型指定为 JFIF（*.JPG）格式，就可以直接在视窗中显示 JPG 图像，但操作处理速度比较慢。如果要对 JPG 图像作进一步的处理操作，最好将 JPG 图像数据转换为 IMG 图像数据，一种比较简单的方法是在打开 JPG 图像的视窗中，将 JPG 文件另存为（Save As）IMG 文件就可以了。

然而如果要将 IMG 图像文件输出成 JPG 图像文件，供其他图像处理系统或办公软件使用，须按照下面的过程进行转换。

（1）在 ERDAS 图标面板工具条中单击 Import/Export 图标，打开输入/输出对话框，进行相关参数设置（图 5.3）。

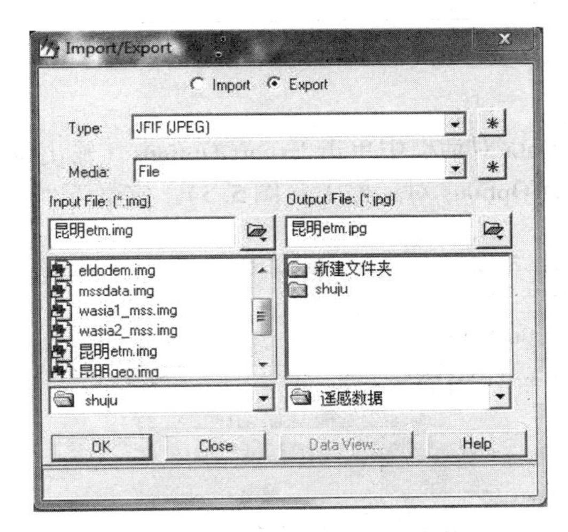


图 5.3　Import/Export 对话框及参数设置

①选择输出数据操作：Export。

②选择输出数据类型（Type）为 JPG：JFIF（JPEG）。

③选择输出数据媒体（Media）为文件：File。

④确定输入文件路径和文件名（Input File：*.img）：\昆明 etm.img。

⑤确定输出文件路径和文件名（Output File：*.jpg）：\昆明 etm.jpg。

⑥单击 OK 按钮，关闭数据输入/输出对话框，打开 Export JFIF Data 对话框（图 5.4）。

（2）在 Export JFIF Data 对话框中设置下列输出参数：

- 图像对比度调整（Contrast Option）：Apply Standard Deviation Stretch。
- 标准差拉伸倍数（Standard Deviations）：2。
- 图像转换质量（Quality）：100。

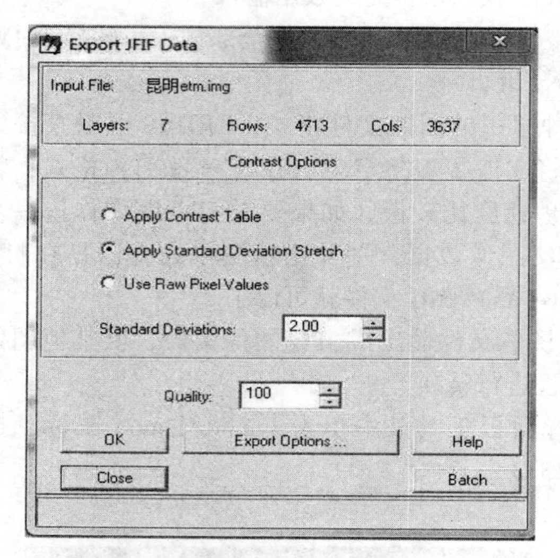


图 5.4 Export JFIF Data 对话框

（3）在 Export JFIF Data 对话框中单击 Export Options（输出设置）按钮，打开 Export Options 对话框，在 Export Options 对话框中（图 5.5），定义下列参数：

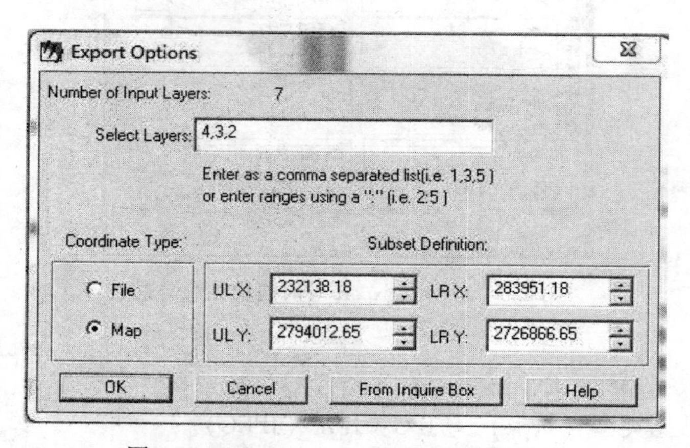


图 5.5 Export Options 对话框及参数设置

- 选择波段（Select Layers）：4，3，2。
- 坐标类型（Coordinate Type）：Map。
- 定义子区（Subset Definition）：ULX、ULY、LRX、LRY。
- 单击 OK 按钮，关闭 Export Options 对话框，结束输出参数定义，返回 Export JFIF Data 对话框。
- 单击 OK 按钮，关闭 Export JFIF Data 对话框，执行 JPG 数据输出操作（图 5.6）。

图 5.6　昆明 ETM JPG 图

3. TIFF 图像数据输入/输出

TIFF 图像数据是通用的图像文件格式，ERDAS IMAGINE 系统里有一个 TIFF DLL 动态链接库，从而使 ERDAS IMAGINE 支持 6.0 版本的 TIFF 图像数据格式的直接读写，包括普通 TIFF 和 Geo TIFF。

用户在使用 TIFF 图像数据时，不需要通过 Import/Export 来转换 TIFF 文件，而是只要在打开图像文件时，将文件类型指定为 TIFF 格式就可以直接在视窗中显示 TIFF 图像。不过，操作 TIFF 文件的速度比操作 IMG 文件要慢一些。

如果要在图像解译器（Interpreter）或其他模块下对图像做进一步的处理操作，依然需要将 TIFF 文件转换为 IMG 文件，这种转换非常简单，只要在打开 TIFF 的视窗中将 TIFF 文件另存为（Save As）IMG 文件就可以了。

同样，如果 ERDAS IMAGINE 的 IMG 文件需要转换为 Geo TIFF 文件，只要在打开 IMG 图像文件的视窗中将 IMG 文件另存为 TIFF 文件就可以了。

## 五、注意事项及说明

在单波段数据输入时，需要注意以下两点：

（1）数据输入过程是以 Landsat5 单波段整景 TM 无头数据为例的，其中文件的行列数是从附加的头文件中获得的。保存参数文件（*.gen）是为了输入其余波段时直接调用该参数（Load Options），而无需再次一个个输入参数。输入过程中预览图像是为了检验输入参数的正确性，如果参数不正确，就不会显示出正确的图像。

（2）在 Import Generic Binaty Data 对话框中需要定义的是遥感图像数据类型（Data Type），ERDAS IMAGINE 系统提供了 10 多种数据类型，其中目前最为常用的是无符号的 8 位数据（Unsigned 8 Bit），就是以 0～255 来记录图像像元的灰度值的数据类型。

# 项目六　遥感图像预处理

## 任务一　图 像 校 正

### 一、预备知识

1. 图像校正概述

遥感图像在获取的过程中，必然受到太阳辐射、大气传输、光电转换等一系列环节的影响，同时，还受到卫星的姿态与轨道、地球的运动与地表形态、传感器的结构与光学特性的影响，从而引起遥感图像存在辐射畸变与几何畸变，图像校正就是指对失真图像进行复原性处理，使其能从失真图像中通过计算得到真实图像的估值，使其根据预先规定的误差准则，最大限度地接近真实图像。图像校正主要包括：辐射校正和几何校正。

辐射校正是指对由于外界因素，数据获取和传输系统产生的系统的、随机的辐射失真或畸变进行的校正，消除或改正因辐射误差而引起影像畸变的过程。包括辐射定标和大气校正两个方面的工作。

几何校正是指从具有几何畸变的图像中消除畸变，从而建立图像上的像元坐标与目标物的地理坐标间的对应关系，并使其符合地图投影系统的过程。其主要借助一组地面控制点，对一幅图像进行地理坐标的校正，把图像纳入一个投影坐标系中，有坐标信息地理参考。

2. 几何校正步骤

图像几何校正的目的就是改变原始影像的几何变形，生成一幅符合某种地图投影或者图形表达要求的新图像。不论是航空还是航天遥感，其一般步骤如图 6.1.1 所示。

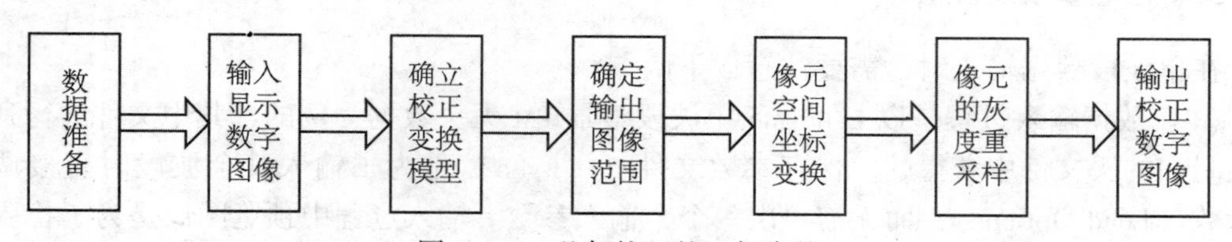


图 6.1.1　几何校正的一般步骤

3. 几何校正模型

ERDAS IMAGINE9.2 提供的几何校正计算模型有 16 种，具体功能如表 6.1.1 所示。

表 6.1.1　　　　　　　　　　　　几何校正计算模型与功能

| 模　　型 | 功　　能 |
| --- | --- |
| Affine | 图像仿射变换（不做投影变换） |
| Camera | 航空影像正射校正（利用内外方位元素校正） |
| Direct Linear Transform（DLT） | 直接线性变换 |
| DPPDB | 目标定为数据库 |
| IKONOS | IKONOS 卫星图像正射校正 |
| NITF RPC | NITF 有理函数模型 |
| Quick Bird RPC | Quick Bird 有理函数模型 |
| ORBIMAGE RPC | ORBIMAGE 有理函数模型 |
| CARTOSAT RPC | CARTOSAT 有理函数模型 |
| IRS | 印度 IRS 系列卫星模型 |
| Landsat | Landsat 卫星影像正射校正 |
| Polynomial | 多项式变换（同时做投影变换） |
| Projective Transform | 射影变换 |
| Reproject | 投影变换 |
| Rubber Sheeting | 非线性，非均匀变换 |
| SPOT | SPOT 卫星图像正射校正 |

## 二、实验目的和要求

（1）理解图像校正的含义。

（2）掌握运用 ERDAS 软件进行遥感图像多项式校正和航片正射校正的流程。

## 三、实验内容

要求对指定的遥感图像和航片分别进行多项式几何校正和正射校正。

（1）实验数据：几何校正（系统自带 tmAtlanta. img 和 panAtlanta. img 数据）、正射校正（系统自带 ps_ napp. img，ps_ dem. img 数据）。

（2）对 Landsat TM 图像进行多项式几何校正。

（3）对航空相片进行数字正射校正。

## 四、实验步骤

1. 多项式校正

不同的数据源，几何校正的方法也不尽相同，下面以 Landsat TM 的校正为例加以说明。数据源采用具有地理参考信息的 SPOT 全色影像作为标准图像，选取一定数量的地面控制点，采用多项式拟合方法对卫星图像进行校正，详细流程如图 6. 1. 2 所示。

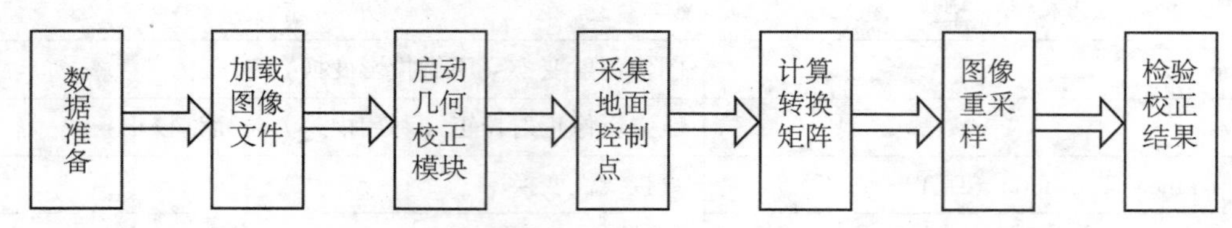


图 6. 1. 2　图像校正的一般过程

（1）加载图像文件。

①在 ERDAS 图标面板菜单条选择 Main/Start Image Viewer 命令，打开 Viewer 窗口 Viewer#1；或在 ERDAS 图标面板工具条选择 Viewer 图标，打开 Viewer 窗口 Viewer#1。

②同步骤①打开一个新的 Viewer 窗口 Viewer#2。

③在 Viewer#1 菜单条选择 File/Open/Raster Layer 命令，打开 Select Layer to Add 窗口，选择需要校正的 Landsat TM 图像 C：/Program Files/Lecia Geosystems/Geospatial Imaging9. 2/examples/tmAtlanta. img。选择 Raster Options 标签，选中 Fit to Frame 复选框，以使添加全幅显示。单击 OK，加载需要校正的图像 tmAtlanta. img。

注意：倘若标准图像选择的是 SPOT 全色影像（灰度图像），为了更方便地选取相对应的 GCP（Ground Control Points），那么对 image 图像就要选择 Gray Scale，以灰度显示。

④在 Viewer#2 菜单条选择 File/Open/Raster Layer 命令，打开 Select Layer to Add 对话框，选择参考 SPOT 图像 C：/Program Files/Lecia Geosystems/Geospatial Imaging9. 2/examples/panAtlanta. img，单击 OK，加载该参考图像。

（2）启动几何校正模块。

①在主菜单中，点击“DataPrep”图标，选择“Image Geometric Correction”，打开选择几何校正模型（Set Geometric Model）对话框（图 6. 1. 3）。

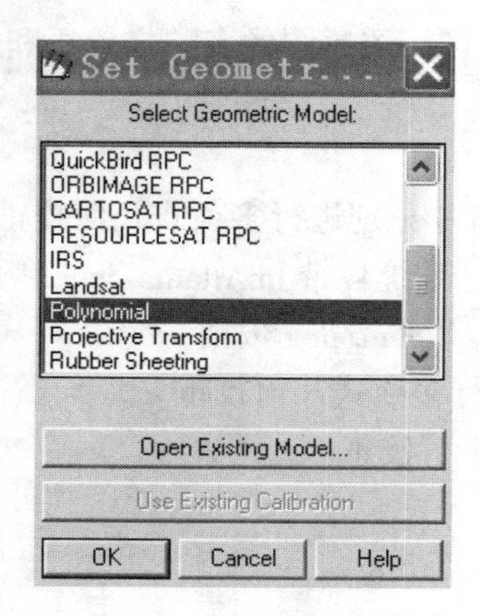


图 6. 1. 3　Set Geometric Model 对话框

②选择多项式变换模型，单击 OK，同时打开几何校正工具对话框（图 6.1.4）和几何校正模型属性（Polynomial Model Properties）对话框（图 6.1.5）。

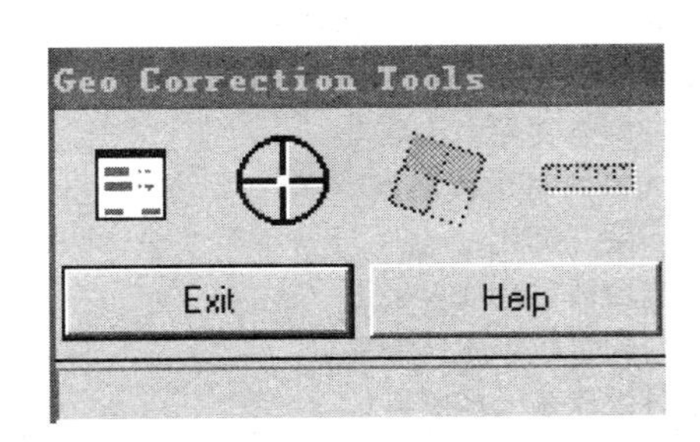


图 6.1.4　Geo Correction Tools 对话框

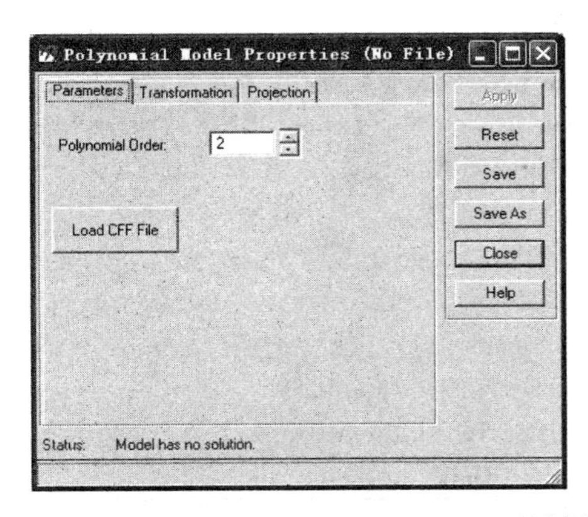


图 6.1.5　Polynomial Model Properties 对话框

③在 Polynomial Model Properties 中定义多项式次方（Polynomial Order）为 2，因为 2 阶多项式既保证模型的精度，也不需要过多的运算时间，单击 Apply 按钮应用设置。单击 Close 按钮关闭当前对话框，打开 GCP Tool Reference Setup 对话框（图 6.1.6）。

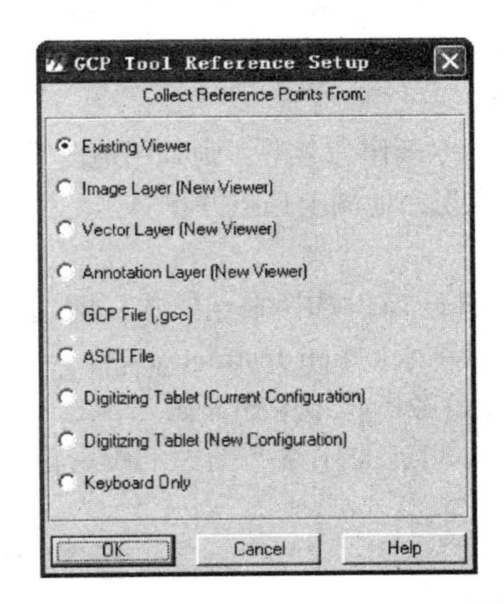


图 6.1.6　GCP Tool Reference Setup 对话框

注意：ERDAS 系统提供 9 种控制点采集模式（图 6.1.6），可以分为窗口采点、文件采点、地图采点三类，具体类型及其含义如表 6.1.2 所示。本例采用窗口采点模式，作为地理参考的 SPOT 图像已经含有投影信息，所以这里不需要定义投影参数。如果不是采用窗口采点模式，或者在参考图像没有包含投影信息，则必须在这里定义投影信息，包含投影类型及其对应的投影参数，并确保投影方式与采集控制点的投影方式保持一致。

表 6.1.2　几何校正采点模式及含义

| 模　式 | 含　义 |
| --- | --- |
| Viewer to Viewer | 窗口采点模式 |
| 　Existing Viewer | 在已经打开的视窗窗口中采点 |
| 　Image Layer（New Layer） | 在新打开的图像窗口中采点 |
| 　Vector Layer（New Layer） | 在新打开的矢量窗口中采点 |
| 　Annotation（New Layer） | 在新打开的注记窗口中采点 |
| File to Viewer | 文件采点模式 |
| 　GCP File（*.gcc） | 在控制点文件中读取点 |
| 　ASC File | 在 ASC 文件中读取点 |
| Map to Viewer | 地图采点模式 |
| 　Digitizing Tablet（Current） | 在当前数字化仪上采点 |
| 　Digitizing Tablet（New） | 在新配置数字化仪上采点 |
| 　Keyboard Only | 通过键盘输入控制点 |

表 6.1.2 所列的三类几何校正采点模式，分别应用于不同的情况：

①如果已经拥有校正图像区域的数字地图或经过校正的图像或注记图层，就可以应用窗口采点模式，直接以它们作为地理参考，在另一个窗口中打开相应的数据层，从中采集控制点，本例采用的就是这种模式。

②如果事先已经通过 GPS 测量或摄影测量或其他途径获得控制点的坐标数据并且存储格式为 ERDAS 控制点数据格式 *.gcc 或者 ASC 数据文件，就可以调用文件采点模式，直接在数据文件中读取控制点。

③如果只有印刷地图或者坐标纸作为参考，则采用地图采点模式，在地图上选点后，借助数字化仪采集控制点坐标；或先在地图上选点并量算坐标，然后通过键盘输入坐标数据。

（3）启动控制点工具。

①在 GCP Tool Reference Setup 窗口选择采点模式，即选择 Existing Viewer 按钮。单击 OK 按钮关闭该窗口，打开 Viewer Selection Instructions 指示器（图 6.1.7）。

②鼠标点击显示作为地理参考图像 panAtlanta.img 的 Viewer#2 窗口，打开 Reference Map Information 对话框（图 6.1.8），显示参考图像的投影信息。

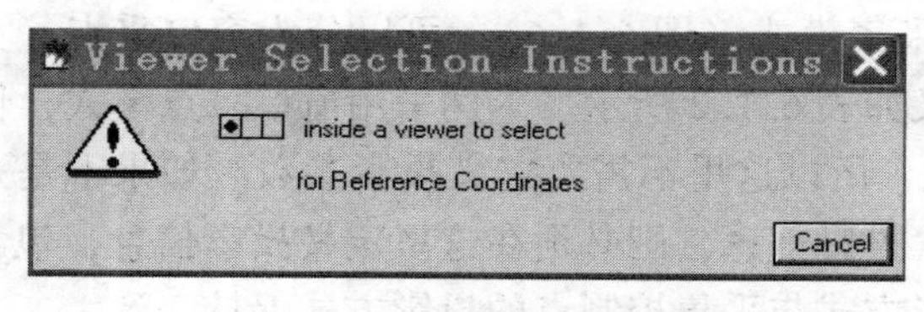


图 6.1.7　Viewer Selection Instructions 指示器

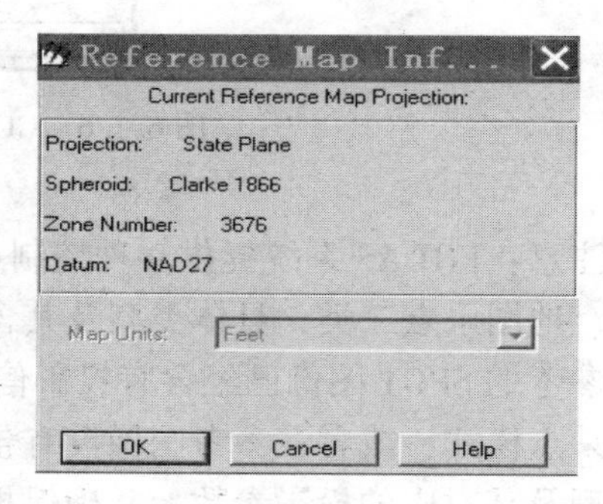


图 6.1.8　Reference Map Information 对话框

③单击 OK 按钮，整个屏幕将自动切换到如图 6.1.9 所示的状态，其中包括两个主窗口、两个放大窗口、两个关联方框（分别位于两个窗口中，指示放大窗口与主窗口的关系）、控制点工具对话框和几何校正工具等。控制点工具被启动，进入控制点采集状态。

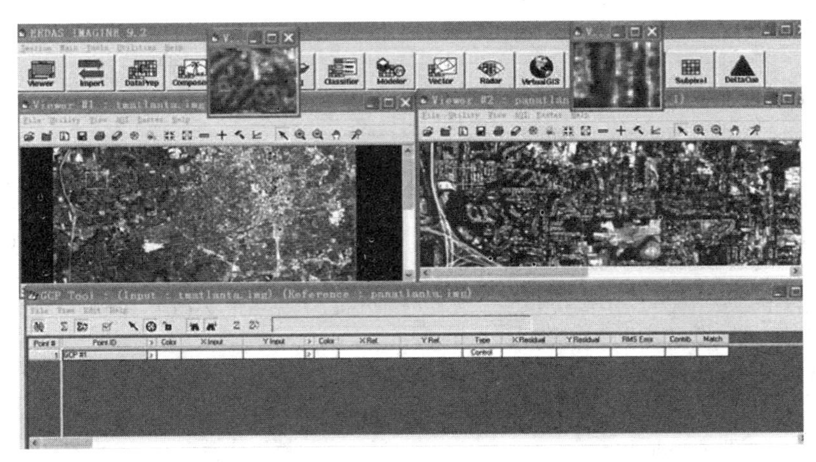


图 6.1.9　Reference Map Information 组合对话框

（4）采集地面控制点。几何校正过程中，控制点采集是一个非常精细的过程，需要格外细致，精确找取地物的特征点线才能够较好地选取用于匹配校正图像和标准图像的控制点。

控制点工具（GCP Tool）对话框由菜单条、工具条、控制点数据表（GCP CellArray）及状态条四个部分组成。菜单条主要命令及其功能如表 6.1.3 所示，工具条中的图标及其功能如表 6.1.4 所示。

表 6.1.3　**GCP 菜单条主要命令及其功能**

| 命　　令 | 功　　能 |
|---|---|
| View | 显示操作 |
| View only Selected GCPS | 窗口仅显示所选择的控制点 |
| Show Select GCP in Table | 在表格显示所选择的控制点 |
| Arrange Frames on Screen | 重新排列屏幕中的组成要素 |
| Tools | 调出控制点工具图标面板 |
| Start Chip Viewer | 重新打开放大窗口 |
| Edit | 编辑操作 |
| Set Point Type（Control/Check） | 设置采集点的类型（控制点/检查点） |
| Reset Reference Source | 重置参考控制点源文件 |
| Reference Map Projection | 改变参考文件的投影参数 |
| Point Prediction | 按照转换方程计算下一个点位置 |
| Point Matching | 借助像元的灰度值匹配控制点 |

表 6.1.4 **GCP 工具条按钮及其功能**

| 按钮 | 命 令 | 功 能 |
| --- | --- | --- |
| | Toggle Fully Automatic GCP Editing Mode | 自动 GCP 编辑模式开关键 |
| | Solve Geometric Transformation Control Points | 依据控制点求解几何校正模型 |
| | Set Automatic Transformation Calculation | 设置自动转换计算开关 |
| | Compute Error for Check Points | 计算检查点的误差，更新 RMS 误差 |
| | Select GCP | 激活 GCP 选择工具、在窗口中选择 GCP |
| | Create GCP | 在窗口中选择定义 GCP |
| | Keep Current Tool Lock | 锁住当前命令，以便重复使用 |
| | Keep Current Tool Unlock | 释放当前被锁住命令 |
| | Find Selected Point in Input | 选择寻找输入图像中的 GCP |
| | Find Selected Point in Refer | 选择寻找参考文献中的 GCP |
| | Update Z Value on Select GCPs | 计算更新所选 GCP 的 Z 值 |
| | Set Automatic Z Value Updating | 自动更新所有 GCP 的 Z 值 |

控制点工具（GCP Tool）对话框，有如下几点需要注意：

• 输入控制点（X/Y Input）是在畸变图像窗口中采集的，具有畸变图像的坐标系统，而参考控制点（X/Y Reference）是在参考图像窗口中采集的，具有已知的参考系统，GCP 工具将根据对应点的坐标值自动生成转换模型，这两种数据源需要区分清楚。

• 在 GCP 数据列表中，残差（X/Y Residuals）、中误差（RMS）、贡献率（Contribution）及匹配程度（Match）等参数，是在编辑 GCP 的过程中自动计算更新的，用户不可以任意改变，但可以通过调整 GCP 位置提高精度。

• 所有输入的 GCP 和参考 GCP 都可以直接保存在畸变图像文件（Save Input 菜单）和参考图像文件（Save Reference 菜单）中。每个 img 文件都可以有一个 GCP 数据集与之关联，GCP 数据集保存在一个栅格层数据文件中，如果 img 有一个 GCP 数据集存在，只要打开 GCP 工具，GCP 点就会出现在窗口中。

• 所有的输入 GCP 和参考 GCP 也可以保存在控制点文件（Save Input As 菜单）和参考控制点文件（Save Reference As 菜单）中，分别通过对应窗口的 Load Input 菜单和 Load Reference 菜单加载调用。

GCP 具体采集过程如下：

GCP 工具启动后，默认情况下是处于 GCP 编辑模式，这时就可以在 Viewer 窗口中选择地面控制点（GCP）。

①在 Viewer#1 移动关联方框，寻找特征的地物点，作为输入 GCP，在 GCP 工具对话框中，点击（Create GCP 图标），并在 Viewer#3 中点击左键定点，GCP 数据表将记录一个输入 GCP，包括其编号（Point #）、标识码（Point ID）、X 坐标（X Input）、Y 坐标（Y Input）。

②为使 GCP#1 容易识别，单击 GCP 数据列表的 Color 列 GCP#1 对应的空白处，在弹出的颜色列表中选择比较醒目的颜色，如黄色。

③在 GCP 对话框中，点击 Select GCP 图标，重新进入 GCP 选择状态。在 Viewer#2 移动关联方框位置，寻找对应的同名地物点，作为参考 GCP。

④在 Viewer#4 中单击定点，系统自动把参考 GCP 点的坐标（X Reference，Y Reference）显示在 GCP 数据表中。

⑤为使参考 GCP 容易识别，单击 GCP 数据列表的 Color 列，参考 GCP 对应的空白处，在弹出的颜色列表中选择容易区分的颜色，如蓝色。

⑥不断重复步骤①～⑤，采集若干 GCP，直到满足所选定的几何校正模型为止。前 4 个控制点的选取尽量均匀分布在图像四角（控制点选取≥6 个）。选取完 6 个控制点后，RMS 值自动计算（要求 RMS 值<1）。本例共选取 6 个控制点。每采集一个 Input GCP，系统就自动产生一个参考控制点（Ref. GCP），通过移动 Ref. GCP 可以逐步优化校正模型。

注意：要移动 GCP 需要在 GCP 工具窗口选择 Select GCP 按钮，进入 GCP 选择状态。在 Viewer 窗口中选择 GCP，拖动到需要放置的精确位置。也可以直接在 GCP 数据列表中修改坐标值。如果要删除某个控制点，在 GCP 数据列表 Point#列，右击需要删除的点编号，在弹出的菜单项中选择 Delete Selection，删除当前控制点。采集 GCP 以后，GCP 数据列表如图 6.1.10 所示。

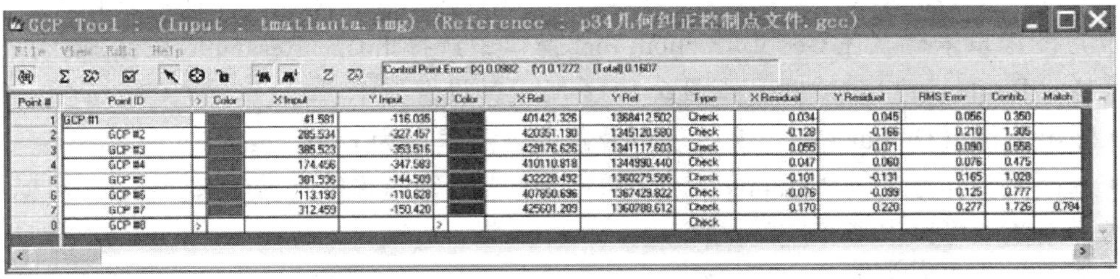

GCP Tool : (Input : tmatlanta.img) (Reference : p34几何纠正控制点文件.gcc)

File View Edit Help

Control Point Error: (X) 0.0882 (Y) 0.1272 (Total) 0.1607

| Point # | Point ID | > | Color | X Input | Y Input | > | Color | X Ref | Y Ref | Type | X Residual | Y Residual | RMS Error | Contrib. | Match |
|---|---|---|---|---|---|---|---|---|---|---|---|---|---|---|---|
| 1 | GCP #1 | | | 41.581 | -116.035 | | | 401421.326 | 1368412.502 | Check | 0.034 | 0.045 | 0.056 | 0.350 | |
| 2 | GCP #2 | | | 285.534 | -327.457 | | | 420351.190 | 1345120.580 | Check | -0.128 | -0.166 | 0.210 | 1.305 | |
| 3 | GCP #3 | | | 385.523 | -353.516 | | | 429176.626 | 1341117.603 | Check | 0.055 | 0.071 | 0.090 | 0.558 | |
| 4 | GCP #4 | | | 174.456 | -347.583 | | | 410110.818 | 1344990.440 | Check | 0.047 | 0.060 | 0.076 | 0.475 | |
| 5 | GCP #5 | | | 301.536 | -144.509 | | | 432228.492 | 1360275.506 | Check | -0.101 | -0.131 | 0.165 | 1.028 | |
| 6 | GCP #6 | | | 113.193 | -110.628 | | | 407850.696 | 1367429.822 | Check | -0.076 | -0.099 | 0.125 | 0.777 | |
| 7 | GCP #7 | | | 312.459 | -150.420 | | | 425601.209 | 1360780.612 | Check | 0.170 | 0.220 | 0.277 | 1.726 | 0.784 |
| 0 | GCP #8 | > | | | | > | | | | Check | | | | | |

图 6.1.10　GCP 数据列表对话框

（5）采集地面检查点。以上所采集的 GCP 类型均为控制点（Control Point），用于控制计算、建立转换模型及多项式方程，通过校正计算得到全局校正以后的影像图，但它的质量无从获知，因此需要用地面检查点与之对比、检验。下面所采集的 GCP 均是用于衡量效果的地面检查点（Check Point），用于检验所建立的转换方程的精度和实用性。关于

RMS 误差精度要求，并没有严格的规定。通常情况下认为平地和丘陵地区，平面误差不超过 1 个像素，在山区，RMS 不超过 2 个像素。操作过程如下：

①在 GCP Tool 菜单条选择 Edit/Set Point Type/Check 命令，进入检查点编辑状态。

②在 GCP Tool 菜单条中确定 GCP 匹配参数（Matching Parameter）。在 GCP Tool 菜单条选择 Edit/ Point Matching 命令，打开 GCP Matching 对话框，并定义如下参数：

• 在匹配参数（Matching Parameters）选项组中设置最大搜索半径（Max Search Radius）为 3；搜索窗口大小（Search Window Size）为 X 值 5，Y 值 5。

• 在约束参数（Threshold Parameters）选择组中设置相关阈值（Correlation Threshold）为 0.8，删除不匹配的点（Discard Unmatched Points）。

• 在匹配所有/选择点（Match All/Selected Point）选项组中设从输入到参考（Reference from Input）或者从参考到输入（Input from Reference）。

• 单击 Close 按钮，保存设置，关闭 GCP Matching 对话框。

③确定地面检查点。在 GCP Tool 工具条选择 Create GCP 按钮，并将 Lock 按钮打开，锁住 Create GCP 功能，以保证不影响已经建立好的纠正模型。如同选择控制点一样，分别在 Viewer#1 和 Viewer#2 中定义 5 个检查点，定义完毕后单击 Unlock 按钮，解除 Create GCP 的功能锁定。

④计算检查点误差。在 GCP Tool 工具条选择 Computer Error 按钮，检查点的误差就会显示在 GCP Tool 的上方，只有所有检查点的误差均小于一个像元，才能够继续进行合理的重采样。一般来说，如果控制点（GCP）定位选择比较准确，检查点会匹配得比较好，误差会在限制范围内；否则，若控制点定义不精确，检查点就无法匹配，误差会超标。

（6）计算转换矩阵。在控制点采集过程中，默认设置为自动转换计算模式（Computer Transformation），随着控制点采集过程的完成，转换模型就自动计算完成，转换模型的查阅过程如下：

在 Geo Correction Tool 窗口中，单击 Display Model Properties 按钮，打开 Polynomial Model Properties（多项式模型参数）对话框，在此查阅模型参数，并记录转换模型。

（7）图像重采样。在 Geo Correction Tool 窗口中选择 Image Resample 按钮，打开图像重采样（Resample）对话框，如图 6.1.11 所示，设置如下：

• 输出图像（Output File）文件名以及路径，这里设为 rectify. img。

• 选择重采样方法（Resample Method）这里选最邻近采样（Nearest Neighbor），具体方法的适用范围可以参考相应的文档。

• 定义输出图像范围（Output Corners），在 ULX、ULY、LRX、LRY 微调框中分别输入需要的数值，本例采用默认值。

• 定义输出像元大小（Output Cell Sizes），X 值 15，Y 值 15，一般与数据源像元大小一致。

• 设置输出统计中忽略零值，即选中 Ignore Zero in Stats 复选框。

• 单击 OK 按钮，关闭 Resample 对话框，执行重采样。

（8）保存几何校正模式。在 Geo Correction Tool 对话框中单击 Exit 按钮，退出几何校正过程，按照系统提示选择保存图像几何校正模式，并定义模式文件（ *. gms)，以便下次直接使用。

(9) 检验校正结果。检验校正结果（Verify Rectification Result）的基本方法是：同时在两个窗口中打开两幅图像，其中一幅是校正以后的图像，另一幅是校正时的参考图像，通过窗口地理连接（Geo Ling/Unlink）功能即查询光标（Inquire Cursor）功能进行目视定性检查。

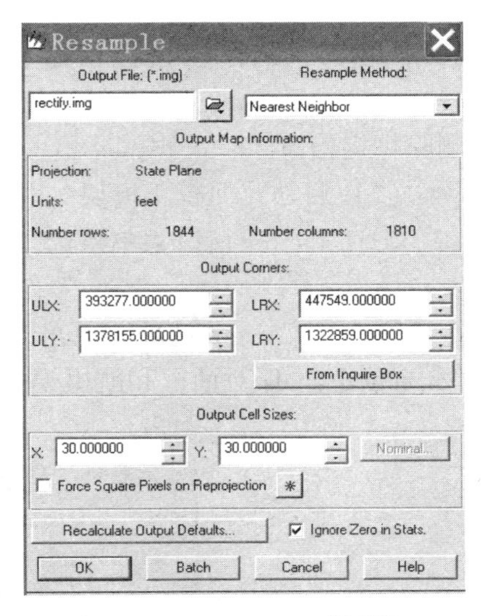


图 6. 1. 11 Resample 对话框

2. 正射校正

正射影像指改正了因地形起伏和传感器误差而引起的像点位移的影像。多项式变换虽然具有直观、灵活的特点，但由于其不考虑畸变的具体形成原因，是一种近似变换，精度也相对较低，因此利用航片制作数字正射影像，并不直接采用这种方法进行影像校正。利用摄影测量的方法生产正射影像，要求有准确的外业控制资料，且耗时耗力，遇到某地区没有现成的 DEM，又没有带高程信息的地形图可供利用时，其不失为一种很好的方法。但若有现成 DEM 可供利用，则可采用单片数字正射校正方案，该方案不仅可以省一道很费人力物力的工序，而且还可根据航片本身的重叠度，进行隔片纠正，从生产成本和速度上大大提高生产效率。

数字正射校正的实质就是将中心投影的影像通过数字校正形成正射投影的过程，其原理是将影像化为很多微小的区域，根据有关的参数利用相应的构象方程或按一定的数学模型用控制点解算，求得解算模型，然后利用数字高程模型对原始非正射影像进行纠正，使其转换为正射影像。注意纠正时尽量利用影像中心区域的影像，而避免利用影像边缘的影像。下面介绍基于 ERDAS 利用航片的内外方位元素来进行正射校正的方法，其流程图如图 6. 1. 12 所示。

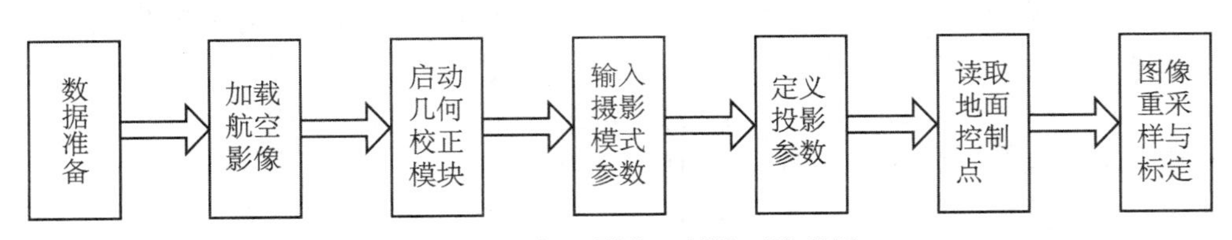


图 6. 1. 12 航空影像正射校正流程图

(1) 加载航空影像。在 ERDAS 图板面板工具条选择 Viewer 图标，新建一个 Viewer，并在 Viewer 中单击 Open Layer 图标，选择 ps_ napp. img，打开 Raster Option 选项卡，选中 Fit To Frame 复选框，单击 OK 加载该影像。

注意：此时数据已有标定信息，需先删除校正标定信息，才能够进行正射处理（删除标定信息之前需先备份好原始数据，用于以后的学习使用）。删除方法如下：新建

Viewer窗口，选择已经含有标定信息的影像，在 Viewer 窗口工具条选择显示信息 (Show Information)，打开图像信息（Image Info）窗口，选择 Edit/Delete Map Model 命令，删除标定信息。

（2）启动几何校正模块。

①在 Viewer 窗口菜单条选择 Raster/Geometric Correction 命令，打开 Set Geometric Model 对话框。

②选择 Camera 选项，单击 OK 按钮，关闭 Set Geometric Model 对话框，同时启动 Geo Correction Tools 对话框和航摄模式属性（Camera Model Properties）对话框（图 6. 1. 13）。

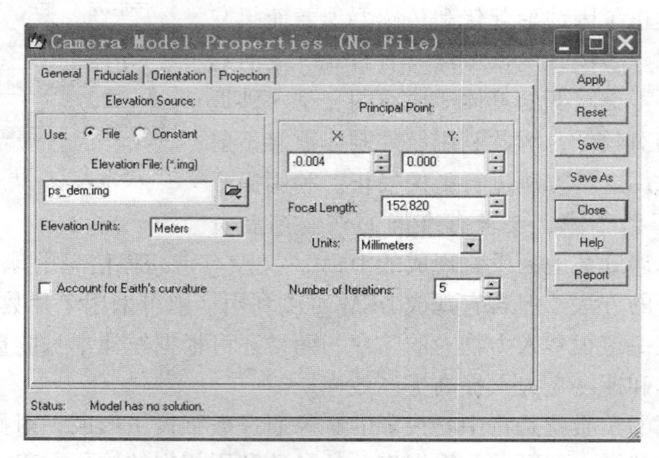


图 6. 1. 13　Camera Model Properties 对话框

（3）输入航摄模式参数。

• 在 Camera Model Properties 窗口中，输入高程模型文件（Elevation File）ps_dem. img，同时确定高程单位（Elevation Units）为米（Meters）。

注意：高程模型文件必须是 ERDAS 内部资料格式 *. img，DEM 的覆盖范围必须是全部纠正区域，不能有缺少，否则无法完成微分纠正工作。

• 输入像主点（Principal Point）坐标为 X 值-0. 004，Y 值 0. 000。

• 输入镜头焦距（Focal Length）为 152. 8204。

• 镜头焦距单位（Units）毫米（Millimeters）。

注意：以上参数是航空影像正射校正的基本参数，由航空影像销售商提供。

• 不考虑地球曲率（Account For Earth's Curvature）复选框，即保持该复选框为没有选中状态。

注意：只有在选用小比例尺影像或者必须考虑曲率因素时才选择此复选框，考虑地球曲率会降低校正运算速度。

• 定义空间后方交会计算迭代次数（Number of Iteration）为 5。

• 设置完以上参数后，点击 Camera Model Properties 窗口上的 Apply 按钮。

（4）确定内定向参数。在 Camera Model Properties 对话框中，选择 Fiducials 选项卡，

进入航空摄影内定向参数的设定窗口，定义 Fiducial 选项卡中的类型和框标点的位置。

①框标类型（Fiducial Type）选择第一种，即四个角点。

②定义框标位置（Viewer Fiducial Locator）。单击 Toggle Image Fiducial Input 按钮，打开 Viewer Selection Instruction 指示器对话框。

③点击 ps_ napp. img 窗口，图像窗口中出现一个关联框，同时打开局部放大窗口 Viewer#2。

④在 ps_ napp. img 窗口左上角寻找框标点，在航空影像内定向窗口中点击 Place Image Fiducial 按钮，进入框标定位状态。

⑤在 ps_ napp. img 窗口或者 Viewer#2 窗口中的框标中心位置单击，输入第一个框标点位置，该点的图像坐标（ImageX，ImageY）显示在框标数据表中。

⑥按顺时针方向重复步骤④和⑤，直到其他三个框标点都输入到数据列表中为止。

⑦在框标数据列表中输入该点的已知图像坐标（由航空影像销售商提供）：

| Point# | File X | Film Y |
|---|---|---|
| 1 | -106. 000 | 106. 000 |
| 2 | 105. 999 | 105. 994 |
| 3 | 105. 998 | -105. 999 |
| 4 | -106. 008 | -105. 999 |

当所有图像坐标都输入以后，Status 变为 Solved，同时软件自动计算误差（Error），表面内定向参数已经确定。这里误差值为 0. 0231（图 6. 1. 14），误差值小于 1. 0000 表明结果是可以接受的，反之误差值大于 1. 0000 时就需要拖动框标点重新定位框标位置，这一操作需要先选择 Select Image Fiducial 按钮。

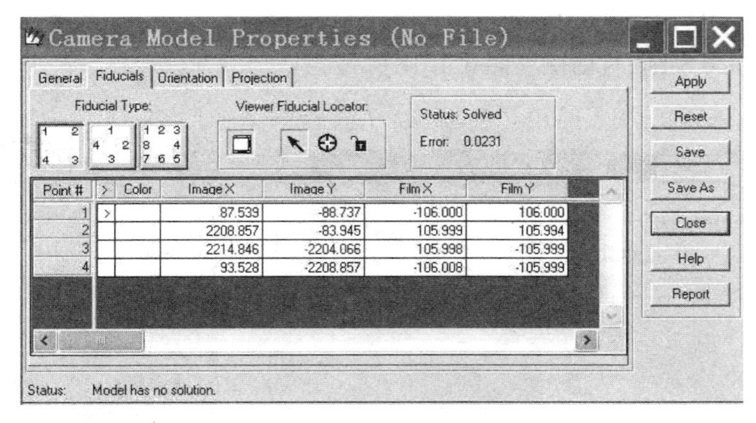


图 6. 1. 14　Error 对话框

⑧再次单击 Toggle Image Fiducial Input 按钮，关闭局部放大窗口。

如果已有航空影像的外方位元素（Orientation Options），可以在这里选择 Orientation 标签进行设置，本例中这些参数是未知的，如果前述步骤中选择了考虑地球曲率参数

(Account For Earth's Curvature)。这里将不能设置外方位元素。下面进行投影参数（Projection）设置。

（5）设置投影参数。图像正射校正要求待校正航空相片与参考 DEM 影像的投影一致，因此下面将按照 DEM 投影信息进行投影参数的设置，步骤如下：

①在 Camera Model Properties 窗口中选择 Projection 选项卡，进入投影设置窗口。

②选择 Add/Change Projection，打开 Projection Chooser 对话框（图 6.1.15），单击自定义（Custom）选项卡。

- 投影类型（Projection Type）为 UTM。
- 参考椭球体（Spheroid Name）为 Clarke 1866。
- 基准面名称（Datum Name）为 NAD27。
- UTM 投影分带（UTM Zone）输入 11。
- 南北半球（North to South）选择 North。

③单击 OK 按钮关闭 Projection Choose 对话框，返回 Projection 标签窗口。上述投影信息将显示在当前地图投影参数（Current Reference Map Projection）中。

④选择地图坐标单位（Map Units）为 Meters，同时激活 Apply 按钮，单击保存设置。

注意：此处默认坐标为 Meters，如果 Apply 按钮处于未激活状态，可以在 Map Units 下拉列表中再次选择 Meters 激活 Apply 按钮。

⑤单击 Save As 按钮，打开 Geometric Model Name 对话框，确定文件名为 geomodel. img，单击 OK 按钮，关闭 Geometric Model Name 对话框。

（6）读取地面控制点。读取控制点的目的是用于空间后方交会求解航片的外方位元素。由于有六个未知数，所以至少需要知道三个已知的地面控制点对，为了能够平差并有较好的精度，通常在相片四周读取 6 个或更多的地面控制点。具体步骤如下：

①在 Camera Model Properties 对话框中，单击 Set Projection from GCP Tool 按钮，打开 GCP Tool Reference Setup 对话框（图 6.1.16）。

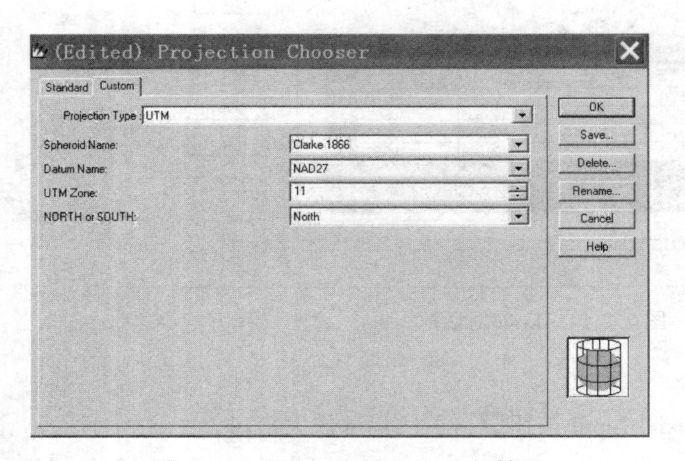


图 6.1.15　Projection Chooser 对话框

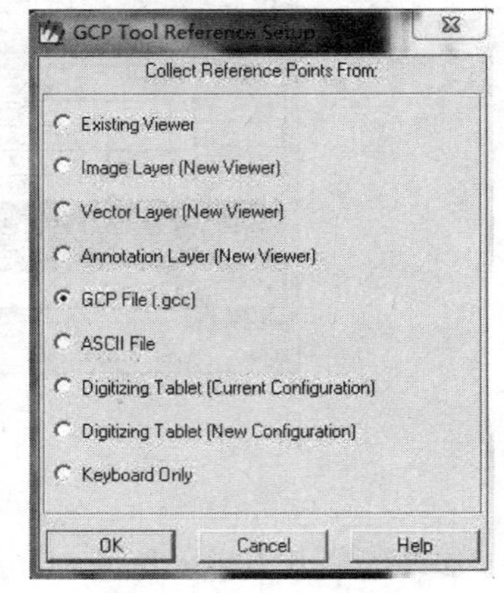


图 6.1.16　GCP Tool Reference Setup

②在 Collect Reference Points From 选项中选择 GCP File（*.gcc），单击 OK 按钮，打开 Reference GCP File 对话框。

③选择 ps_ camera.gcc，单击 OK 按钮关闭 Reference GCP File 对话框。屏幕上会产生一个局部放大对话框 Viewer#2，同时在 Viewer#1 中出现对应的关联框，并打开 GCP Tool 对话框（图 6.1.17）。

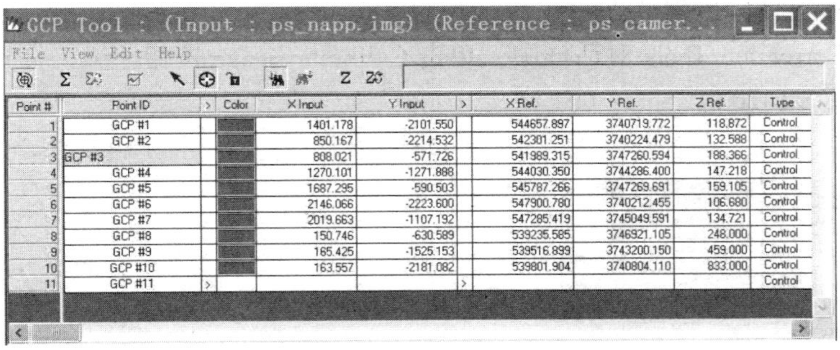

GCP Tool : (Input : ps_napp.img) (Reference : ps_camer...

File View Edit Help

| Point # | Point ID | Color | X Input | Y Input | X Ref. | Y Ref. | Z Ref. | Type |
|---|---|---|---|---|---|---|---|---|
| 1 | GCP #1 | | 1401.178 | -2101.550 | 544657.897 | 3740719.772 | 118.872 | Control |
| 2 | GCP #2 | | 850.167 | -2214.532 | 542301.251 | 3740224.479 | 132.588 | Control |
| 3 | GCP #3 | | 808.021 | -571.726 | 541989.315 | 3747260.594 | 188.366 | Control |
| 4 | GCP #4 | | 1270.101 | -1271.888 | 544030.350 | 3744286.400 | 147.218 | Control |
| 5 | GCP #5 | | 1687.295 | -590.503 | 545787.266 | 3747269.691 | 159.105 | Control |
| 6 | GCP #6 | | 2146.066 | -2223.600 | 547900.780 | 3740212.455 | 106.680 | Control |
| 7 | GCP #7 | | 2019.663 | -1107.192 | 547285.419 | 3745049.591 | 134.721 | Control |
| 8 | GCP #8 | | 150.746 | -630.589 | 539235.585 | 3746921.105 | 248.000 | Control |
| 9 | GCP #9 | | 165.425 | -1525.153 | 539516.899 | 3743200.150 | 459.000 | Control |
| 10 | GCP #10 | | 163.557 | -2181.082 | 539801.904 | 3740804.110 | 833.000 | Control |
| 11 | GCP #11 | | | | | | | Control |

图 6.1.17　GCP Tool 对话框

④在 GCP Tool 对话框中，单击 Solve Geometric Model 图标 Σ，系统自动计算求解模型，计算中误差（RMS）、残差（Residuals）及控制点 X、Y 坐标值误差，如图 6.1.18 所示。

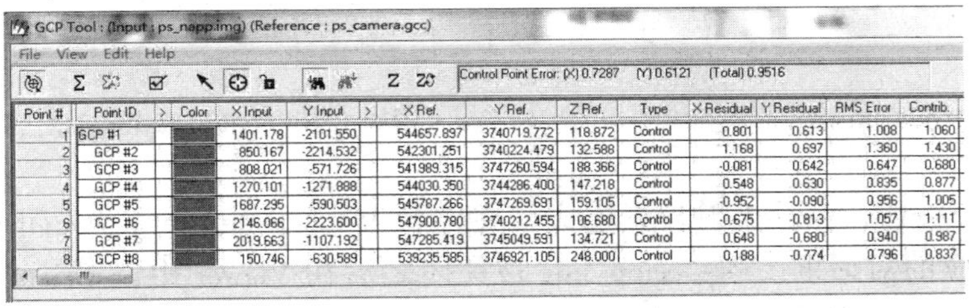

GCP Tool : (Input : ps_napp.img) (Reference : ps_camera.gcc)

File View Edit Help

Control Point Error: (X) 0.7287 (Y) 0.6121 (Total) 0.9516

| Point # | Point ID | Color | X Input | Y Input | X Ref. | Y Ref. | Z Ref. | Type | X Residual | Y Residual | RMS Error | Contrib. |
|---|---|---|---|---|---|---|---|---|---|---|---|---|
| 1 | GCP #1 | | 1401.178 | -2101.550 | 544657.897 | 3740719.772 | 118.872 | Control | 0.801 | 0.613 | 1.008 | 1.060 |
| 2 | GCP #2 | | 850.167 | -2214.532 | 542301.251 | 3740224.479 | 132.588 | Control | 1.168 | 0.697 | 1.360 | 1.430 |
| 3 | GCP #3 | | 808.021 | -571.726 | 541989.315 | 3747260.594 | 188.366 | Control | -0.081 | 0.642 | 0.647 | 0.680 |
| 4 | GCP #4 | | 1270.101 | -1271.888 | 544030.350 | 3744286.400 | 147.218 | Control | 0.548 | 0.630 | 0.835 | 0.877 |
| 5 | GCP #5 | | 1687.295 | -590.503 | 545787.266 | 3747269.691 | 159.105 | Control | -0.952 | -0.090 | 0.956 | 1.005 |
| 6 | GCP #6 | | 2146.066 | -2223.600 | 547900.780 | 3740212.455 | 106.680 | Control | -0.675 | -0.813 | 1.057 | 1.111 |
| 7 | GCP #7 | | 2019.663 | -1107.192 | 547285.419 | 3745049.591 | 134.721 | Control | 0.648 | -0.680 | 0.940 | 0.987 |
| 8 | GCP #8 | | 150.746 | -630.589 | 539235.585 | 3746921.105 | 248.000 | Control | 0.188 | -0.774 | 0.796 | 0.837 |

图 6.1.18　误差显示视窗

⑤在相机模型属性（Camera Model Properties）窗口中，单击 Save 按钮保存结果。

(7) 图像校正标定或者重采样。图像校正标定（Calibration）只是在原航空影像文件中将校正的数学模型以辅助信息的方式保存，而不进行重采样，不生成新文件。每当校正标定图像被使用时，像元的校正模型也必须被调用。例如，当需要在窗口中显示校正图像的校正效果时，就可以在 Select Layer To Add 窗口中选择 Orient image to map system，图像就会基于校正模型快速（on the fly）重采样。重采样是依据未校正图像像元值生成一幅校正图像的过程。校正影像中所有的波段都进行了重采样，且新产生的文件波段数和校正影像相同。

重采样具体过程如下：

①在 Geo Correction Tools 对话框中，单击 Image Resample 按钮，打开重采样窗口（图 6.1.19）。

②输出文件（Output File）为 geomodel. img。

③采样方法（Resample Method）为选择三次卷积插值法（Cubic Convolution），该方法产生的图像比较平滑。

④设置输出网格大小（Output Cell Sizes）为 X 值 10，Y 值 10。

⑤选中忽略零值（Ignore Zero in Stats）复选框。

⑥单击 OK 按钮执行重采样，结束航空图像正射校正。

图像校正标定具体过程如下：

①在 Geo Correction Tools 对话框中，单击 Calibrate Image 按钮，打开 Calibrate Image 对话框（图 6. 1. 20）。

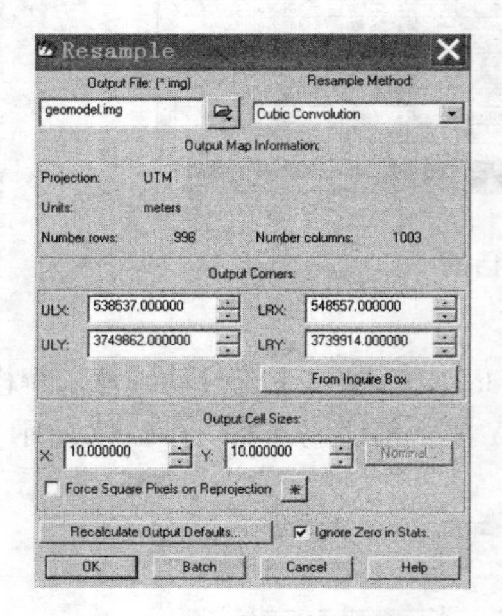


图 6. 1. 19　Resample 视窗

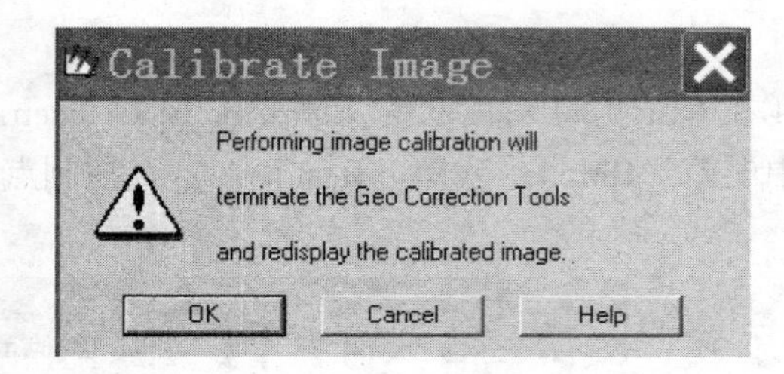


图 6. 1. 20　Calibrate Image 对话框

②单击 OK 按钮，保存正射校正模式（文件名为 Calibrate. gms），关闭 Geo Correction Tool 和与之对应的对话框。Ps_ napp. img 被关闭之后在 Viewer 中以 Orient Image to Map System 选择项 OFF 状态被再次打开。

③要对标定图像进行校正显示，需要将窗口中图像显示的 Orient Image to Map System 选项设为 ON 状态。即在 Viewer 中选择 Open Layer 按钮，打开 SelectAdd to Layer 对话框，选择 ps_ napp. img，并且切换到 Raster Option 标签，选中 Orient Image to Map System 复选框之后，单击 OK 按钮，将显示校正后的图像。

④在标定图像窗口中，可以单击 Show Information 图标查看校正标定图像的标定信息，也可以在 Image Info 窗口删除图像标定信息。

## 五、注意事项及说明

（1）多项式校正属于一种近似校正方法，在卫星图像校正过程中应用较多。校正时先根据多项式的阶数，在图像中选取足够数量的控制点，建立图像坐标与地面坐标的关系式，再将整张图像进行变换。在调用多项式模型时，需要确定多项式的次方数（Order），一般多用低阶多项式（三次以下），以避免高阶方程数值不稳定的状况。此外各阶多项式所需控制点的数量，除满足要求的最少控制点数外，一般还需额外选取一定数量的控制点，以使用最小二乘平差求出较为合理的多项式系数。最少控制点数计算公式为 $(t+1) * (t+2) /2$,其中 $t$ 为次方数，即 1 次方方程最少需要 3 个控制点，2 次方最少需要 6 个控制点，3 次方需要 10 个控制点，依此类推。

（2）多项式校正方式会受到影像面积及高程变化程度的影响，如果图像范围不大且高程起伏不明显，校正后的精度一般会满足要求，反之则精度会明显降低。因此多项式模型一般适用于平地或精度要求相对较低的校正处理。

（3）多项式校正中控制点应选取图像上易分辨且较精细的特征点。可以通过目视方法辨别，如道路交叉点、河流弯曲或分叉处、海岸线弯曲处、湖泊边缘、飞机场、城郭边缘等。特征变化大的地区应多选些。此外，尽可能满幅均匀选取，特征实在不明显的大面积区域（如沙漠），可用求延长线交点的办法来弥补，但应尽可能避免这样做，以避免造成人为的误差。

（4）图像校正标定的优点是使用磁盘空间少，并可以保持光盘特性不变。其主要缺点在于：如果校正数学模型很复杂，则校正标定图像的全过程会明显减慢，所以，建议只在非常必要时才使用图像校正标定。图像一旦被标定，就不能够再进行正射处理，除非将校正标定信息删除，删除方法如前所述。

（5）由于标定存在缺点，所以一般情况下，选择重采样而不进行标定。在前述步骤中已经完成航片的空间内、外方位元素求解，因此可以利用共线方程求解校正像元在原始图像上相应像点坐标，由于所求得的像点坐标不一定恰好落在原始图像的像元中心，为此该点的灰度值必须进行内插（即灰度重采样）之后方可赋值给校正图像的对应像元。

## 任务二　图像拼接

### 一、预备知识

图像拼接（Mosaic Image）就是将具有地理参考的若干幅互为邻接（时相往往可能不同）的遥感数字图合并成一幅统一的新（数字）图像。常见的有多波段拼接和剪切线拼接两种方式。

剪切线拼接就是在相邻两幅图像的重叠区内找到一条接边线（剪切线），剪切线的质量直接影响拼接图像的效果。在拼接过程中，即使对两幅图像进行色调调整，接缝处也会有色调不一致，为此还需要在重叠区进行色调的平滑，这样才能够在拼接好的图像中无接缝存在。此外，在进行图像拼接时，需要确定一幅标准图像，标准图像将作为输出拼接图像的基准，决定拼接图像的对比度匹配、输出图像的地图投影、像元大小和数据类型。

### 二、实验目的和要求

（1）理解图像拼接的含义，掌握图像拼接的基本要求。

（2）熟练掌握多波段拼接和剪切线拼接的方法及操作流程。

## 三、实验内容

要求对指定的遥感图像和航片分别进行多项式几何校正和正射校正。

（1）实验数据：多波段拼接（系统自带 wasia1-mss. img，wasia2-mss. img 数据）、剪切线拼接（系统自带 air-photo-1. img，air-photo-2. img 数据）。

（2）运用 ERDAS 软件进行多波段拼接。

（3）运用 ERDAS 软件进行剪切线拼接。

## 四、实验步骤

### 1. 多波段拼接

实际工作中，如果几何校正的精度足够高，图像的拼接过程只需要经过色调调整之后就可以直接运行。下面以彩色卫星图像为例，经过色调调整后，进行图像拼接。需要注意的是，对于彩色图像，需要从红绿蓝三个波段分别进行灰度的调整；对于多个波段的图像文件，进行一一对应的多个波段的灰度调整。灰度调整的方法是进行交互式的图像拉伸，进行图像直方图的规定化，或者进行更加复杂的类似变化。

（1）在 ERDAS 图标面板菜单条选择 Data preparation /Mosaic Images / Mosaic Tool 命令，打开 Mosaic Tool 对话框，启动图像拼接工具（图 6. 2. 1）。

（2）加载拼接图像。

①选择 Diplay Add Dialog 按钮，打开 Add Images 对话框。或者在 Mosaic Tool 工具条菜单栏中，选择 Edit/Add Images 菜单，打开 Add Images 对话框。或者在 Mosaic Tool 工具条菜单栏中，选择 Edit/Add Images 菜单，打开 Add Images 对话框。

②选择窗口中的 File 选项卡，在数据存放路径中选择 wasia1_ mss. img，按住 Ctrl 键选择 wasia2_ mss. img，这样一次选中两个数据（也可多个数据）。

③再选择 Image Area Option 标签，进入 Image Area Option 对话框（图 6. 2. 2），进行拼接影像范围的选择。ERDAS 提供以下五种方法：

图 6. 2. 1　Mosaic Tool 对话框

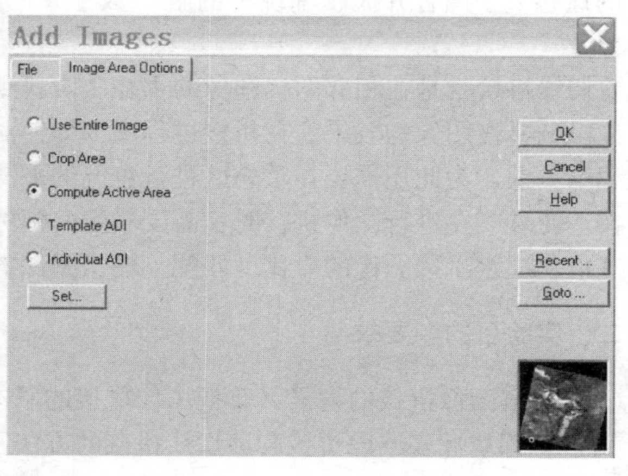


图 6. 2. 2　Add Images 对话框 Image Area Option 标签

• Use Entire Image：使用整幅图像，即将每一幅输入图像的外接矩形范围都用于拼接。

• Crop Area：裁剪区域。选择此项将出现裁剪比例（Crop Percentage）选项，输入不同百分数，表示将每幅输入图像的矩形图幅范围按此百分数进行四周裁剪，并利用裁剪后的图幅进行拼接。例如，如果某一研究区原有矩形图幅范围为 1000$km^2$，如果设置百分数为 50%，则用于拼接的矩形图幅范围为图幅中心 500 $km^2$。

• Compute Active Area：计算活动区，即只利用每幅图像中有效数据覆盖的范围用于拼接。

• Template AOI：模板 AOI，即在一幅待拼接图像中利用 AOI 工具绘制用于拼接的图幅范围。这里 AOI 将被转换为文件坐标（AOI 相对于整个图幅的位置），在拼接时，利用此相对位置先在所有图幅中选择拼接范围，然后将此范围内的多幅图像用于拼接。

• Individual AOI：单一 AOI，即利用人为指定的 AOI 从输入图像中裁剪感兴趣区域进行拼接。

注意：通常用到的 TM 等数字图像，经过校正等工作以后，会在边界出现黑色的锯齿状的数据，因此需要定义有效的 AOI 去除该区域，以使得拼接结果更加理想。

④本例中选择计算活动区（Compute Active Area）按钮，并单击 Set 打开 Active Area Options 对话框（图 6.2.3），可以对如下参数进行设置：

• Select Search Layer：指定哪个图层用于活动区的选择。

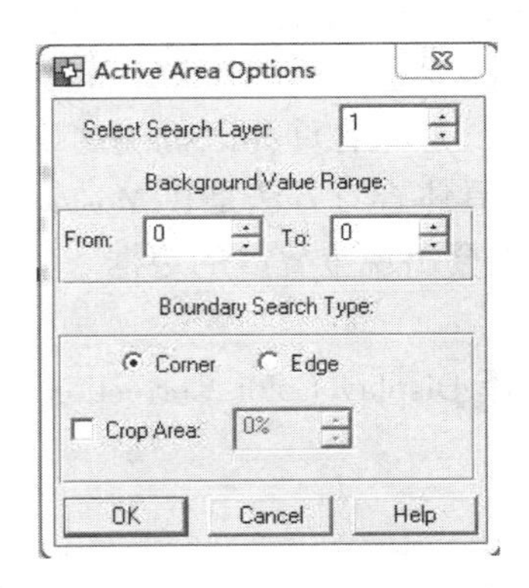


图 6.2.3　Active Area Options 对话框

• Background Value Range：背景值范围，即根据 from，to 设置某一光谱段或光谱值为背景，在运行拼接过程中落入该光谱范围内的图像不参与拼接运算。

• Boundary Search Type：边界搜索类型，包括 Corner 和 Edge 选项。选择 Corner 时可以对 Corp Area 进行设置，将对输入图像进行裁剪。

⑤点击 OK，加载两幅卫星图像（图 6.2.4）。

（3）图像叠置组合。图像叠置组合的目的是用于选择不同的拼接实施方案。当只有两幅图像用于拼接时，其重叠区是固定的，不需要做任何设置；而当有多幅图像需要拼接时，则需要在此进行图像叠置组合顺序的调整，以设置较好的拼接方案。

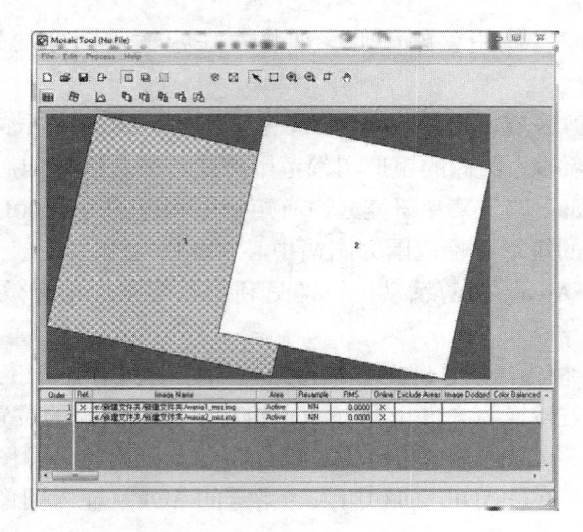

图 6.2.4　加载后的卫星图像

①在 Mosaic Tool 工具条选择 Set Mode for Input Images 按钮，进入图像设置模式状态。Mosaic Tool 工具条会出现与该模式对应的调整图像叠置次序的编辑按钮。

②选择任意一幅（或者多幅）图像，被选中图像将会高亮显示。根据需要，利用工具库对图像进行上移下移调整，确定拼接方案。本例中，按两幅图像的编号顺序依次进行拼接（图 6.2.5）。组合顺序调整完成后，在图面空白处单击鼠标，取消图像选择。

注意：拼接顺序调整好之后，意味着重叠区也随之确定，不同的图像重叠组合顺序，用于拼接的重叠区也不尽相同。具体查看方法是在 Mosaic Tool 工具条选择 Set Mode for Intersection 按钮，在图幅窗口中会出现重叠区的边框。

（4）图像匹配设置。

①在 Mosaic Tool 工具条选择 Display Color Correction 按钮，打开色彩校正（Color Correction）对话框（图 6.2.6）。

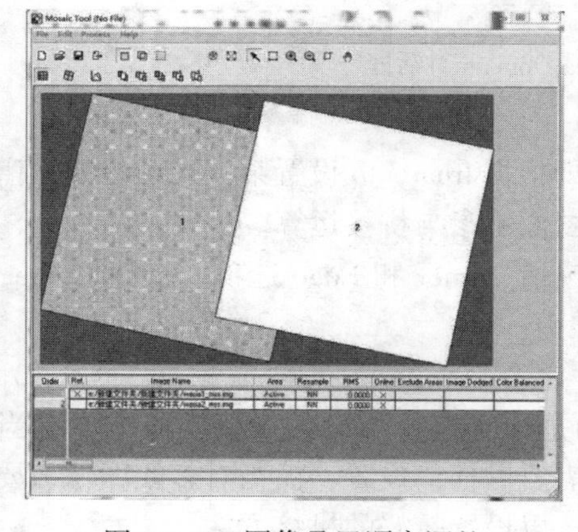

图 6.2.5　图像叠置顺序调整

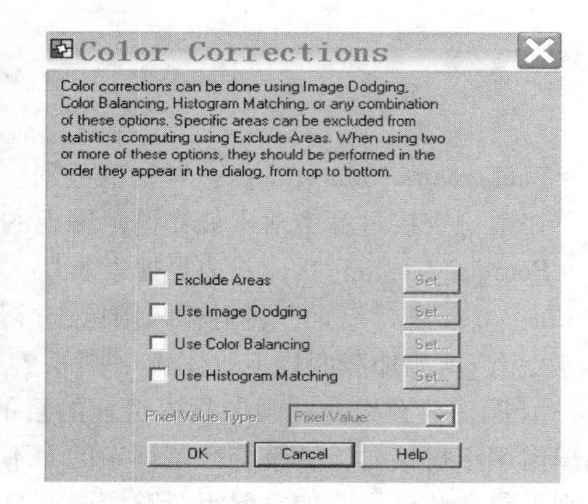


图 6.2.6　Color Correction 对话框

注意：如果输入的拼接图像自身存在较大的亮度差异（例如，中间暗周围亮或者一边亮一边暗），则需要首先利用色彩平衡（Use Color Balancing）去除单幅图像自身的亮度差异。本例中不需要对此进行设置。

②选中 Use Histogram Matching 按钮，单击 Set，打开 Histogram Matching（直方图匹配）对话框（图 6.2.7），执行图像的色彩调整。

③匹配方法（Matching Method）为 Overlap Area，即只利用叠加区直方图进行匹配。直方图类型（Histogram Type）为 Band by Band，即分别从红绿蓝三个波段进行灰度的调整（如果是多波段，则表示逐波段进行一一对应的灰度调整）。

④单击 OK 按钮，保存设置，回到 Color Corrections 对话框，在 Color Corrections 窗口中再次单击 OK 按钮退出。

⑤在 Mosaic Tool 工具条选择 Set Mode for Intersection 按钮，进入设置图像关系模式的状态。

⑥在 Mosaic Tool 工具条选择叠加函数（Set Overlap Function）按钮 fx，或是从 Mosaic Tool 工具菜单栏，打开对话框（图 6.2.8）。

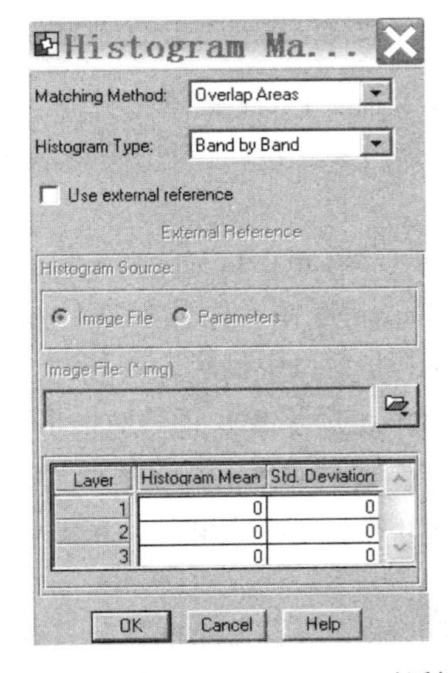


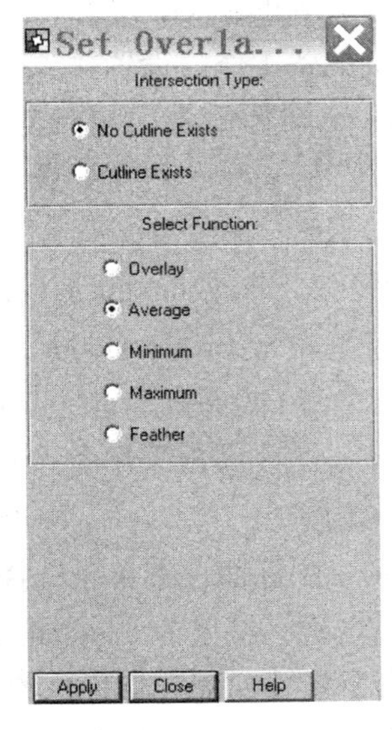


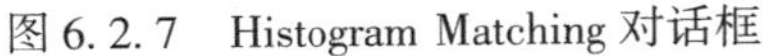

图 6.2.7　Histogram Matching 对话框　　　图 6.2.8　Set Overlap Function 对话框

⑦设置叠加方法（Intersection Method）为无剪切线（No Cutline Exists），重叠区像元灰度计算（Select Function）为均值（Average），即叠加区各个波段的灰度值所有覆盖区域图像灰度的均值。

⑧单击 Apply 按钮应用设置，单击 Close 按钮关闭 Set Overlap Function 对话框。

（5）运行 Mosaic 工具。

①在 Mosaic Tool 工具条选择输出图像模型（Set Mode For Output Images）按钮，进入输出模式设置状态。选择 Run the Mosaic process to Disk 按钮，打开 Output File Name

对话框。或者在 Mosaic Tool 菜单条选择 Process/Run Mosaic 命令，打开 Output File Name 对话框。

②输出文件名为 wasia_ mosaic. img，选择 Output Options 标签，选中忽略统计输出值（Stats Ignore Value）复选框。

③单击 OK 按钮，关闭 Run Mosaic 对话框，运行图像拼接。

（6）退出 Mosaic 工具。在 Mosaic Tool 工具条选择 File/Close 菜单，系统提示是否保存 Mosaic 设置，单击 No 按钮不保存，关闭 Mosaic Tool 对话框，退出 Mosaic 工具。

（7）文件生成后，打开 Viewer 1 窗口，将叠合的图像（wasia-mosaic. img）加载进来。

2. 剪切线拼接

以航空图像为例，利用剪切线进行图像拼接。剪切线就是在拼接过程中，可以在相邻的两个图的重叠区域内，按照一定规则选择一条线作为两个图的接边线。主要是为了改善接边差异太大的问题。例如，在相邻的两个图上如果有河流、道路，就可以画一个沿着河流或者道路的剪切线，这样图像拼接后就很难发现接边的缝隙，也可以选择 ERDAS 提供的几个预定义的线形。为了去除接缝处图像不一致的问题，还要对接缝处进行羽化处理，使剪切线变得模糊并融入图像中。

（1）拼接准备工作，设置输入图像范围。

①在 Viewer 图标面板菜单条选择 File/Open/Raster Layer 菜单，打开 Select Layer to Add 对话框。或在 Viewer 图标面板工具条选择 Open Layer 按钮，打开 Select Layer to Add 对话框。

②在路径 C：/Program Files/Lecia Geosystems/Geospatial Imaging9. 2/examples 中选择 air-photo-1. img，单击 Raster Option，选中 Fit to Frame 按钮，保证加载的图像充满整个 Viewer 窗口。单击 OK 按钮，air-photo-1. img 在 Viewer 窗口中显示。

③在 Viewer 图标面板菜单条选择 AOI/Tool 菜单，打开 AOI 工具对话框。单击 Create Polygon AOI 按钮，在 Viewer 中沿着 air-photo-1. img 内轮廓绘制多边形 AOI。

④在 Viewer 图标面板菜单条选择 File/Save/AOI Layer As 菜单（图 6. 2. 9），设置输出文件路径以及名称，这里为 template. aoi。

注意：由于航片四周有框标，绘制 AOI 的目的就是为了去除框标，只利用内轮廓数据用于拼接。这里也可以根据研究的需要选择合适的范围绘制 AOI 用于拼接。

（2）启动图像拼接工具。

（3）加载拼接图像。

①在 Mosaic Tool 图标面板菜单条选择 Edit/Add Images 菜单，打开 Add Images 对话框。或在 Mosaic Tool 图标面板工具条选择 Add Images 图标，打开 Add Images 窗口。

②选择 air-photo-1. img，并选择 Image Area Options 标签，切换到 Image Area Options 对话框。选择 Template AOI，单击 Set 打开 Choose AOI 对话框（图 6. 2. 10 ）。

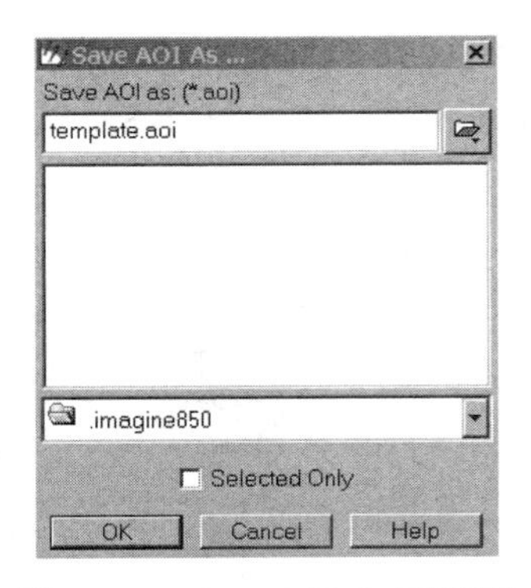

图 6.2.9　Save AOI As 对话框

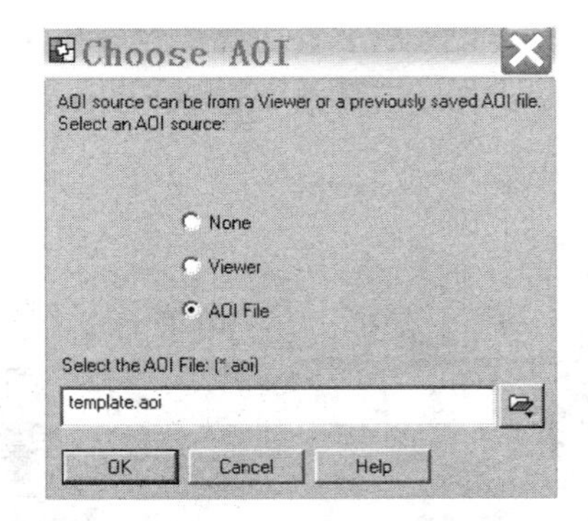


图 6.2.10　Choose AOI 对话框

③在 Select AOI File 中加入 template. aoi 文件，即利用 AOI 记录的文件坐标包含的图幅范围用于拼接。单击 OK 关闭 Choose AOI 对话框。

④在 Add Images 窗口中单击 OK，air-photo-1. img 在 Mosaic Tool 对话框中显示。

⑤以同样的方法加入另外一幅接边融合数据 air-photo-2. img。

注意：如果 Image List 没有自动在底部显示，则可以在 Mosaic Tool 图标面板菜单条选择 Edit/Image Lists 菜单条打开影像列表。

（4） 确定相交区域。

①在 Mosaic Tool 工具条选择 Set Mode For Intersection 按钮，两幅影像之间将会出现叠加线（图 6.2.11）。

②在 Mosaic Tool 图面对话框，单击两幅图像的相交区域，该区域将被高亮显示。

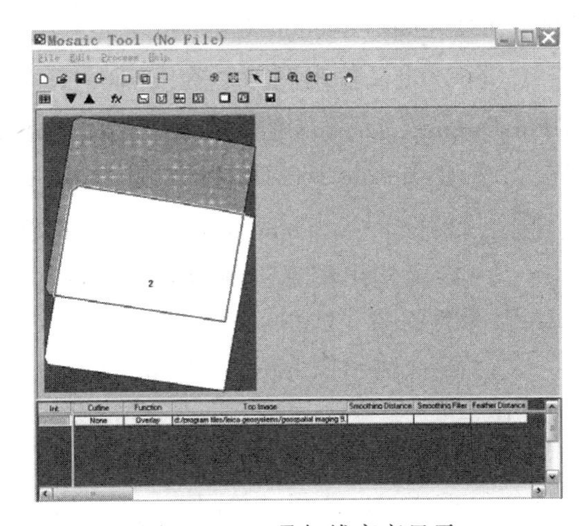


图 6.2.11　叠加线高亮显示

（5） 绘制接缝线。在 Mosaic Tool 工具条单击 Set Mode For Intersection 按钮，进入图像叠加关系模式设置。

①选择 Cutline Selection Viewer 按钮，打开接缝线选择窗口。

②打开绘制线状 AOI 工具，在叠加区绘制线状 AOI（图 6.2.12）。

③在 Mosaic Tool 工具条中选择 Set Overlap Function 按钮 fx，打开 Set Overlap Function 对话框（图 6.2.13）。

图 6.2.12 叠加区线状 AOI（图中虚线）

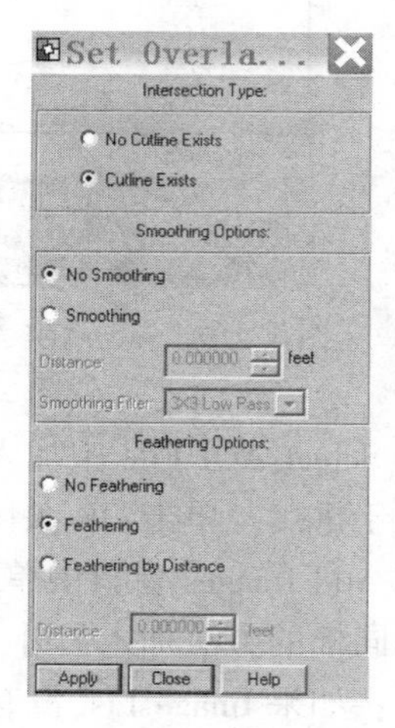


图 6.2.13 Set Overlap Function

④设置相交类型为 Cutline Exists。

⑤设置 Feathering Options 为 Feathering，即对接缝线附近进行羽化操作，使接缝处影像显示效果比较一致。

⑥单击 Apply 按钮应用设置。

⑦单击 Close 按钮关闭 Set Overlap Function 对话框。

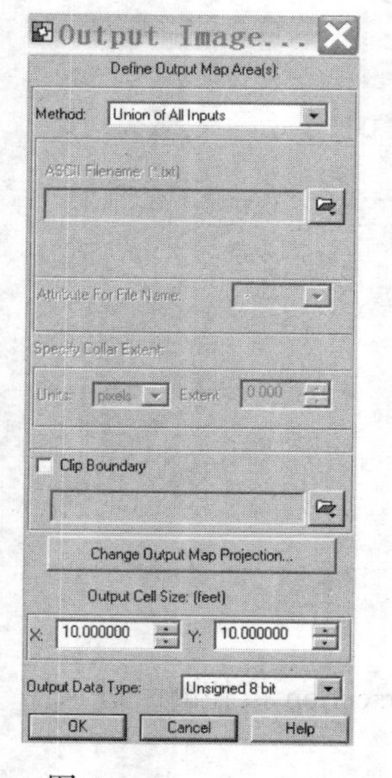


图 6.2.14 Output Options

（6）定义输出图像。在 Mosaic Tool 工具条中选择 Set Mode For Output Images 按钮，进入图像输出模式设置。

①在 Mosaic Tool 工具条中选择 Set Output Options Dialog 按钮，打开 Output Options 对话框，如图 6.2.14 所示，设置如下：

• 定义输出图像区域（Define Output Map Areas）为所有输入影像的范围（Union Of All Inputs）。

• 定义输出像元大小（Output Cell Size），X 值为 10，Y 值为 10。

• 输出数据类型（Output Data Type）为 Unsigned 8 bit。

②单击 OK 按钮，关闭 Output Image Options 对话框。

（7）运行拼接功能。

①在 Mosaic Tool 工具条中选择 Run The Mosaic Process to Disk 按钮，打开 Output File Name 对话框。

②设置拼接文件输出路径以及名称：这里命名为 AirMosaic. img。

③选择 Output Options 标签，选中忽略统计值（Stats Ignore Value）按钮。

④返回到 File 标签，单击 OK 按钮，运行图像拼接。

（8）退出图像拼接工具。在 Mosaic Tool 菜单条单击 File/Close 菜单，系统提示是否保存 Mosaic 设置，单击 NO 按钮，关闭 Mosaic Tool 对话框，退出 Mosaic 工具。

### 五、注意事项及说明

（1）图像拼接输入的图像必须经过几何校正处理或者进行过校正标定。所有的输入图像可以具有不同的像元大小，但必须具有相同的波段数。

（2）在进行剪切线拼接绘制接缝线时，接缝线应尽可能沿着线性地物走，如河流、道路、线性构造等；当两幅图像的质量不同时，要尽可能选择质量好的图像，用接缝线去掉有云、噪声的图像区域，以便于保持图像色调的总体平衡，产生浑然一体的视觉效果。

（3）剪切线拼接加载拼接图像时，需要分别创建两幅图像的 Template AOI（多边形区域），以不同文件名保存，方可加载成功。

## 任务三　图像分幅裁剪

### 一、预备知识

实际工作中，经常会得到一幅覆盖较大范围的图像，而我们需要的数据只覆盖其中的一小部分，为节约磁盘存储空间，减少数据处理时间常常要对图像进行分幅裁剪（Subset）。按照 ERDAS 实现分幅裁剪的过程，分为规则分幅裁剪（Rectangle Subset）和不规则分幅裁剪（Polygon Subset）两种类型。

### 二、实验目的和要求

理解规则分幅裁剪和不规则分幅裁剪的异同、运用范围及意义，并能熟练运用 ERDAS 软件进行两种图像分幅裁剪的工作流程。

### 三、实验内容

要求对实验区图像进行规则分幅裁剪和不规则分幅裁剪。

（1）实验数据：系统自带数据（eldoatm. img）。

（2）规则分幅裁剪。

（3）不规则分幅裁剪。

### 四、实验步骤

#### 1. 规则分幅裁剪

规则分幅裁剪是指裁剪图像的边界范围是一个矩形，通过左上角和右下角两点的坐标就可以确定图像的裁剪位置。

（1）首先打开需要裁剪的图像，并设置裁剪范围。

①在 ERDAS 图标面板菜单条选择 Main/Start ImageViewer 命令，打开 Select Viewer Type 对话框。或者在 ERDAS 图标面板工具条中选择 Viewer 图标，Select Viewer Type 对话框。

②选择 Classic Viewer 按钮，单击 OK 按钮，打开一个新的 Viewer 对话框。

③在 Viewer 菜单条选择 File/Open/Raster Layer 菜单，打开 Select Layer to Add 对话框。或者在 Viewer 工具条选择 Open Layer 按钮，打开 Select Layer to Add 对话框。

④在文件列表中选择数据（本实验以 eldoatm. img 为例）单击 OK 按钮，在 Viewer 中显示数据。

⑤在 Viewer 菜单条选择 Utility/Inquire Box 菜单，打开查询框。或者右击图面，进入 Quick View 菜单条，选择 Inquire Box 菜单，打开查询框（图 6.3.1）。

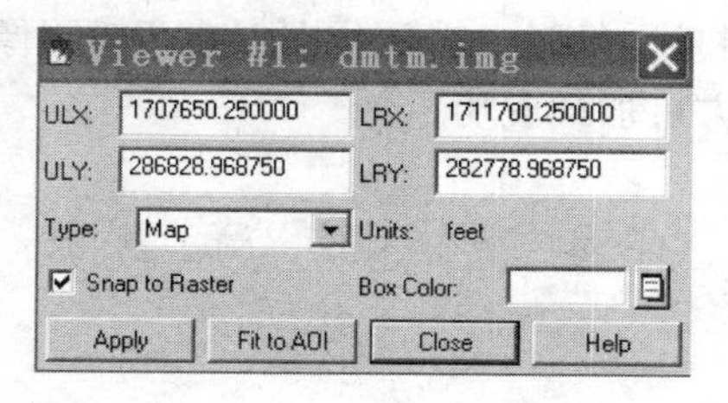


图 6.3.1　查询框

⑥在此根据需要输入左上角点和右下角点的坐标，也可以在图幅窗口中直接拖动查询框到需要的范围。本例参数设置（图 6.3.2），确定裁剪区位置（图 6.3.3）。

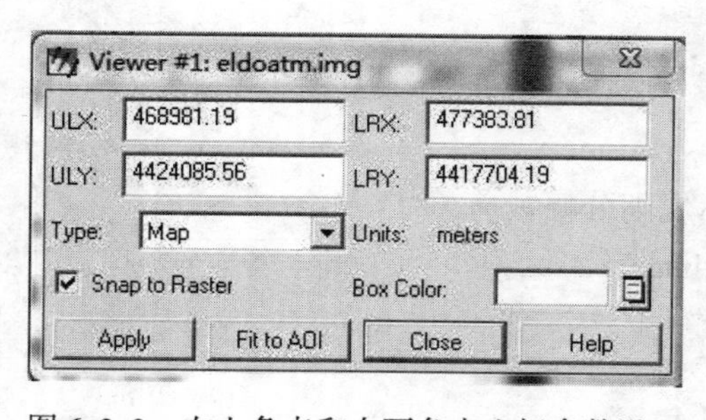


图 6.3.2　左上角点和右下角点坐标参数设置

图 6.3.3　裁剪区定位

⑦单击 Apply 按钮。

（2）根据设置好的裁剪范围裁剪图像。

①在 ERDAS 图标面板菜单条选择 Main/Data Preparation /Subset Image 命令，打开

Subset 对话框。或在 ERDAS 图标面板工具条选择 Data Prep 图标/Subset Image 命令，打开 Subset 对话框（图 6.3.4），进行如下设置：

- 选择处理图像文件（Input File）为：eldoatm. img。
- 输出文件名称（Output）为：dmtm _ sub. img。
- 单击 From Inquire Box 按钮引入裁剪过程 1 中设置的两个角点坐标，坐标类型（Coordinate Type）为 Map。

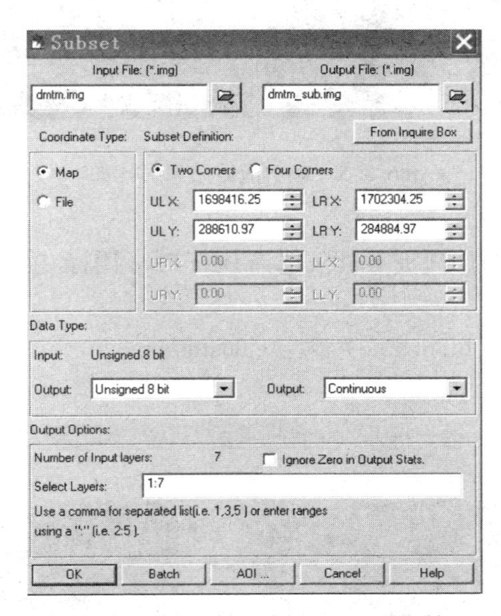


图 6.3.4　图像裁剪（Subset）对话框

- 输出数据类型（Data Type）为：Unsigned 8 Bit，Continuous。
- 输出统计忽略零值，选中 Ignore Zero In Output Stats 复选框。
- 输出波段（Select Layer）为 1：4（表示 1，2，3，4 这 4 个波段）。

②单击 OK 按钮（关闭 Subset 对话框，执行图像裁剪）。

③文件生成后，分别打开两个 Viewer 窗口，加载裁剪前后图像（dmtm-sub. img）（图 6.3.5）。

2. 不规则分幅裁剪

不规则分幅裁剪是指裁剪图像的边界范围是任意多边形，不通过左上角和右下角两点的坐标确定裁剪范围，而必须事先设置一个完整的闭合多边形区域，可以利用 AOI 工具创建裁剪多边形，然后利用分幅工具分割。步骤如下：

①打开要裁剪的图像 eldoatm. img，在 Viewer 图标面板菜单条选择 AOI/Tools 菜单，打开 AOI 工具条。

②应用 AOI 工具绘制多边形 AOI ，将多边形 AOI 保存在 eldoatm_ aoi. img 文件中（图 6.3.6）。

③在 ERDAS 图标面板菜单条选择 Main/Data Preparation/Subset Image 命令，打开 Sub-

图 6.3.5　裁剪前后结果对比图

set 对话框。或在 ERDAS 图标面板工具条选择 Data Prep 图标/Subset Image，打开 Subset 对话框，设置如下：

- 选择处理图像文件（Input File）为：eldoatm. img。

图 6.3.6　多边形裁剪范围

- 输出文件名称（Output File）为：eldoatm _ sub_ aoi. img，并设置存储路径。
- 单击 AOI，打开 Choose AOI 对话框，选择 AOI 来源为 Viewer（或者为 AOI File）。如果是 Viewer，要注意如果需要多个 AOI，需要在 Viewer 中按住 SHIFT 键选中所需要的 AOI；如果是 AOI File，则进一步选择②中保存的 eldoatm _ aoi. img。
- 输出数据类型（Data Type）为：Unsigned 8 Bit，Continuous。

• 输出统计忽略零值，选中 Ignore Zero in Stats 复选框。

• 设置输出波段（Select Layer），这里选 1：4（表示 1，2，3，4 这 4 个波段）。

• 单击 OK 按钮，关闭 SUBSET 对话框，执行图像裁剪。

④文件生成后，分别打开 2 个 Viewer 窗口，加载裁剪前后图像，查看是否裁剪成功（图 6.3.7）。

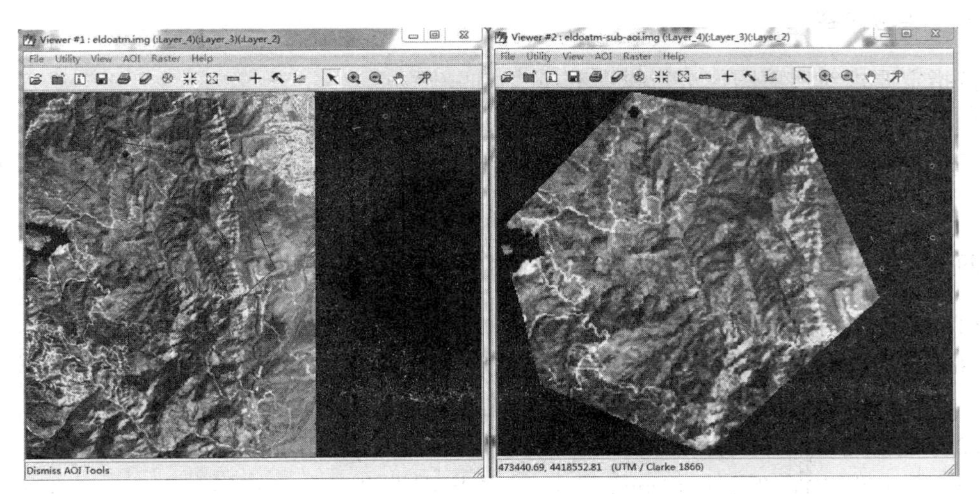


图 6.3.7　裁剪前后结果对比图

## 五、注意事项及说明

（1）规则分幅裁剪过程是通过 Inquire Box 引入已经预先设定好的坐标定义裁剪范围的，也可以直接在 Subset 对话框中输入左上角点（ULX，ULY）和右下角点（LRX，LRY）确定裁剪范围；另外一种方法是应用感兴趣区域（AOI），然后在 Subset 对话框中选择 AOI 功能，打开 AOI 窗口，并选择 AOI 区域来自图像窗口即可。

（2）在不规则分幅裁剪绘制多边形 AOI 过程中，如果一次绘制多个 AOI，需要按住 Shift 键选择绘制的所有 AOI，否则默认选择最后一次绘制的 AOI。

# 任务四　图像投影变换

## 一、预备知识

投影变换（Projection Transformation）是将一种地图投影点的坐标变换为另一种地图投影点的坐标的过程。图像投影变换（Reproject Images）的目的在于将图像文件从一种投影类型转换到另一种投影类型。比如有一幅图像，是兰伯特投影，但我国使用的是高斯克里格投影方式，这时需要把图像转换成高斯克里格投影。有时有多幅影像，如每幅图像的投影都不一样，这时就无法对图像做叠加的相关处理，也无法接拼，就要以其中一幅图像的投影作为标准，把其他所有图像都转换到这一投影下，然后才能进行其他相关处理。

## 二、实验目的和要求

通过实验，掌握遥感图像投影变换的基本方法和步骤，理解遥感图像投影变换的意义。

## 三、实验内容

按指定要求对遥感图像进行投影变换。

（1）实验数据：系统自带数据（seattle. img）；

（2）运用ERDAS进行图像投影变换，将图像从一种投影类型转换到另一种投影类型。

## 四、实验步骤

（1）在ERDAS图标面板菜单条选择Main / Data Preparation/ Reproject Images命令，打开Reproject Images对话框（图6.4.1）。或在ERDAS图标面板工具条选择Data Prep图标/ Reproject Images命令，打开Reproject Images对话框（图6.4.1）。

（2）选择处理图像文件（Input File）为：seattle. img。

（3）选择输出图像文件（Output File），根据需求设置存储路径与名称，这里命名为Reproject. img。

（4）定义输出图像投影（Output Projection）：包括投影类型和投影参数。这里定义投影类型（Categories）为UTM Clarke 1866 North，定义投影参数（Projection）为UTM Zone50（Range 114E-120E）。

（5）定义输出图像单位（Units）为Meters。

（6）确定输出统计默认忽略零值。

（7）定义输出像元大小（Output Cell Size），X值为0.5，Y值为0.5。

（8）选择重采样方法（Resample Method）为最邻近方法（Nearest Neighbor）。

（9）定义转换方法为严格按照数学模型进行变换（Rigorous Transformation）。

上述参数设置的界面如图6.4.2所示。

如果选择多项式近似拟合（Polynomial Approximation）方法，还需增加步骤（10）~（12）。

（10）多项式最大次方（Maximum Poly Order）为3。

（11）定义像元容差（Tolerance Pixels）为1。

（12）如果在设置的最大次方内超出像元容差限制，可以选择依然应用多项式模型（Continuous Approximation）转换，或者严格按照投影模型（Rigorous Transformation）转换。

（13）单击OK按钮，关闭Reproject Images窗口，执行投影变换。

针对本例源数据来说，经实验，选用多项式近似拟合方法效果更好。

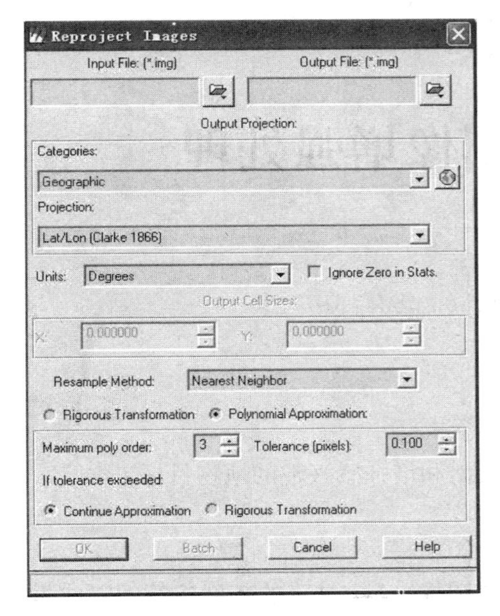


图 6.4.1　Reproject Images 对话框

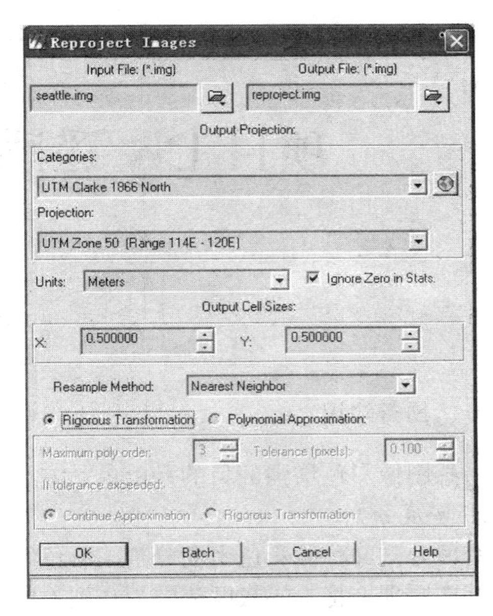


图 6.4.2　参数设置界面

## 五、注意事项及说明

(1) 图像投影变换可以对单幅图像进行，也可以通过批处理向导（Batch Wizard）对多幅图像进行。与图像几何校正过程中的投影变换相比，这种直接的投影变换可以避免多项式近似值的拟合，对于大范围图像地理参考是非常有意义的。

(2) 在实验步骤（4）中可以单击图标，打开 Projection Chooser 对话框，根据需要，自定义投影类型和投影参数。

# 项目七　遥感图像增强处理

## 任务一　彩色增强处理

### 一、预备知识

遥感图像彩色增强的目的是以色彩差异来突出和增强感兴趣的地物目标。

1. 密度分割

密度分割又称假彩色密度分割、彩色编码。

基本原理：将一幅灰度范围为0到$L$的黑白图像$f(x, y)$的灰度按等间隔或不等间隔分割成层，得到$k-1$个密度分割层面，其密度值为$L_i$（$i=1, 2, 3, \cdots, k$），用$C_i$（$i=1, 2, 3, \cdots, k$）表示赋予每一层的颜色，则

$$f(x, y)=\begin{cases} C_1, & \text{当} f(x, y) \leqslant L_i \\ C_i, & \text{当} L_{i-1}<f(x, y) \leqslant L_i,\ i=1, 2, 3, \cdots, k \\ C_k, & \text{当} f(x, y) >L_k \end{cases}$$

结果：把一幅具有不同灰度等级的影像变成不同颜色的影像。

适用对象：对于地物具有灰度值均匀递变特性或相邻地物灰度突变的图像显示都十分有效。

注意：密度分割的层数和分割点都要根据专业知识和经验，并参照地物波谱来决定。一般通过分析图像直方图峰点和谷点的具体值以及各类地物的亮度值，求出它们的均值和标准差等，从而确定分割层数、分割点和赋色方案。

2. 彩色合成

基本原理：利用计算机将同一地区不同波段的图像存放在不同通道的存储器中，并依照彩色合成原理，分别对各通道的图像进行单基色变换，在彩色屏幕上进行叠置，从而构成彩色合成图像（图7.1.1）。

若在叠置过程中，输入的遥感数据严格按照$f_1(x, y)$→红光波段的数据、$f_2(x, y)$→绿光波段的数据、$f_3(x, y)$→蓝光波段的数据，则得到真彩色合成图像；否则为假彩色合成图像。遥感图像用的大多数是假彩色。

结果：把同一景的多波段具有不同灰度等级的影像变成了彩色合成图像。

适用对象：参与合成的各分量图像，可以是多光谱遥感的不同波段图像，或其中某些波段图像的加、减、乘、除组合，或经变换处理如K-L或K-T变换后的新变量，也可以是显示动态变化的不同时相的图像，还可以是不同遥感器获得的数据，甚至是不同性质来

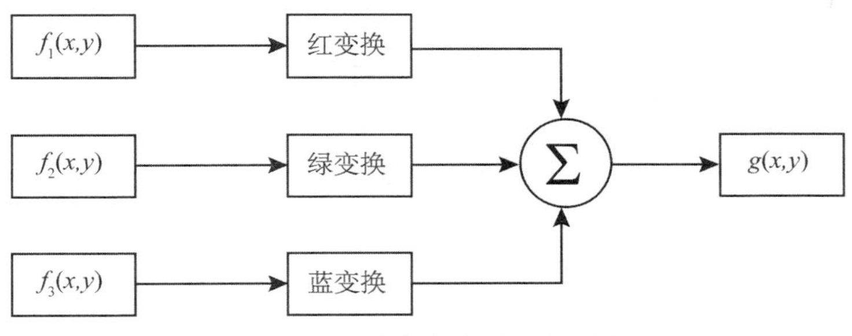


图 7.1.1　彩色合成原理流程图

源的数据经过融合处理获得的新数据组，然后以彩色显示其融合结果。

注意：彩色合成图像最关键的是最佳假彩色合成变量的选择。它依赖于对遥感影像信息特征的分析和研究目的。下面有几种常用的方法。

（1）信息分析法：选择信息量大的波段。

（2）各波段的相关系数分析：选择相关系数小的波段。

（3）最佳波段组合指数法：计算最佳波段指数越大越好。

3. IHS（Intensity Hue Saturation）变换

IHS 变换也称彩色变换。在图像处理中通常应用的有两种彩色坐标系（或彩色空间）：一种是红（R）、绿（G）、蓝（B）三原色构成的彩色空间（RGB 坐标系或 RGB 空间）；另一种是由亮度（I，Intensity）、色调（H，Hue）、饱和度（S，Saturation）三个变量构成的彩色空间（IHS 坐标系或 IHS 空间）。

也就是说一种颜色既可以用 RGB 空间内的 R、G、B 来表述，也可以用 HIS 空间的 I、H、S 来表述，前者是从物理学角度出发描述颜色，后者则是从人眼的主观感觉出发描述颜色，是以颜色的 3 大属性来表示颜色的。

明度（I）是指人眼对光源或物体明亮程度的感觉，一般来说与物体的反射率成正比，取值范围是 0 ~ 1。色调（H），也称色别，是指彩色的类别，是彩色彼此相互区分的特征，取值范围是 0 ~ 360。饱和度（S）是指彩色的纯洁性，一般来说颜色越鲜艳饱和度也越大，取值范围是 0 ~ 1。

就人眼睛的生理结构而言，一般正常人的眼睛只能识别 20 级左右的灰度等级，而对于彩色而言则其分辨率可以达到 100 万种，远远大于人眼对灰度图像的识别能力。因此，彩色变换可大大的增强图像的可读性。

4. IHS（Intensity Hue Saturation）逆变换

IHS 逆变换也称彩色逆变换。将遥感图像从以亮度（I）、色度（H）、饱和度（S）作为定位参数的彩色空间转换到红（R）、绿（G）、蓝（B）3 种颜色的彩色空间，在完成色彩逆变换的过程中，经常需要对亮度与饱和度进行最小最大拉伸，使其数值充满 0 ~ 1 的取值范围。

## 二、实验目的和要求

（1）通过彩色合成，了解遥感图像加色法原理。

（2）掌握遥感图像彩色合成的方法和过程。

（3）熟悉 IHS 变换和 IHS 逆变换的方法和过程。

（4）掌握 ERDAS IMAGINE 软件中 IHS 变换和逆变换的操作。

## 三、实验内容

要求对工作区遥感图像选择合理的波段，进行彩色增强处理。

（1）实验数据：子区（地形图范围内）一景 ETM 遥感影像。要求已完成几何校正和辐射校正。

（2）对单波段的图像进行假彩色密度分割。

（3）对子区 ETM 遥感图像进行彩色合成，并对不同的合成方案进行比较分析。

（4）假彩色合成波段的 IHS 变换。

（5）IHS 逆变换。

## 四、实验步骤

1. 对实验数据的各波段进行统计分析

（1）在“Viewer”视窗中，打开单波段图像，利用“ImageInfo”工具（图 7.1.2），分别对各个波段的遥感数据进行统计分析。

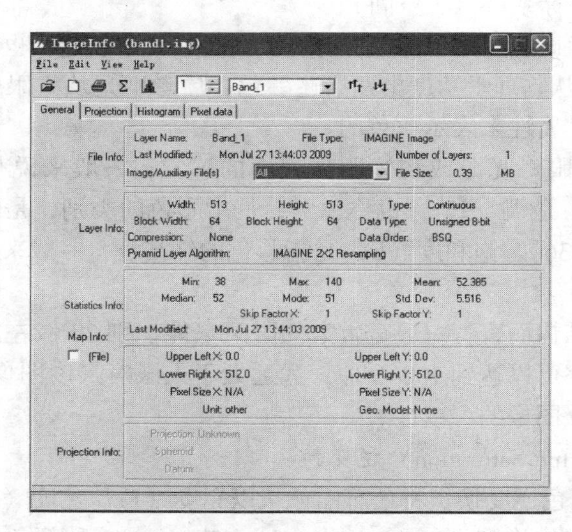


图 7.1.2　ERDAS 中图像信息查询对话框

（2）在统计值中，要注意亮度值的覆盖范围和标准差的大小。标准差值大则表明数据的离散度大，即地物之间的差异表现越大，信息量也就越丰富。

表 7.1.1　　各波段亮度值统计表

| | ETM1 | ETM2 | ETM3 | ETM4 | ETM5 | ETM7 | ETM8 |
|---|---|---|---|---|---|---|---|
| 最小值 | | | | | | | |
| 最大值 | | | | | | | |
| 均值 | | | | | | | |
| 标准差 | | | | | | | |

2. 对单波段图像进行假彩色密度分割

打开图像时，选择“Select Layer To Add”窗口中单击“Raster Option”（图 7.1.3），在“Display as”后面下拉框选择“Pseudo Color”，打开图像后，单击菜单“Raster”→“Attributes”，弹出栅格属性编辑器窗口，单击所要的颜色框，给阈值范围内的像素随意设置所需要的颜色。另外，可以在左侧“Row”一栏里同时选择多行。

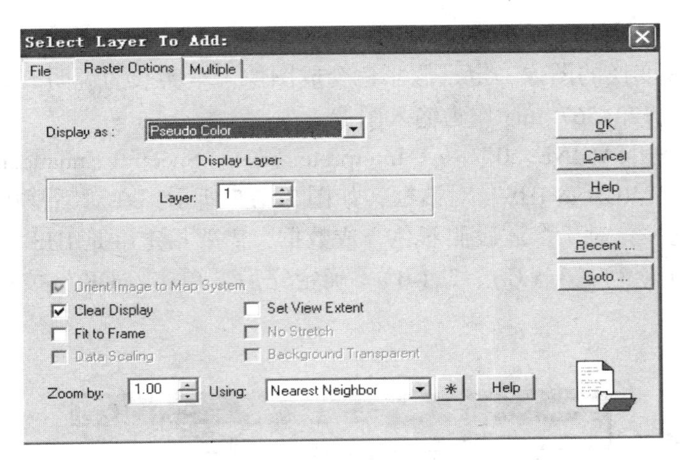


图 7.1.3　打开图像文件时打开方式对话框

3. 假彩色图像的合成

选择 ERDAS 面板“Interpreter”→“Utilities”→“Layer Stack”，启动 ERDAS 假彩色对话框（图 7.1.4）。

从图像文件（Input File）的输入处依次输入要参与合成的遥感数据（波段），每输入一个文件，按下“Add”按钮，将图像文件添加到合成文件列表区域，并为一数据层。在输出文件处写下输出文件名称和选择所在的路径。将“Layer”设为“ALL”。忽略零值统计（Ignore Zero in Stats），然后确认“OK”，即可进行假彩色合成操作。

4. 对合成后的图像进行评价

在“Viewer”视窗中，打开合成的文件，对合成方案进行目视评价。评价的依据是能否达到突出不同目标地物，地物之间的色彩差异是否将研究的地物区别开来。

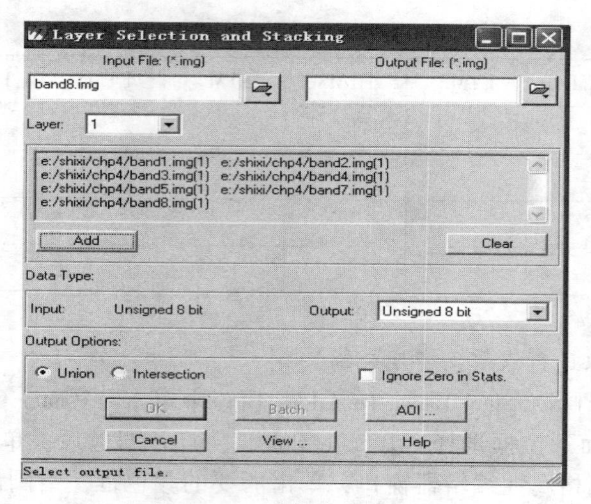


图 7.1.4　彩色合成对话框

5. IHS 变换

确定参与 IHS 变换的图像一定是假彩色合成图像。本实验为说明 IHS 变换的方法选择假彩色合成的图像 1234567. img 作为输入图像。

选择“ERDAS IMAGINE9. 0”→“Interpreter”→“Spectral Enhancement”→“RGB to IHS”命令，打开“RGB to IHS”对话框，如图 7.1.5 所示。在对话框中，需要注意的是“NO. of Layer”选项，对于多波段假彩色合成数据，需要指定谁是 IHS 变换中的 R、G、B 分量。默认值是 4（R）、3（G）、2（B）。确定完后，单击“OK”按钮，即可进行 IHS 变换。

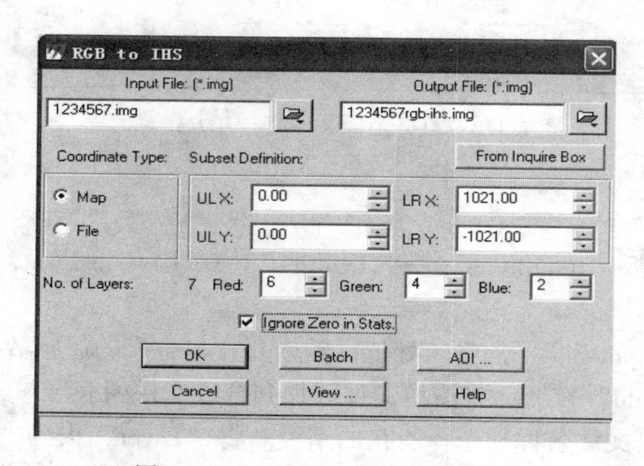


图 7.1.5　“RGB to IHS”对话框

6. IHS 逆变换

选择“ERDAS IMAGINE9. 0”→“Interpreter”→“Spectral Enhancement”→“IHS to RGB”命令，打开“IHS to RGB”对话框，如图 8.1.6 所示。

（1）确定 H 分量。在“Viewer”视窗中打开变换后的图像**1234567rgb-ihs. img**，对 R、G、B 三个分量进行目标查看，确定三个分量谁是 H 分量。一般来说，H 是目标信息分量，或高分辨率图像或其他非遥感数据。当是后者时，需要做替换，即用高分辨率或其他非遥感数据替换掉原来的 H 分量。

（2）设置逆变换参数。在 IHS 逆变换对话框中（图 7. 1. 6），主要设置如下参数：

◆**I、H、S 分量的设置**。确定选择 H 分量的数据层和 I、S 分量的数据层（在 IHS 变换的输出图像中选定）。

◆**拉伸的设置**。在对话框中，提供了不拉伸（No Stretch）、拉伸 I 分量（Stretch Intensity）、拉伸 S 分量（Stretch Saturation）和拉伸 I&S 分量（Stretch I & S）。本实验中，选择**拉伸 I&S 分量**。

◆完成后，单击“OK”按钮，进行 IHS 逆变换。

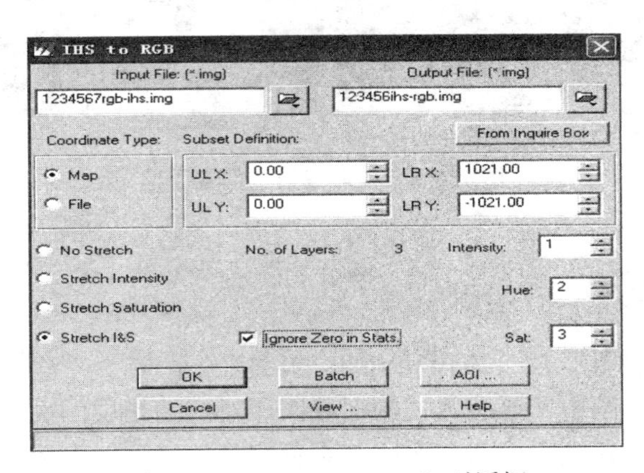


图 7. 1. 6　“IHS to RGB”对话框

7. 比较 IHS 变换前和变换后的图像

（1）分别打开图像，建立关联。在“Viewer”视窗中，分别打开变换前的图像（1234567. img）和逆变换输出的图像（1234567ihs-rgb. img）。然后在第一幅图像视图中，单击鼠标右键会出现快捷菜单，在弹出的菜单中，调用“Geo. Link/Unlink”命令，打开建立关联命令对话框（图 7. 1. 7）。再次调用“Geo. Link/Unlink”命令，可以取消关联。在第二幅图像视图中按下鼠标左键，这样，第一幅图像和第二幅图像就关联起来了。

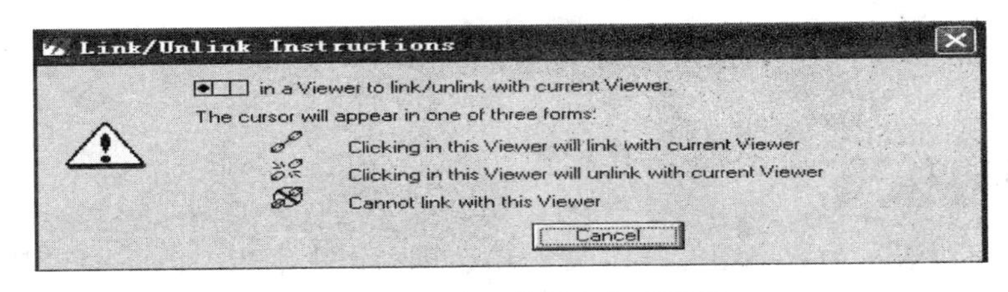


图 7. 1. 7　建立关联命令对话框

在图 7.1.8 中，选择左图中“Viewer”视图菜单“Utility”→“Inquire Cursor”命令，打开“Inquire Cursor”对话框，两个视窗中会出现“+”字查询光标且关联起来。

(2) 比较图像。利用关联工具，在视窗中，对打开的图像进行目视观察，确定目标地物的信息是否被加强了，颜色差异是否变大了等。

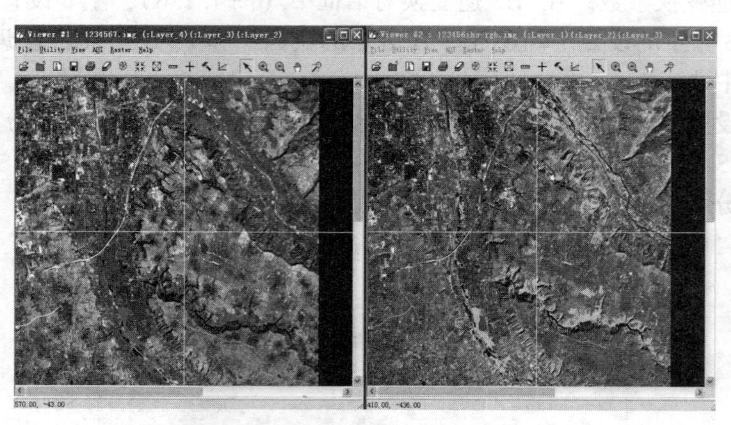

图 7.1.8　关联以后的两幅图像

## 五、注意事项与说明

(1) 注意合成图像数据层、波段和 RGB 的对应关系。

在彩色合成对话框图中，遥感数据的加载次序对应的是层的次序，和波段之间不是次序对应关系。所以为了建立它们间的次序关系且容易记忆，以下面方式记录：

输出文件名记为：B 数据依次加载的顺序 . img。

合成图像表达为：波段（R）、波段（G）、波段（B）。

(2) 彩色合成图像，最主要的是能突出研究的目标地物及扩展它们之间的差别。所以在考虑合成方案的时候，要充分研究目的地物的特点。

(3) 彩色合成各分量可以是多光谱遥感的单波段数据、合成数据、遥感数据运算结果、各种变换的突出信息、不用时相及传感器的遥感图像。

(4) IHS 变换除了彩色变换以外，还是遥感图像融合的主要方法。本次实验重点是熟悉 IHS 变换的各种常见操作及数据层的对应关系。

# 任务二　对比度增强处理

## 一、预备知识

遥感图像可以表示为数字图像（图 7.2.1），即可以表示为 $f(x, y)$，其值为亮度值。它表示地表物体辐射的特征及其空间分布特征。通过对数字图像的处理和分析，可以提取地物的属性及其分布信息。

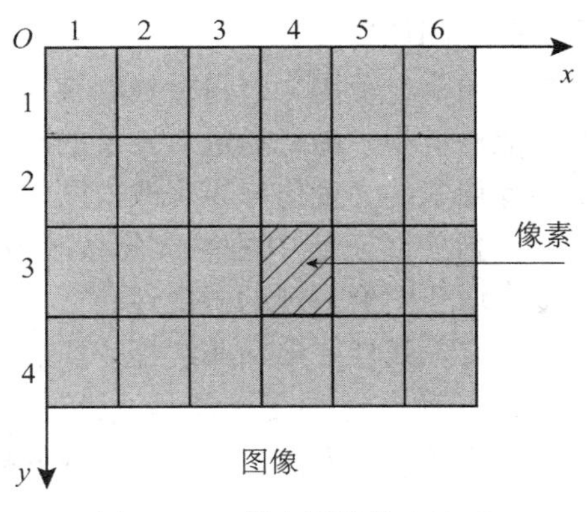

图 7. 2. 1　数字图像的表达式

横轴表示灰度级，纵轴（$P_i = m_i/M$）表示灰度级为 $g_i$ 的像素个数 $m_i$ 占像素总数 $M$ 的百分比。将 $2^n$ 个 $P_i$ 绘于图上，所形成的统计直方图叫灰度直方图。如图 7. 2. 2 所示。

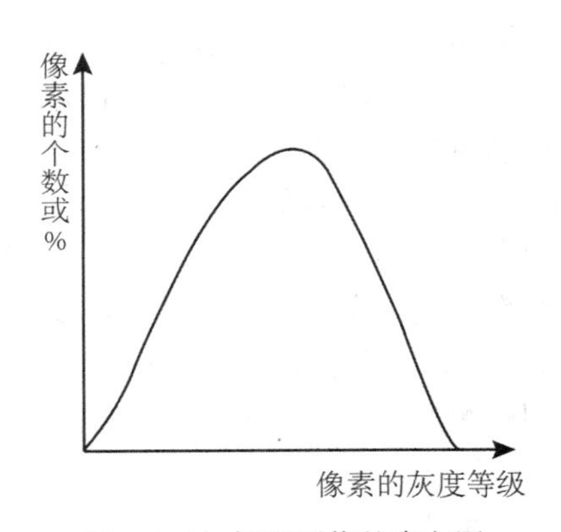

图 7. 2. 2　标准图像的直方图

直方图直观地表示了图像亮度值的分布范围、峰值的位置、均值以及亮度值分布的离散程度，因此，直方图曲线形态可以反映图像的质量。

直方图的性质有：

①反映了图像中的灰度分布规律，只说明了每一灰度等级的像素个数，并不说明其位置信息。

②任何图像都有其唯一的直方图与之对应，但不同的图像可以有相同的直方图。

③如果一个图像由两个不相连的区域组成，并且每个区域的直方图已知，则整个图像的直方图是两个区域的直方图之和。

④假定图像的像素亮度值随机分布时，直方图的形态为正态分布。其图像是比较理想的图像，表现为有较好的层次感和图像的亮度适中，图像信息清楚、质量好。

⑤当直方图峰值偏向灰度等级（$2n$）轴的左侧或右侧时，说明图像总体偏暗或偏亮；其峰值过陡过窄时，表示图像像素的亮度值过于集中，说明图像无层次感。两者均表现为

图像对比度小，图像信息不清楚，图像质量差。

对比度大，反映图像的亮度值变化范围大，目标地物被识别的可能性就大；反之，目标与背景难以区别，识别的可能性就小。因此通过对比度的改变可以改变图像的质量。对比度增强就是一种通过改变图像像素的亮度值分布来改变图像像素对比度，从而达到改善图像质量的图像处理方法。将图像中过于集中的像素分布区域（亮度值分布范围）拉开扩展，扩大图像反差的对比度，增强图像表现的层次性。

常用的对比度增强主要方法有：线性变换和非线性变换。在改善图像对比度时，如果采用线性或分段线性的函数关系，那么这种变换就是线性变换。变换函数为非线性函数时，即为非线性变换。非线性变换常用的方法主要有：对数变换、指数变换、查找表法和直方图调整法。

对数变换常用于扩展低亮度区（暗区），压缩高亮度区的对比度，以突出阴暗区的目标，或使暗区层次显示清晰。例如对在比较潮湿的地区或山体阴影区内的地物目标，采取指数变换常可获得较好的增强效果。指数变换的效果刚好与对数变换相反，突出亮区而压抑暗区。二者互为逆运算。如果地物目标既分布在暗区又出现在亮区，或者地物目标本身有亮有暗时，宜配合使用对数与指数变换，以便较全面地突出分布范围较广的地物目标。

查找表法是将输入图像的亮度值与输出图像的亮度值用关系表格表现出来，当输入某一亮度值时，通过查找表求得相应的输出图像亮度值。使用这种扩展关系可以使用多光谱遥感数据各谱段的信噪比，以获得更好的匹配。

直方图调整法有两种处理方法。

一种是把一幅已知灰度概率密度分布的图像，通过图像均衡化处理，产生一幅有近似均匀直方图的图像，使得原直方图上灰度分布较密集的部分被拉伸，较稀疏的部分被压缩。这样的方法也称为直方图均衡化（Histogram Equalize）。这样该幅图像的对比度在总体上就得到了增强。

另一种是指定直方图法，也称为直方图规定化处理。

然而这两种处理方法都要通过一个变换函数，使原图像灰度值频率分布变换为所希望的直方图，并根据新的直方图变更原图像各像素的灰度值，可以说这也是非线性变换的一种，但更便于协调、调整图像总体性的灰度关系。

## 二、实验目的和要求

（1）认识遥感图像的直方图与遥感图像的关系。

（2）掌握遥感图像的对比度变换的方法和过程。

## 三、实验内容

要求用工作区遥感图像。

（1）实验数据：子区（地形图范围内）一景 ETM 遥感影像（几何校正、辐射校正后的数据）。

（2）对单波段的图像（或假彩色图像）进行对比度变换。

（3）对不同的变换方法进行总结和比较分析。

## 四、实验步骤

1. 打开图像，显示图像的直方图并观察其特征

首先在“Viewer”视图中打开遥感图像（先做单波段），利用 工具打开图像的直方图页面（图 7.2.3），观察遥感图像的直方图形态。注意该图像的 min、max、mean、Std. Dev 统计值，由这四个值确定该图像直方图的类型。

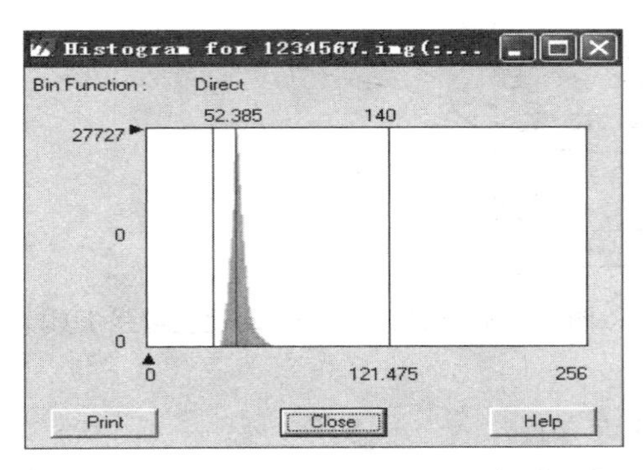


图 7.2.3 “Viewer”视窗中直方图显示页面

2. 打开“Viewer”视图中对比度变换工具

（1）打开图像的“Viewer”窗口菜单，选择“Raster”下拉菜单或使用工具条，选择“Contrast”选项，其次一级菜单中的选项包括直方图均衡化、标准差拉伸、亮度及对比度调整、图像对比度调整、分段对比度调整等（图 8.2.2）。

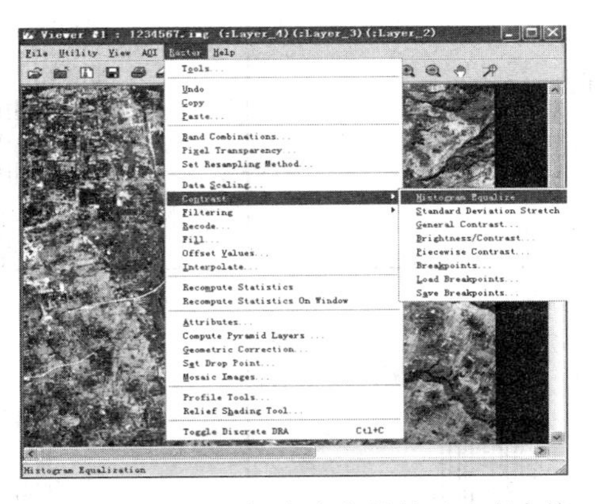


图 7.2.4 “Viewer”视窗中菜单的对比度变换工具

（2）利用工具条打开工具。选择“Viewer”窗口菜单“Raster”→“Tools”，打开栅格数据工具条（图 7.2.5）。Tools 工具条上，图像对比度调整的工具主要有直方图均衡化、标准差拉伸处理、通过对比度调整、亮度/对比度调整、分段对比度调整、直方图断

点处理、加载直方图断点、保存直方图断点。

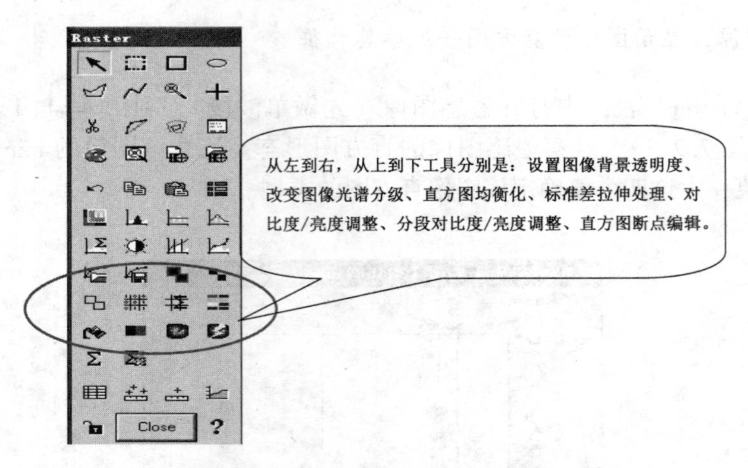


图 7.2.5　栅格工具条—对比度增强工具

（3）对图像进行对比度变换。

（4）实验中记录变换图像的直方图和变换后图像的直方图，并比较拉伸前和拉伸后图像的效果，在图像的层次感和暗亮效果两个方面确定哪些被拉伸了，哪些被压缩了。

### 五、注意事项与说明

1. 遥感图像直方图类型（图 7.2.6）

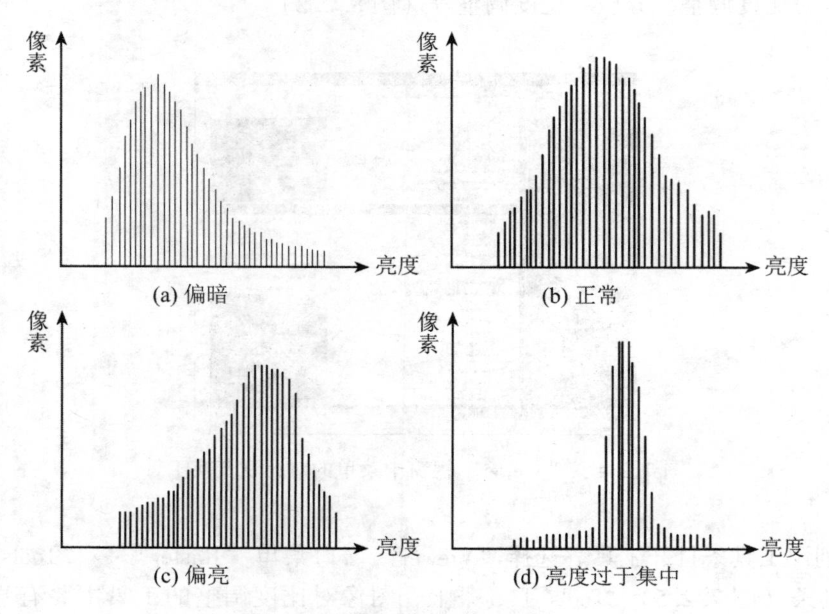


图 7.2.6　遥感图像的直方图类型

2. 直方图断点操作

在"Viewer"窗口菜单选择"Raster"→"Contrast"→"Breakpoints"→"Breakpoints Editor"命令，或单击工具条的按钮，打开"Breakpoints Editor"对话框（图7.2.7）。

借助直方图断点编辑对遥感图像的直方图进行编辑。其功能主要有选定的直方图进行显示输出，显示查找表图形，显示断点，直方图填充颜色，剔除断点误差，插入、删除断点操作或查找表操作。

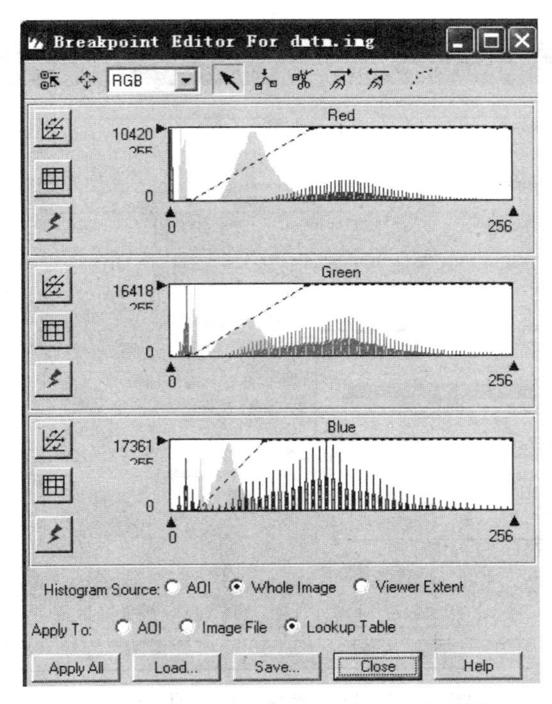


图 7.2.7 "Breakpoints Editor"对话框

3. 对数和指数对比度变换

ERDAS IMAGINE 函数分析（Functions）模块提供36个各类函数，每一次处理可以从中选择一个函数。

在 ERDAS 图标面板菜单条，选择"Main"→"Imagine Interpreter"→"Utilities"→"Functions"命令，打开"Single Input Function"对话框（图7.2.8）。在选择处理函数（Select Functions）处选择所需要的函数（对数函数和指数函数）。注意在"Viewer"按钮中的模型里要确认是否是所选用的处理函数。

4. 主要辐射增强的效果

每种辐射增强的方法都有两方面作用，即增强有效信息的同时也压抑一部分信息，在实验中应该注意观察这些特征。现将主要辐射增强的效果表述如下：

（1）指数变换的特点。指数变换对于图像中亮的部分，扩大了灰度间隔，突出了细节；对于图像中暗的部分，缩小了灰度间隔，弱化了细节。

（2）对数变换的特点。对数变换与指数变换刚好相反，对于图像中亮的部分，缩小了灰度间隔，弱化了细节；对于图像中暗的部分，扩大了灰度间隔，突出了细节。

（3）直方图均衡化的特点。

①各灰度级中像素出现的频率近似相等。

②原图像上像素出现频率小的灰度等级被合并，数据被压缩；像素出现频率高的灰度等级被拉伸，突出图像的细节信息。

③直方图均衡化在增强图像反差的同时，也增强了图像的颗粒感。

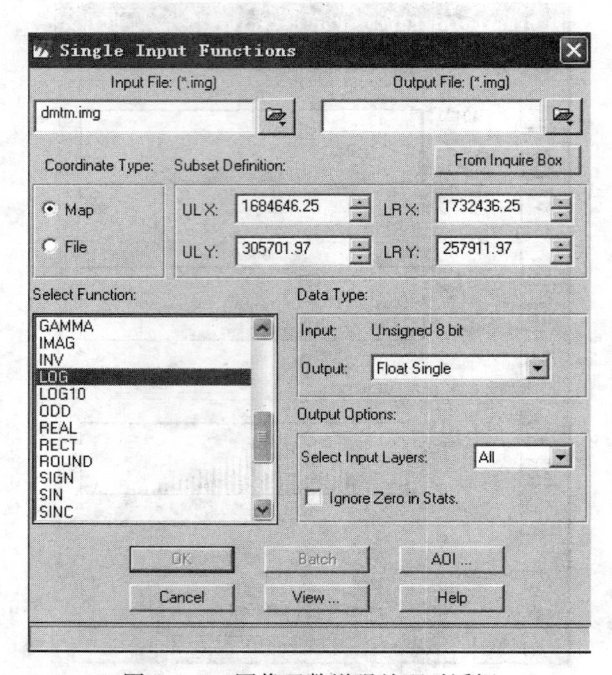


图 7.2.8　图像函数增强处理对话框

# 任务三　空间域滤波

## 一、预备知识

遥感图像的空间域滤波是指遥感图像在空间域空间（$x$，$y$）或在频率域（$\varepsilon$，$\eta$）对输出的图像应用若干滤波函数而获得改进的输出图像的技术，即对图像中某些空间、频率特征的信息增强或抑制，如增强高频信息（同时抑制低频信息），即突出边缘、纹理、线条、图像的清晰化等。增强低频信息（同时抑制高频信息），即消除噪声、去掉图像的细节。图像噪声类型如表 7.3.1 所示。

表 7.3.1　　**图像噪声类型**

<table>
<tr><th>图像噪声类型</th><th>定　义</th><th>表　现</th><th>备　注</th></tr>
<tr><td>高斯噪声</td><td>噪声的像素值分布可以使用高斯概率密度来描述。0 均值的高斯噪声指每个像素值中附加了 0 均值，具有高斯概率密度的函数值。</td><td></td><td rowspan="3">常用统计特征来描述噪声，如均值、方差等。</td></tr>
<tr><td>脉冲噪声</td><td>脉冲噪声随机地改变一些像素的亮度值。负脉冲为黑点，正脉冲为白点。为随机分布噪声。</td><td>在二值图像上表现为一些像素点变白，一些像素点变黑。</td></tr>
<tr><td>周期噪声</td><td>图像获取过程中受成像设备影响而产生的噪声。是一种空间依赖型噪声。</td><td>有明显的特征，如坏点、条带。</td></tr>
</table>

空间域滤波，从方法上是利用像素与其周围相邻像素的关系，进行邻域处理的方法，通过图像的卷积运算实现。空间域滤波是在图像的空间变量内进行局部运算，使用空间二维卷积运算方法，特点是运算简单、易于实现，但有时精度较差，容易过度增强，使图像产生不协调的感觉。

空间域滤波主要是图像的平滑和锐化处理。图像的平滑是通过构造积分卷积算子，将图像中出现的亮度变化过大的区域，或出现噪声的地方，用平滑的方法减小其变化、抑制噪声从而改善图像的质量。图像的锐化则是通过图像的微分计算构造卷积算子，这种算子提高了图像中边缘信息（如地物边缘、轮廓或线状目标）与周围像素之间的反差，因此也称为边缘增强。它使图像的边缘得到突出。

值得注意的是：图像的锐化，在增强图像边缘信息的同时会使图像的波谱信息丢失。而图像的平滑则是在去噪声的同时也会使图像的边缘模糊。

表 7.3.2 和表 7.3.3 分别是图像平滑卷积核及其效果、图像锐化卷积核及其效果。

表 7.3.2　　**平滑处理模块**

| 平滑的类型 | 算子（3×3） | 效　果 |
| --- | --- | --- |
| 均值滤波 | $\frac{1}{9}\begin{bmatrix}1&1&1\\1&1&1\\1&1&1\end{bmatrix}$ 或 $\frac{1}{8}\begin{bmatrix}1&1&1\\1&1&1\\1&1&1\end{bmatrix}$ | 算法简单，计算速度快，但去掉尖锐噪声的同时造成图像模糊，特别对图像的边缘和细节部分。常用于融合一个图像。 |
| 中值滤波 | 将窗口内所有像素值按大小排序后，取中值作为中心像素的输出值。窗口取奇数。 | 在抑制噪声的同时能够有效地保留边缘，减少模糊。可以用来减弱随机脉冲噪声。对随机噪声比均值差一些，但对脉冲椒盐噪声非常有效。 |
| 高斯滤波 | $\begin{bmatrix}0&-1&0\\-1&5&-1\\0&-1&0\end{bmatrix}$ 或 $\frac{1}{9}\begin{bmatrix}-1&-1&-1\\-1&8&-1\\-1&-1&-1\end{bmatrix}$ | 高斯滤波对高斯噪声去除非常有效。平滑程度由方差控制，方差越大平滑程度越高。 |

## 二、实验目的和要求

掌握图像空间域滤波最基本的处理方法。

## 三、实验内容

要求使用工作区遥感图像。

（1）实验数据：子区（地形图范围内）一景 ETM 遥感影像。以单波段数据进行空间滤波处理。

（2）对图像进行空间域滤波并分析其效果。分析效果可以在“Viewer”视窗中显示，亦可以用假彩色合成的方法对比前后的变换。

表 7.3.3　　锐化模块

| 锐化类型 | 算子（3×3） | 效　果 |
| --- | --- | --- |
| Prewitt | $h_1=\begin{bmatrix}-1 & -1 & -1\\ 0 & 0 & 0\\ 1 & 1 & 1\end{bmatrix}$　$h_2=\begin{bmatrix}-1 & 0 & 1\\ -1 & 0 & 1\\ -1 & 0 & 1\end{bmatrix}$ | 3×3 的梯度（差分）。对于含有大量噪声的图像是不适用的。 |
| Sobel | $h_1=\begin{bmatrix}-1 & -2 & -1\\ 0 & 0 & 0\\ 1 & 2 & 1\end{bmatrix}$　$h_2=\begin{bmatrix}-1 & 0 & 1\\ -2 & 0 & 2\\ -1 & 0 & 1\end{bmatrix}$ | 3×3 的梯度（差分）。对于含有大量噪声的图像是不适用的。 |
| Laplacian | $\begin{bmatrix}0 & 1 & 0\\ 1 & -4 & 1\\ 0 & 1 & 0\end{bmatrix}$ 或 $\begin{bmatrix}1 & 1 & 1\\ 1 & -8 & 1\\ 1 & 1 & 1\end{bmatrix}$ | 微分。不检测均匀的亮度变化，而是检测变化率的变化率。 |

## 四、实验步骤

卷积增强是将整个图像按照像素分块进行平均处理，用于改变图像的空间频率特征。卷积处理的关键在于卷积算子（Kernal）——系数矩阵的选择，ERDAS IMAGINE 常用的卷积算子分为 3×3、5×5、7×7 共 3 组，每组又包括 Edge Detect（边缘检测）、Edge Enhance（边缘增强）、Law Pass（低通滤波）、High Pass（高通滤波）、Horizonal（水平边缘检测）、Vertical（垂直边缘检测）、Cross Edge Detection（交叉边缘检测）等不同的处理方式。

### 1. 空间域滤波操作步骤

在 ERDAS 面板上，选择“Interpreter”→“Spatial Enhancement”→“Convolution”命令，打开图像卷积增强对话框（图 7.3.1），按下述方法进行图像的空间域滤波。

（1）在打开的卷积增强的对话框中，加载图像（Input File），单波段或合成图像均可。本实验中选择单波段数据。

（2）在图 7.3.1 中进行图像平滑或图像锐化的卷积滤波算子和编辑。

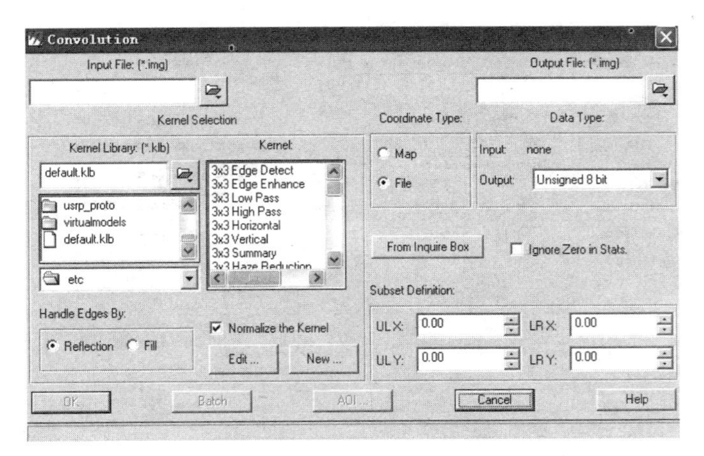


图 7.3.1 卷积模块对话框

（3）若在图 7.3.1 中没有所需要的卷积算子，单击“Convolution”对话框中的“Edit New”按钮，进入卷积核编辑或建立状态，定义所需要的卷积核（图 7.3.2）。

（4）参数设定完成后，单击“OK”按钮。进行空间域滤波处理。

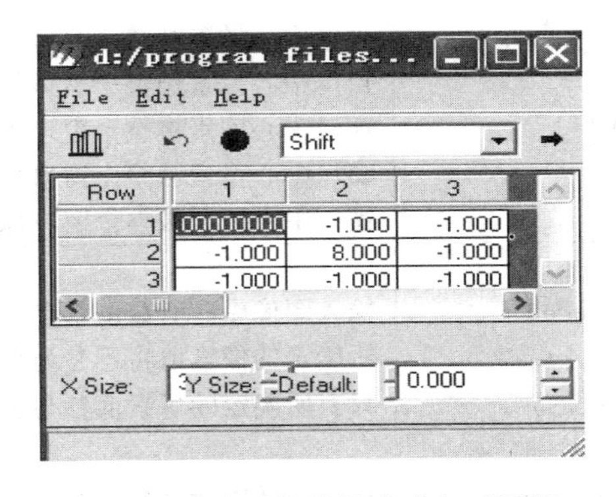


图 7.3.2 卷积核编辑或建立对话框

2. 结果对比分析

在“Viewer”视窗中打开原图和滤波后的图像进行对比分析，并记录结果。

3. 聚焦分析工具

聚焦分析使用类似卷积滤波的方法对图像数值进行多种分析，基本算法是在所选窗口范围内，根据所定义函数，应用窗口范围内的像素数值计算窗口中心像素的值，达到增强的目的。输入文件名，输出数据类型选“Unsigned 8bit”，聚集窗口大小为5×5，调整窗口形状和大小，算法（Function）为“Median”。

在 ERDAS 面板上，选择“Interpreter”→“Spatial Enhancement”→“Focal Analysis”命令，打开图像聚焦分析对话框（图 7.3.3），可进行均值滤波、中值滤波等。其主要参数设定如表 7.3.4 所示。

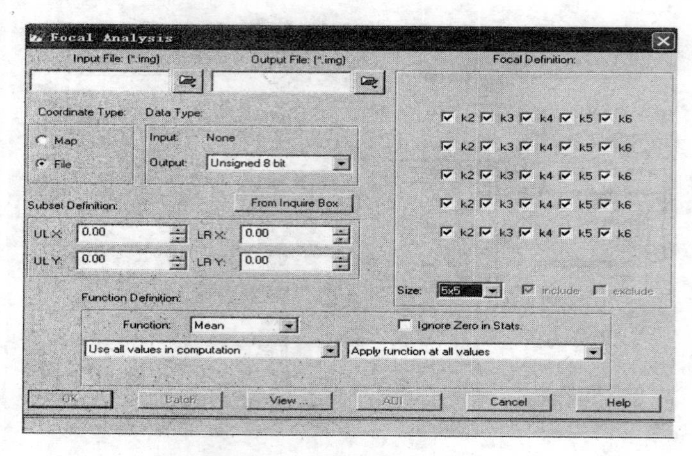


图 7.3.3　聚焦分析对话框

表 7.3.4　**聚焦分析窗口主要参数设置意义**

| 聚焦函数选择项 | 聚焦函数选项意义 |
|---|---|
| 聚焦函数算法 | |
| Sum（总和） | 窗口中心像素被整个窗口像素值之和所代替 |
| Mean（均值） | 窗口中心像素被整个窗口像素值之均值所代替 |
| SD（标准差） | 窗口中心像素被整个窗口像素值之标准差所代替 |
| Median（中值） | 窗口中心像素被整个窗口像素值之中值所代替 |
| Max（最大值） | 窗口中心像素被整个窗口像素值之最大值所代替 |
| Min（最小值） | 窗口中心像素被整个窗口像素值之最小值所代替 |
| 输入图像参与聚焦运算范围 | |
| Use all values in computation | 输入图像中所有数值都参与聚焦运算 |
| Ignore specified value（s） | 所确定的像素值将不参与聚焦运算 |
| Use only specified value（s） | 只有所确定的像素值参与聚焦运算 |
| 输入图像应用聚焦函数范围 | |
| Apply all values in computation | 输入图像中所有数值都应用聚焦函数 |
| Don't apply specified value（s） | 所确定的像素值将不应用聚焦函数 |
| Apply only specified value（s） | 只有所确定的像素值应用聚焦函数 |

## 五、注意事项与说明

（1）对于图像的平滑与锐化，方法很多，要注意算法的变化和特点。实验中还要注意模块大小的变化对图像处理结果的影响。对于平滑来说，模块越大，图像模糊的程度就越大，去除噪声的效果就越好；对于锐化来说，模块越大，边缘信息突出的效果就不明显。

（2）在卷积模块中包含了大量的卷积操作功能，实验中并未一一列举出来，相关资料可查阅有关书籍或视窗的帮助文件。

（3）对实验结果的分析是重点，注意观察图像中的波谱信息变化、空间信息的变换和图像的变换。

# 任务四 频域滤波

## 一、预备知识

利用傅里叶变换，将空间域图像 $f\ (x,\ y)$ 转换到频域图像 $F\ (v,\ \nu)$，然后选择适当的滤波器 $H\ (v,\ \nu)$ 对频域图像进行高通或低通滤波得到 $G\ (v,\ \nu)$，最后经过傅里叶反变换从频域变换到空间域，得到图像 $f\ (x,\ y)$，从而达到图像增强的目的。

在频域中，根据滤波频率的特征，滤波有3种方式。

（1）低通滤波。低通滤波（Low-pass filter）是通过 $H\ (v,\ \nu)$ 滤波器对图像中高频部分削弱或抑制而保留低频部分的滤波方法。由于图像的噪声主要集中在高频部分，所以，低频滤波可以起抑制噪声的作用。同时它强调了低频部分，因此图像会变得平滑。

（2）高通滤波。高通滤波（High-pass filter）是通过 $H\ (v,\ \nu)$ 滤波器对图像中边缘信息进行突出，是对图像进行锐化的方法。

（3）带通滤波。仅保留指定频率范围的滤波，范围外的频率被阻止。

滤波的关键在于正确地选择 $H\ (v,\ \nu)$ 滤波器和确定合适的“通”或“阻”频率。对于遥感图像而言，表示出的是不同地物频率的混杂，分离出特定的地物频率并据此进行滤波，往往需要多次实验才能得到满意的结果。而对于图像中的周期性信号（图像扫描时产生的噪声）的去除，则容易得到满意的结果。

（4）同态滤波。同态滤波（Homomorphic Filter）是减少低频增加高频，从而减少光照变化并锐化图像边缘或细节的图像滤波方法。它是应用照度/反射率模型对遥感图像进行滤波处理。常用于揭示阴影区域的细节特征。同态滤波增强是把频率过滤和灰度变换结合起来的一种处理方法，是把图像的照明反射模型作为频域处理的基础，利用压缩灰度范围和增强对比度来改善图像的一种处理技术。

## 二、实验目的和要求

（1）了解图像频域滤波中空间信息增强的含义。

（2）掌握图像频域滤波的基本方法和过程。

## 三、实验内容

要求使用工作区的遥感图像。

（1）实验数据：子区（地形图范围内）一景ETM遥感影像（几何校正、辐射校正后的数据）。以单波段数据进行频率滤波处理。

（2）对图像进行频域滤波并分析其效果。空间域与频域图像的转换；频域图像编辑器的使用；高通滤波和低通滤波；在“Viewer”视窗中分析效果，亦可以用假彩色合成的方法对比前后的变换。

## 四、实验步骤

1. 遥感图像的傅里叶正变换

选择 ERDAS 面板 “Interpreter” → “Fourier Analysis” 命令，打开 “Fourier Analysis” 菜单，如图 7.4.1 所示，选择图像的傅里叶变换选项，打开傅里叶变换对话框，如图 7.4.2 所示。

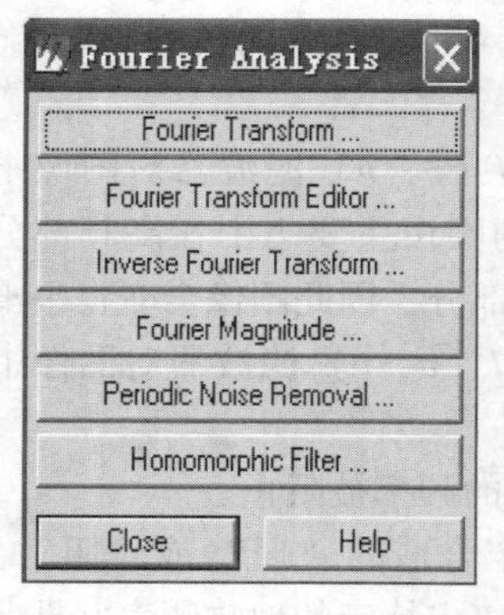


图 7.4.1 傅里叶分析菜单

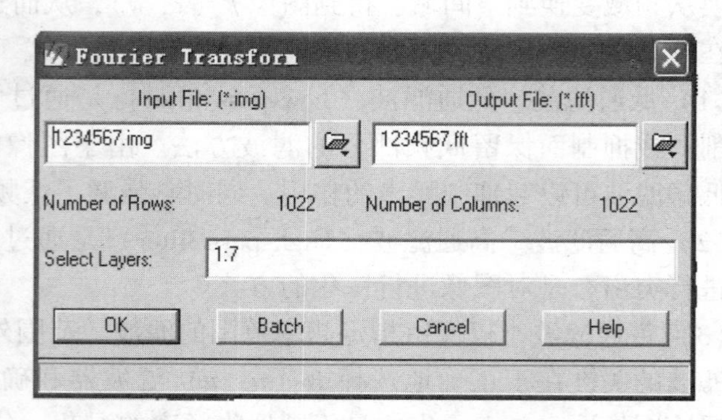


图 7.4.2 傅里叶变换对话框

ERDAS 提供的傅里叶变换也是快速傅里叶变换，将空间域图像（＊.img）转换成频域图像（＊.fft）。在傅里叶变换对话框中，选择输入图像、输出图像及需要变换的数据层范围（图中 “1∶7”，表示共有 7 个波段进行变换），最后单击 “OK” 按钮执行快速傅里叶正变换。

图 7.4.3 频域图像编辑器视窗

2. 频域编辑器操作

选择 ERDAS 面板 “Interpreter” → “Fourier Analysis” → “Fourier Transform Editor” 命令，打开频域图像编辑器视窗，如图 7.4.3 所示。

（1）在频域图像编辑器中，打开生成的频域图像（＊.fft）。在频域编辑器中，频域图像的中心在图像的中心，也是坐标原点。其频域值是最高的，随着向四周的扩散，频率逐渐减少。

（2）频域图像编辑器上工具条的使用。如表 7.4.1 所示。

表 7.4.1　　**Fourier Transform Editor 中常用的工具条**

| 图标 | 命令 | 作用 | 备注 |
|---|---|---|---|
|  | low-pass filter | 低通滤波 | 不能进行参数设置，只能使用默认值。按下功能键后，用鼠标左键进行操作 |
|  | high-pass filter | 高通滤波 |  |
|  | high-pass circular mask | 高通圆形掩膜 |  |
|  | high-pass rectangular mask | 高通矩形掩膜 |  |
|  | high-pass wedge mask | 高通楔形掩膜 |  |
|  | inverse Fourier Transform | 傅里叶反变换 |  |

表中的滤波效果如图 7.4.4 所示。

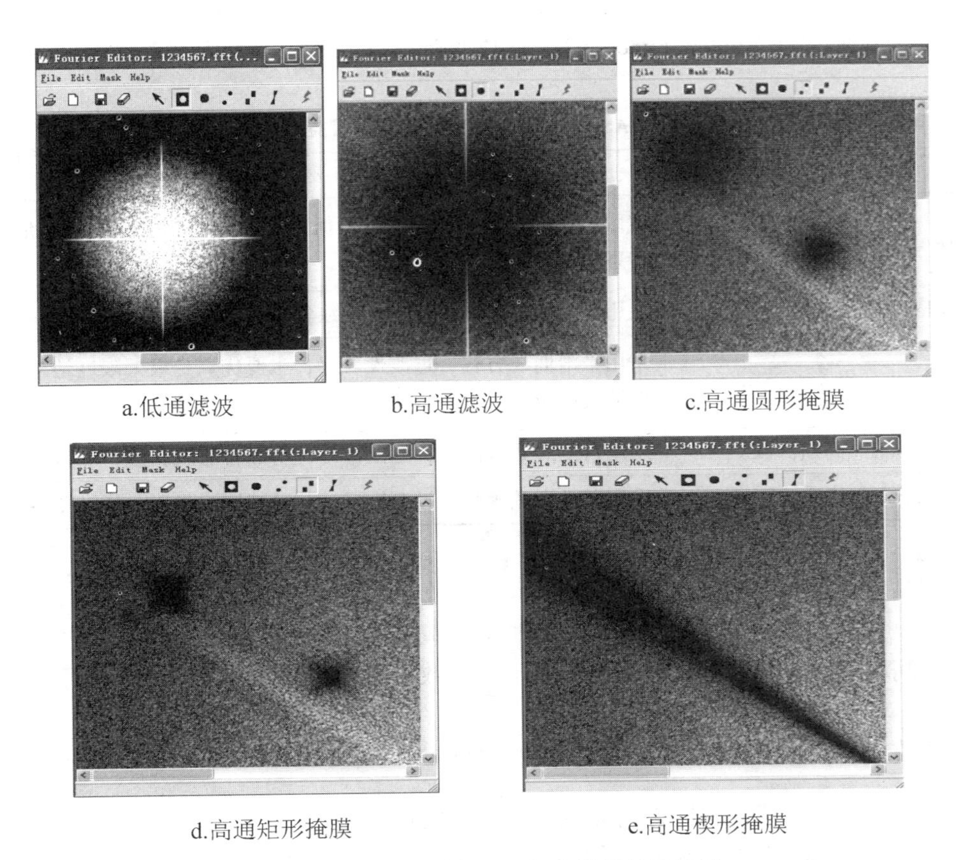


a.低通滤波　b.高通滤波　c.高通圆形掩膜

d.高通矩形掩膜　e.高通楔形掩膜

图 7.4.4　"Fourier Editor" 中常用的滤波器

（3）对频域图像进行滤波（高通、低通）。在菜单中选择"Mask"→"Filter"命令，打开“，如图 7.4.5 所示，设置如下参数：

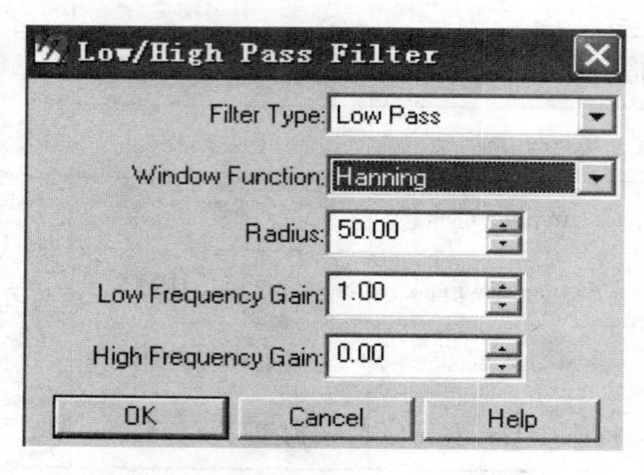


图 7.4.5　Low/High-pass filter 对话框

滤波类型（Filter Type）有高通（High-pass）和低通（Low-pass）。

选择窗口形状（Window Function），选择滤波窗口类型，如表 7.4.2 所示。

表 7.4.2　**ERDAS 提供的 5 种常用滤波窗口类型**

| 滤波窗口的类型 | 主要功能 |
| --- | --- |
| Ideal（理想滤波窗口） | 截取的频率是绝对的，没有任何过渡；其缺点是会产生环形条纹，特别是当半径很小的时候 |
| Bartlett（三角滤波窗口） | 采用三角函数，减少了环形波纹作用的影响 |
| Butterworth（巴特滤波窗口） | 采用平滑曲线方程，过渡性较好；主要优点是最大限度地减少了环形波纹的影响 |
| Gaussian（高斯滤波） | 采用自然底数幂函数，过渡性好，与巴特滤波相似，可以互换应用 |
| Hanning（余弦滤波窗口） | 采用条件余弦函数，过渡性好，与巴特滤波相似，可以互换应用 |

确定高频和低频的阈值半径（Radius）。

最后设置高频增益或低频增益值。低通时，高频增益默认为 0，低频增益为 1；相反，高通时，高频增益默认为 1，低频增益为 0；参数设置后，单击“OK”按钮可进行频域滤波。

（4）在傅里叶分析对话框上选择菜单“File”→“Inverse Fourier Transform”命令，或使用快捷按钮“ ”，将图像由频域转换到空间域。

（5）在“Viewer”视窗中打开原图和频域滤波后的图像进行对比，并记录结果。

3. 同态滤波

选择 ERDAS 面板“Interpreter”→“Fourier Analysis”→“Homomorphic Filter”命令，打开同态滤波对话框，如图 7.4.6 所示。

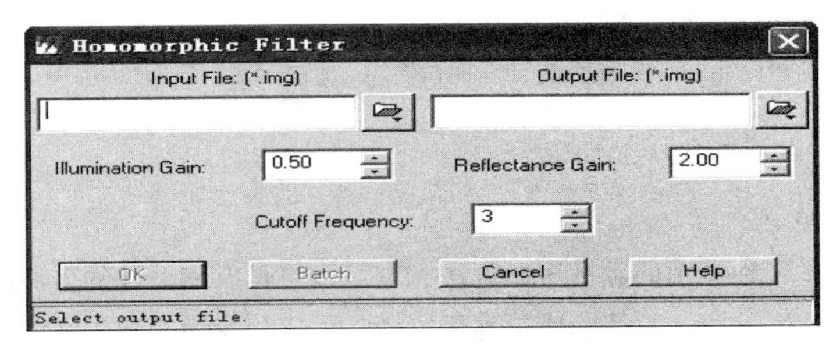


图 7.4.6　同态滤波对话框

同态滤波的关键：照度增益（Illumination Gain）、反射率增益（Reflectance Gain）和截取频率增益（Gutoff　Frequency）3 个参数的设置。

照度增益取 0 ~ 1 之间，输出的图像照度的影响被减弱；若大于 1，则照度的影响被增强。

反射率增益的设置和照度增益的设置可截取频率用于分割高频和低频，大于截取频率的成分作为高频，而小于的作为低频。

### 五、注意事项与说明

（1）在频域图像编辑器中，加载图像的中心为坐标原点（0，0），（$v$，$\nu$）显示坐标的情况如图 7.4.7 所示。

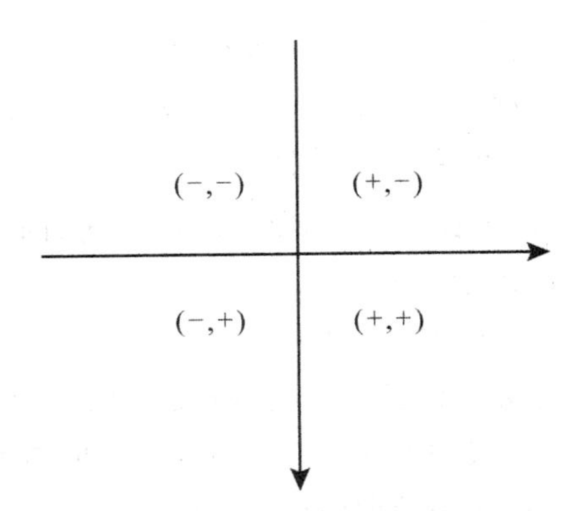


图 7.4.7　频域图像编辑器中的坐标

（2）频域图像编辑器一次只能编辑一个 *.fft 文件，也就是只能对一个数据层进行频率滤波。

（3）在频域图像编辑器中包含了大量的频率操作功能，实验中并未一一列举出来。可以查阅相关资料或视窗帮助文件。

（4）实验中注意频域滤波运算前和运算后图像的对比分析，从中体会空间增强的含义。

# 任务五　主成分变换

## 一、预备知识

主成分变换是一种常用的数据压缩方法，它可以将具有相关性的多波段数据压缩到完全独立的较少的几个波段上，使图像更易于解译。主成分变换是建立在统计特征上的多维正交线性变换，是一种离散的 K-L 变换。

具有以下性质和特点：

（1）由于主成分变换是正交线性变换。变换前后的方差总和不变，变换只是把原来的方差按权值再分配到新的主成分图像中。

（2）第一主成分包含了方差的绝大部分（一般在 80% 以上），其余各主成分的方差依次减小。

（3）变换后各主成分之间的相关系数为零，也就是说各主成分间的内容是不同的，是“垂直”的。

（4）第一主成分相当于原来各波段的加权和，而且每个波段的加权值与该波段的方差大小成正比（方差大说明信息量大）。其余各主成分相当于不同波段组合的加权差值图像。

（5）主成分变换的第一主成分还降低了噪声，有利于细部特征的增强和分析，适用于进行高通滤波、线性特征增强和提取以及密度分割等处理。

（6）主成分变换是一种数据压缩和相关技术，第一成分虽信息量大，但有时对于特定的专题信息，第四、五、六等主成分也有重要的意义。

（7）在图像中，可以以局部地区或者选取训练区的统计特征作整个图像的主成分变换，则所选部分图像的地物类型就会更突出。

（8）可以将所有波段分组进行主成分变换，再选主成分进行假彩色合成或其他处理。

（9）主成分变换在几何意义上相当于空间坐标旋转了一个角度，第一主成分坐标轴一定指向光谱空间中数据散布最大的方向；第二主成分则取与第一主成分正交且数据散布次大的方向，其余依次类推。可实现数据压缩和图像增强。

## 二、实验目的和要求

（1）熟悉主成分变换的性质。

（2）掌握主成分变换的过程和变换后图像各个成分的分析方法。

## 三、实验内容

要求用工作区的遥感图像。

（1）实验数据：子区一景 ETM 遥感影像（要求经过几何校正、辐射校正等预处理）。

(2) 对假彩色合成图像进行主成分变换和主成分逆变换。

(3) 对变换后的成分图像进行成分分析。

## 四、实验步骤

1. 输入假彩色合成图像

遥感图像的主成分变换，输入图像选取工作区的 ETM 的 1、2、3、4、5、7 波段做合成图像，或 3、4 个波段的合成图像，或用前面综合增强后的图像进行假彩色合成图像变换，注意对于主成分变换来说，多光谱数据的合成波段数多的效果好。

2. 进行主成分的正变换

在 ERDAS 面板上，选择 "Interpreter" → "Spectral Enhancement" → "Principal Components" 对话框（图 7.5.1）。

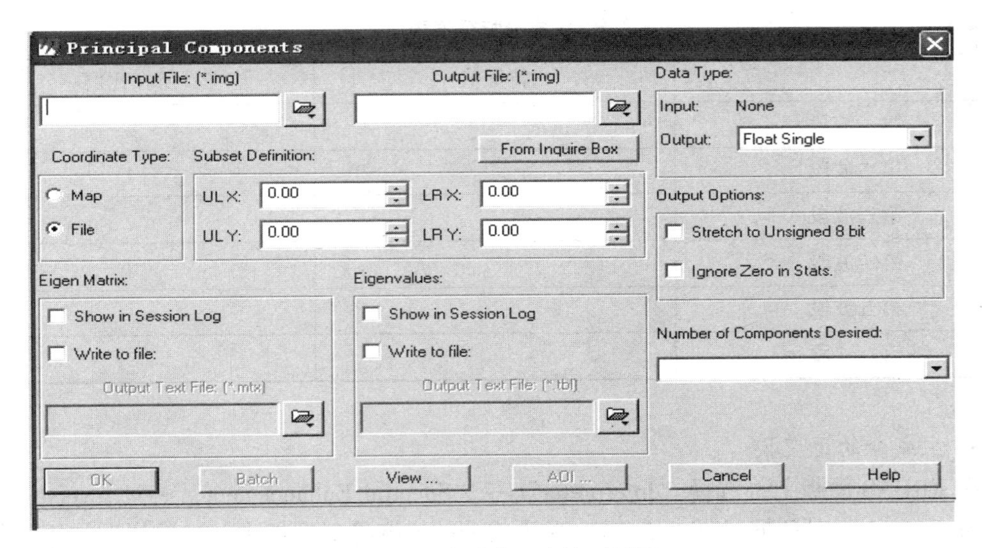


图 7.5.1　主成分正变换对话框

在对话框中，几个参数的设定如下：

◆输入图像（Input File）：是多波段的合成图像；

◆输出图像（Output File）：是变换后的成分图像；

◆特征矩阵（Eigen Matrix）：（需要逆变换时必选项）是矩阵 A 的表现形式；

◆特征值（Eigen Values）：特征值表示波段信息量的大小；

◆主成分的数量（Number of Components Desired）：其数量小于输入图像的波段数；

◆运行日记中显示（Show in Session Log）：输出结果在运行日记中显示。

对变换的图像，利用输出的特征矩阵、特征值（属于文本文件，可用写字板打开）对各成分进行分析，并将结果记录下来。将特征矩阵整理成如表 7.5.1 所示的形式。

表 7.5.1　　　　　　　　　　　　主成分特征矩阵表

| | 第一成分 | 第二成分 | 第三成分 | 第四成分 | 第五成分 | 第六成分 |
|---|---|---|---|---|---|---|
| 第一波段 | | | | | | |
| 第二波段 | | | | | | |
| 第三波段 | | | | | | |
| 第四波段 | | | | | | |
| 第五波段 | | | | | | |
| 第六波段 | | | | | | |

特征值整理成如表 7.5.2 所示的形式。

表 7.5.2　　　　　　　　　　　　主成分特征值表

| | 特征值 | 所在比例 |
|---|---|---|
| 第一波段 | | |
| 第二波段 | | |
| 第三波段 | | |
| 第四波段 | | |
| 第五波段 | | |
| 第六波段 | | |

3. 主成分的逆变换

在 ERDAS 面板上，选择“Interpreter”→“Spectral Enhancement”→“Inverse Principal Components”对话框（图 7.5.2）。在主成分的逆变换对话框中，参数说明如下：

◆输入图像（Input File）：是多波段的合成图像经主成分变换的图像或成分被替换的图像；

◆输出图像（Output File）：是主成分逆变换后的输出图像；

◆特征矩阵文件（Eigen Matrix File）：正变换时生成的特征矩阵文件。

◆其他参数设定同正变换。

4. 对比主成分变换前和变换后的图像

在“Viewer”视窗中，分别打开主成分变换前的图像和变换后的图像进行目视比较，观察主成分变换对图像的增强作用。

## 五、注意事项与说明

（1）多光谱图像的各波段之间经常是高度相关的，表现为：物体的波谱反射相关性；同物异谱现象的存在；遥感传感器波段之间的重叠主成分可以很好地去除它们之间的相关

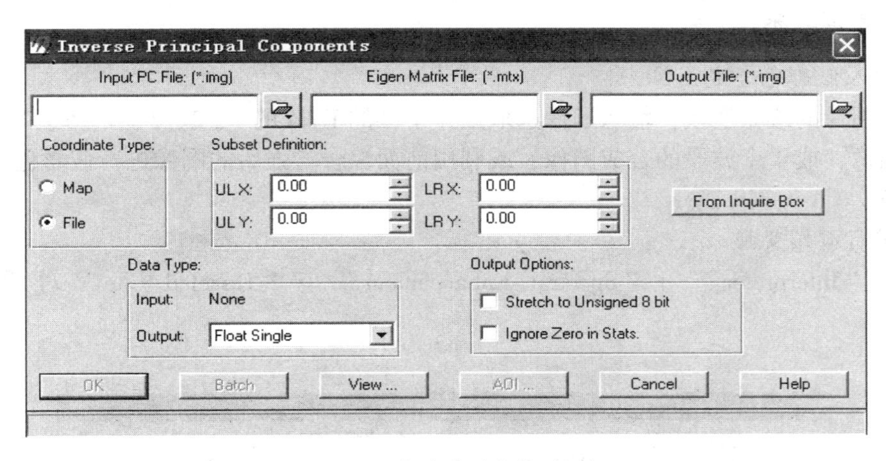


图 7.5.2　主成分逆变换对话框

性，同时还压缩了数据。

（2）主成分变换的重点内容在于根据特征矩阵对各成分进行分析，以确定其物理意义。

## 任务六　缨帽变换

### 一、预备知识

缨帽变换是针对植物学家所关心的植被图像特征，在植被研究中将原始图像数据结构轴进行旋转，优化图像数据显示效果。

该变换的基本思想是：多波段（N 波段）图像可以看做是 N 维空间，每一个像元都是 N 维空间中的一个点，其位置取决于像元在各个波段上的数值。专家的研究表明，植被信息可以通过 3 个数据轴（亮度轴、绿度轴和湿度轴）来确定，而这 3 个轴的信息可以通过简单的线性计算和数据空间旋转获得，当然还需要定义相关的转换系数；同时，这种旋转与传感器有关，因而还需要确定传感器类型。

### 二、实验目的和要求

（1）熟悉遥感图像缨帽变换的思想。

（2）熟悉遥感图像缨帽变换的过程和变换后图像各个成分的分析方法。

### 三、实验内容

要求用工作区遥感图像。

（1）实验数据：子区一景 ETM 遥感影像（要求经过几何校正、辐射校正等预处理）。

（2）对假彩色合成图像进行缨帽变换。

（3）对变换后的成分图像进行成分分析。

## 四、实验步骤

1. 输入假彩色合成图像

遥感图像的缨帽变换，输入图像选取工作子区的 ETM 的 1、2、3、4、5、7 等 6 个波段合成图像，或 4 个波段的合成图像，或利用前面综合增强后的图像进行假彩色合成图像进行变换。

2. 进行缨帽变换

打开 "Interpreter" → "Spectral Enhancement" → "Tasseled Cap" 对话框（图 7.6.1）。

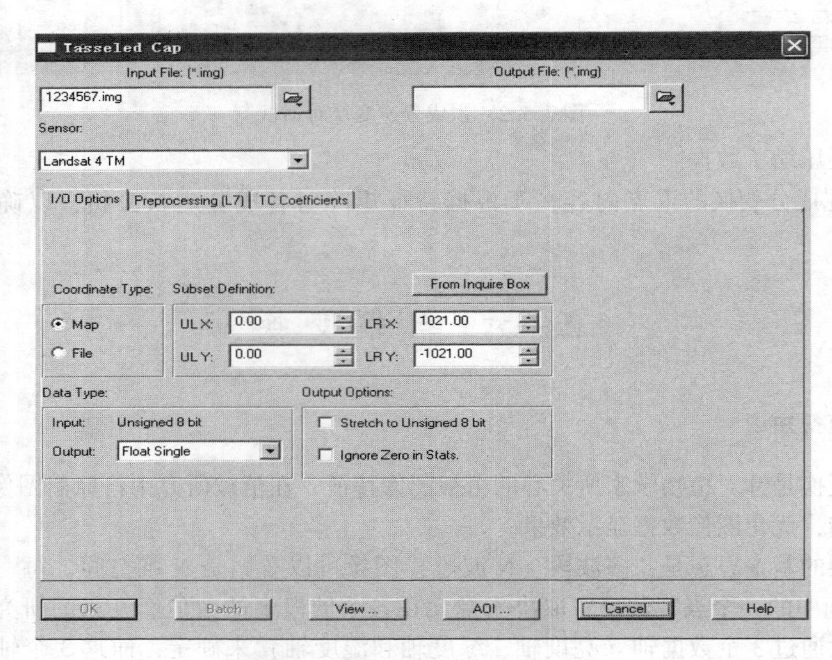


图 7.6.1　ERDAS 中缨帽变换的对话框

在缨帽变换的对话框中，几个参数的设定如下：

◆输入图像（Input File）：是多波段合成图像（4 个或 6 个 波段）。

◆输出图像（Output File）：是变换后的成分图像。

◆传感器（Sensor）：选择 Landsat 4/5 TM-6 Bands 或 Landsat 7 Multispectral。

◆不同的传感器的变换矩阵是不一样的。系统自动切换到该传感器的变换矩阵 TC Coefficients 页面（图 7.6.2）。

◆参数设置好后，单击 "OK" 按钮。

3. 对变换后的图像各成分进行分析

在 "Viewer" 视窗中打开各成分图像，对各成分进行分析，并提取各分量的值，参与其他合成图像进行增强效果分析。

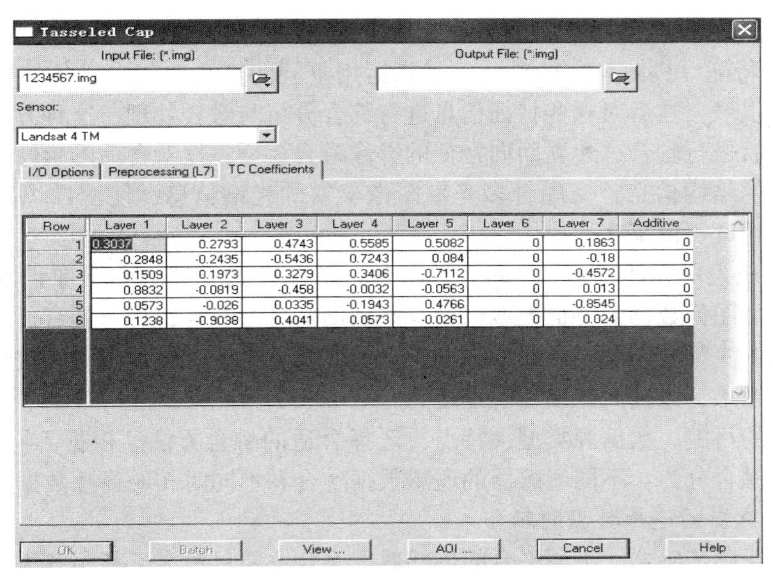


图 7.6.2　TC Coefficients 页面对话框

## 五、注意事项与说明

(1) 缨帽变换既可以实现信息的压缩，又可以帮助解译分析农作物的特征，具有很大的实际应用意义。

(2) 缨帽变换只能用于 MSS 数据和 LandSet 4、5 的 TM 数据、LandSet 7 的 ETM 数据。

# 任务七　遥感图像的融合

## 一、预备知识

图像的融合（Fusion）是多遥感传感器的图像数据和其他信息及处理过程。它着重把那些在空间或时间上冗余或互补的多源数据，按一定的规则（或算法）进行运算处理，获得比单一数据更精确、更丰富，具有新的空间、波谱、时间特征的合成图像。遥感图像的融合强调信息的优化，以突出专题信息，消除或抑制无关的信息，改善目标识别的图像环境，增加解译的可靠性，减少模糊性、改善分类、扩大应用范围和效果。

图像的融合分 3 个层次。

(1) 基于像素（Pixel）的融合：是针对测量物理参数和合并，即直接在采集的原始数据层上进行融合。也就是说对栅格数据进行相互间的几何配准，在各像素一一对应的前提下进行图像像素级的合并处理，以改善图像的几何精度、增强特征显示能力、改善分类精度、提供变化检测能力、替代或修补图像数据的缺陷等。尽管它具有一定的局限性（所含的特征难以进行一致性检验），但它能更好地保留图像原有的真实感，提供细微信息，因此被广泛应用。

（2）基于特征（Feature）的融合：是指运用不同的算法，首先对各种数据源进行目标识别的特征提取，然后对这些特征信息进行综合分析与融合处理。这种方法是在提取或增强空间特征后进行融合，建立面向特征的影像融合模型，使融合后的影像既保留原高分辨率遥感图像的结构信息，又融合多光谱图像丰富的光谱信息，使图像识别环境得以改善，遥感分类精度得以提高。

（3）基于决策层（Decision Level）的融合：是指在图像理解和图像识别基础上的融合。此方法先经图像数据的特征提取以及一些辅助信息的参与，再对其有价值的复合数据运用判别准则、决策规则加以判断、识别、分类，然后在一个更抽象的层次进行融合，获得综合的决策结果，以提高识别和解译能力。

根据融合的目的、数据源类型、特点，选择合适的融合方法。根据不同的数据类型，将遥感图像的融合分为：不同遥感器的遥感数据融合和不同时相的遥感数据的融合。

1. 不同传感器的遥感数据的融合

不同类型遥感传感器、不同平台的遥感数据融合主要目标在于利用各类遥感数据的优势，以扩大遥感应用的范围和效果。

（1）多光谱遥感图像数据与成像雷达数据的融合。多光谱遥感图像与成像雷达之间，由于成像机理、几何特征、波谱范围、分辨率等均差异较大，反映地物特征有较大的不同，因而融合复杂。多光谱数据（VIR）具有较高的光谱分辨率，提供了地表物质组成等大量信息，但它受大气层的干扰，使其数据的应用受到很大的限制。而雷达数据（SAR）为全天时、全天候数据，它主要反映地表物体的物理和几何特征信息，即反映地物的复介电常数和表面粗糙度。二者数据融合的目的在于：以 SAR 数据为辅助信息，对 VIR 数据中被云及云阴影覆盖的区域进行估计，消除影响并填补或修复信息的空缺；扩大应用范围和提高应用效果。融合的过程如图 7.7.1 所示。

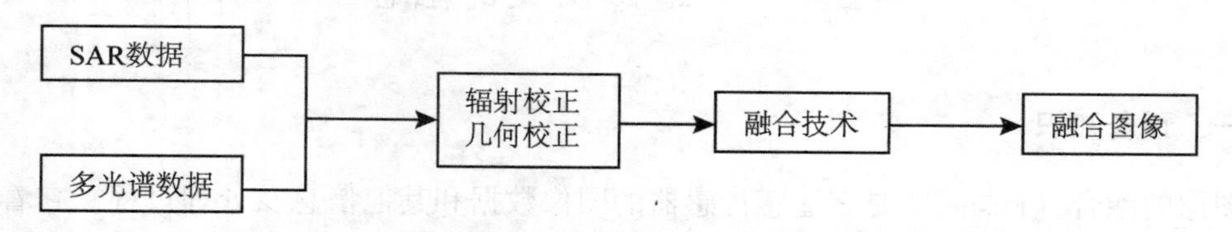


图 7.7.1　多光谱遥感图像数据和成像雷达数据的融合示意图

其中：辐射校正主要是做大气校正和去斑纹；几何校正主要解决的是两种数据的匹配问题；融合方法主要有比值合成法、相关系数法、IHS 变换法、小波变换法、BP 神经网络和马尔可夫随机场法等。

（2）高、低分辨率遥感数据的融合。多光谱数据的空间分辨率较低，而全色波段或航空影像的空间分辨率较高，通过二者的融合，既能发挥多光谱的特点，又能提高图像的空间分辨率，从而提高图像解译和分类的正确性。融合的过程如图 7.7.2 所示。

2. 不同时相的遥感数据的融合

在观测地物的类型、位置、轮廓及动态变化时，常需要不同时相遥感数据的融合。由

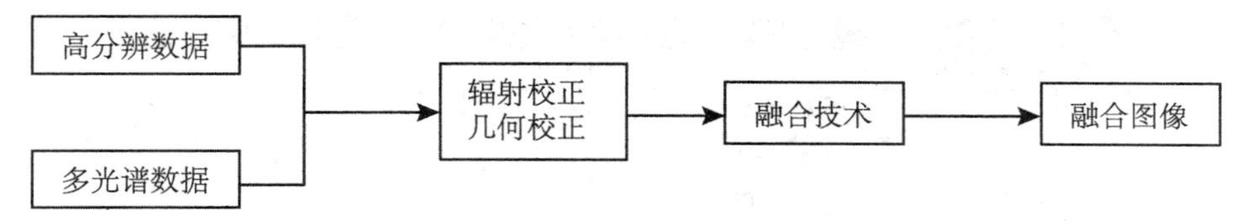

图 7.7.2　高、低分辨率遥感数据的融合示意图

于时相不一样，因此图像之间的亮度差异较大，需要对图像作直方图调整，使其趋于一致。融合的过程如图 7.7.3 所示。

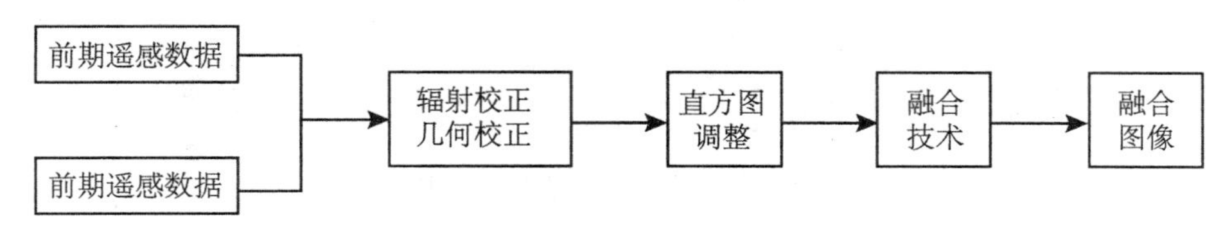

图 7.7.3　不同时相遥感数据的融合示意图

其中：融合的方法主要有假彩色合成、差值法、比值法。

## 二、实验目的和要求

（1）了解遥感图像融合的原理和方法。
（2）掌握遥感软件中常用的高、低分辨率遥感数据的融合步骤和方法。

## 三、实验内容

高、低分辨率遥感数据的融合。数据要求：融合之前，已经经过了几何校正和辐射校正等预处理。

## 四、实验步骤

分辨率融合（Resolution Merge）是一种对不同空间分辨率遥感图像的融合方法，处理后的图像既具有较好的空间分辨率又具有多光谱特征。融合的关键是融合前两幅图像的配准。融合方法主要有 3 种：主成分变换法（Principle Component）、乘积变换（Multiplicative）和比值变换（Brovey Transform）。

1. 遥感图像融合

选择 EDRAS 面板菜单"Interpreter"→"Spatial Enhancement"→"Resolution Merge"命令，打开"Resolution Merge"对话框（图 7.7.4）。在对话框中，主要设置如下参数。

文件设置：高空间分辨率的输入图像（High Resolution Input File）、多光谱输入图像（Multispectral Input File）和输出文件。

融合方法的选择：

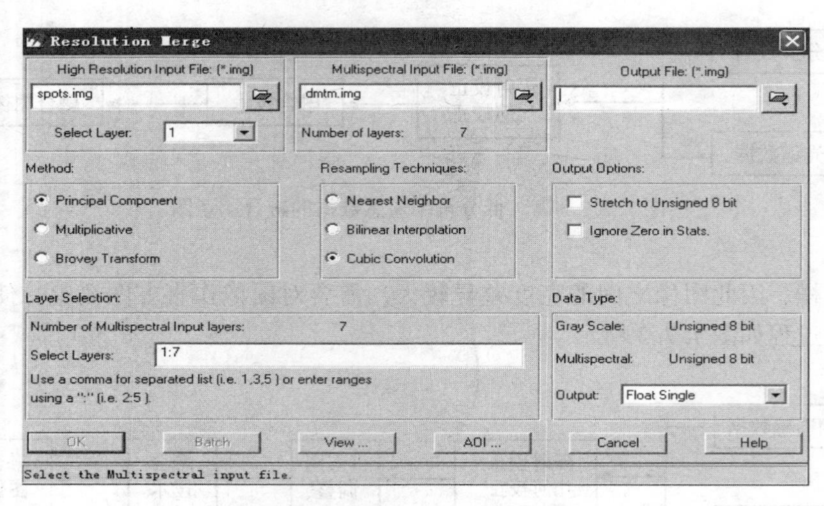


图 7.7.4　Resolution Merge 对话框

（1）主成分变换法。主成分变换融合是建立在图像统计特征基础上的多维线性变换，具有方差信息浓缩、数据量压缩的作用，可以更确切地揭示多波段数据结构内部的遥感信息。常常是以高分辨率数据代替多波段数据变换以后的第一主成分来达到融合的目的。具体过程：首先是对输入的多波段数据进行主成分变换，然后以高分辨率遥感数据替代变换以后的第一主成分，再进行主成分逆变换，生成具有高分辨率的多波段融合图像。

（2）乘积变换法。乘积变换融合是应用最基本的乘积组合算法直接对两个空间分辨率的遥感数据进行合成，即融合以后的波段数值等于多波段图像的任意一个波段数值乘以高分辨率遥感数据。

$$B'_i = B_{im} \cdot B_h$$

其中：$B'_i$：代表融合以后的波段数值；$B_{im}$：代表多波段中任意一个波段数值；$B_h$：代表高分辨遥感数据。

（3）比值变换法。比值变换融合是将输入遥感数据的三个波段用下式计算，获得融合以后多波段的数值。

$$B'_i = \frac{B_{im}}{B_{rm}+B_{gm}+B_{bm}} \cdot B_h$$

其中：$B'_i$：代表融合以后的波段数值；$B_{im}$：代表红、绿、蓝 3 波段中任意一个波段数值；$B_{rm}$、$B_{gm}$、$B_{bm}$ 分别代表红、绿、蓝 3 波段的数值；$B_h$：代表高分辨遥感数据。

2. 融合前后图像的对比分析

通过目视判读的方法，比较融合前原全色图像（图 7.7.5）、原多光谱图像（图 7.7.6）与融合后图像（图 7.7.7）空间分解力、清晰度等方面的差异。

图 7.7.5　SPOT 原全色图像

图 7.7.6　SPOT 原多光谱图像

图 7.7.7　SPOT 融合后图像

## 五、注意事项与说明

遥感数据的融合需要保证有足够的硬盘空间，因为数据量很大。

# 项目八　遥感图像判译

## 任务一　TM/ETM 遥感图像判译

### 一、预备知识

1. TM/ETM 影像的特征

TM/ETM 遥感数据，是美国 LandSat 系列陆地资源卫星的主要数据。LandSat4、5 通过上面装备的 Thematic Mapper（TM）传感器得到 TM 数据，LandSat7 卫星于 1999 年发射，装备有 Enhanced Thematic Mapper Plus（ETM+）传感器，ETM+被动感应地表反射的太阳辐射和散发的热辐射，有 8 个波段的感应器，覆盖了从红外到可见光的不同波长范围。ETM+比以前的 LandSat 系列传感器在红外波段的分辨率更高，因此有更高的准确性。TM/ETM 数据广泛应用于各行各业。它具有以下特点：

（1）像幅面积大，宏观性强。一景 TM/ETM 遥感数据，像幅面积为 185km×185km，其覆盖范围为 34225km$^2$。形成大面积的自然景观，它所反映的地面景观是一种自然综合概括后的景观。在影像中，大中小地貌类型、山脉走向、水系类型、植被分布、大地构造等均清晰地表现出来。一般来说，影像的空间分辨率越低，它对地面景观的概括性越强，对景观的细节表现能力就越差，因此也就越难识辨地物。

（2）影像的多波段性。TM/ETM 影像是一种扫描影像，它采用多波段方式记录地表的电磁波信息。TM/ETM 共有 7 个波段和 1 个全色波段，每个波段都提供了丰富的信息，这些丰富的信息有助于对目标地物的综合分析，并且也为遥感图像处理提供了可能。

（3）影像为数据图像。多光谱图像数据是以数字的形式记录在磁盘或磁带上的，数据形式的图像可以进行遥感图像处理，从而极大地增强数据的分析处理能力。

（4）数据的多时相性。TM/ETM 数据是卫星数据，它一旦投入使用就会不停地对地观测，并以一定时间周期重复扫描地球表面同一点，从而获得最新的扫描图像。因此利用它所提供的数据可以对同一地区感兴趣的目标地物进行动态监测，研究其变化趋势。

（5）陆地资源卫星影像的近垂直投影。陆地资源卫星因航高较大（705km 左右），地形起伏而产生的像点位移较小，同时由于其传感器的视场角较小，因此在同一幅影像中，其中心像素与边缘像素之间的比例尺大体一致。一般图像经粗校正就可以进行判读。

（6）资料容易以低成本获得。

2. 判读标志

遥感图像的解译是从遥感影像特征入手的。影像特征不外乎色、形两个方面。前者指影像的色调、颜色、阴影等，其中色调与颜色反映了影像的物理性质，是地物电磁波能量的记录，而阴影是地物三维空间特征在影像色调上的反映。后者指影像的图形结构特征，如大小、形状、纹理结构、图形格式、位置、组合等，它是色调、颜色的空间排列，反映了影像的几何性质和空间关系。

这些色与形具体划分为遥感解译的 8 个基本要素。即色调、阴影、大小、形状、纹理、图案、位置、组合等。这些要素的主要判读标志包括下列内容和特征：

（1）色调或颜色。色调是指图像的相对明暗程度，在彩色图像上表现为颜色。它是地物电磁辐射特性的反映，在单波段图像上，色调是由波段的光谱效应直接产生的。地物的属性、几何形状、分布范围和规律都是通过色调差异反映在图像上的。需要注意的是：一是图像中的色调有其支配因素。对于 TM/ETM 来说。它是反映地物波谱特征的差异；二是影像的色调受多种因素的影响。一般来说，色调仅能在同一图像上进行比较。

（2）阴影。阴影是指因倾斜照射，地物自身遮挡阳光而产生的暗色调。它反映了地物的空间结构特征。地物的阴影可以分为本影和落阴，前者反映地物顶面形态；后者反映地物的侧面形态。图像中阴影会遮盖或削弱地物的信息。

（3）大小。大小是指地物尺寸、面积、体积在图像上的记录。它是识别地物的重要标志。直观地反映地物相对于其他目标的大小。

（4）形状。形状是指地物目标的外形、轮廓。地表物体都具有一定的几何形状，这些形状是识别它们重要而明显的标志。一些地物顶部形态明显。

（5）纹理。图像的细部结构，指图像上色调变化的频率，它是一种单一细小特征的组合。在图像上表现为地物的表面的质感（平滑、粗糙、细腻等），一般以平滑/粗糙度划分不同的层次。

（6）图案。即图形结构，指个体目标重复排列的空间形式，是物体的空间分布特征。图像的图形结构通常表现为由不同形状、色调及纹理特征组合而成的图案，即包括点状、斑状、条状、块状、格状、垅状、环状等组成的各种纹理图案。

（7）位置。位置是指地理位置，反映了地物所处的地点与环境，是地物与周边的空间关系，据此可以识别一些目标地物或现象。

（8）组合。组合是指某些目标的特殊表现和空间组合关系，是物体间一定的位置关系和排列方式，即空间配置和布局。

由于解译标志的建立依赖于判读人员的经验与知识积累，所以其熟练程度不同，会产生判读结果的差异。因此需要先建立解译标志。解译标志是指在遥感图像上能具体反映和判断地物或现象的影像特征。即建立识别目标所依据的影像特征。可分为直接解译标志和间接解译标志两种。直接解译标志指图像上可以直接反映出来的影像特征；间接解译标志是指根据地物的相关属性关系等知识，间接推理出来的解译标志。

3. 判读方法

TM/ETM 图像的判读，应遵循“先图外、后图内；先整体、后局部；勤对比、多分析”的原则。“先图外、后图内”是指判读前先了解图像以外的外部现存的各种信息，包括：图像所在的地理位置、图像的比例尺、图像的注记、图像的灰阶、图像的重叠符号、前人对该地区的遥感工作等；然后再对图像认真观察。“先整体、后局部”是指先对图像做整体观察、了解各种地理环境要素在空间上的联系、综合分析目标地物与周围环境的关系；在了解目标地物总体特征下，对具体目标判读。“勤对比、多分析”是指多个波段的对比、不同时相的对比、不同地物的对比；多个波段的对比可以充分利用同一地物在不同波段上的灰度与形状的差异表现，消除不同地物在同一个波段的“同谱异物”现象。不同时相的对比可以了解地物在不同季节的变化规律，也可以通过不同时相的对比来选择最佳解译时相。不同地物的对比是指在同一波段图像上，不同地物类型的色调或形态有着差异。多分析是指以一个解译标志为主，多方面综合运用其他解译标志，对遥感图像进行综合分析。

## 二、实验目的和要求

（1）认识和掌握TM/ETM图像各波段的光谱效应。

（2）学习和掌握陆地卫星遥感图像的判读方法。

## 三、实验内容

### 1. 认识TM/ETM图像各波段的光谱效应

观察土地利用各类地物在TM/ETM单波段上的光谱效应，并填写表8.1.1。

表8.1.1　**土地利用各类地物在TM/ETM单波段上的光谱效应**

| 地物类型 | ETM1 | ETM2 | ETM3 | ETM4 | ETM5 | ETM7 |
|---|---|---|---|---|---|---|
| 水体 | | | | | | |
| 植被 | | | | | | |
| 居民地 | | | | | | |
| 耕地 | | | | | | |
| 山体 | | | | | | |
| 交通用地 | | | | | | |
| 建设用地 | | | | | | |

### 2. TM/ETM遥感数据的判读

（1）假彩色合成图像方案的确定。针对提取的对象是地貌类信息，选择能够反映土地利用合适的遥感数据源进行假彩色合成，作为遥感解译的工作图像。

（2）解译标志的建立。

## 四、实验步骤

### 1. 认识TM/ETM图像各波段的光谱效应

根据课堂所提供的TM/ETM遥感数据，对图像中土地利用的各种类型水体、植被、居民地、耕地、山体、交通用地、建筑用地等进行各波段光谱效应的认识，分别用亮、较亮、暗、很暗 4 个等级评价；或易分辨、可分辨、不易分辨、难分辨来评价填写表 8. 1. 1。

采用 123457 波段的假彩色合成图像，在“Viewer”视窗打开合成图像，选择光标查询工具，对上述地物进行观察。

2. TM/ETM 遥感数据的判读

（1）解译工作图像合成方案的确定。按照单波段图像合成的方法要求，选择出土地利用的最佳合成波段，并进行假彩色合成，以此作为遥感解译的工作图像。

（2）解译标志的建立。按解译标志的色调、阴影、大小、形状、纹理、图案、位置、组合等要素对工作图像进行观察和分析，分别建立水稻田、水浇地、旱地、菜地、果园、有林地、苗圃、天然草场、人工草场、城镇用地、农村居民点、铁路、公路、河流等的解译标志，并填写表 8. 1. 2 的内容。

表 8. 1. 2　　　　________地区 TM/ETM 判读/解译标志

| 代号 | 土地类型 | 色调特征 | 图形特征 | 其他 |
|---|---|---|---|---|
| 11 | 水稻田 | | | |
| 12 | 水浇地 | | | |
| 13 | 旱地 | | | |
| 14 | 菜地 | | | |
| 21 | 果园 | | | |
| 31 | 有林地 | | | |
| 35 | 苗圃 | | | |
| 41 | 天然草场 | | | |
| 43 | 人工草场 | | | |
| 51 | 城镇用地 | | | |
| 52 | 农村居民地 | | | |
| 61 | 铁路 | | | |
| 62 | 公路 | | | |
| 71 | 河流 | | | |
| 81 | 荒草地 | | | |
| 86 | 裸露地 | | | |

## 五、注意事项与说明

（1）遥感图像的目视解译是有难度的。因此必须熟悉地物在不同波段的光谱特性，了解地物在不同空间分辨率图像上的表现，掌握不同假彩色合成图像的特征，熟练运用图像的解译标志和方法为基础来进行。

（2）在运用色调和颜色作为解译标志的解译过程中，要注意解译标志的区域性和条件性，因为它们会随图像所在的区域、成像季节和环境条件而变化。

（3）解译过程中，应该借鉴前人的解译经验和方法，结合野外工作进行判读解译，不能生搬硬套。

# 任务二　遥感图像土地覆盖/利用的判译

## 一、预备知识

土地是一个综合的自然地理概念。它是代表某一地段各种自然要素（地质、地貌、气候、水文、植被、土壤等）相互作用及人类活动影响在内的自然综合体。土地遥感是研究土地及其变化的最重要的手段之一。“土地覆盖”是指地球表面当前所具有的自然和人为影响所形成的覆盖物，如地表植被、土壤、冰川、湖泊、沼泽湿地及道路等，是以土地类型为主体，具有一系列自然属性和特征的综合体。而土地利用则是指地球表面各种土地的利用现状。遥感图像直接得到的是土地覆盖信息，若辅助其他信息的支持，就可以得到土地利用信息。

以遥感图像为信息源，根据遥感图像已知土地利用知识建立的判读标志，对所要求地区图幅遥感图像土地覆盖/利用信息进行分类判读、划分边界并编制成图。其分类按有关规程进行。

土地利用状况是人们依据土地本身的自然属性以及社会需求，经长期改造和利用的结果。我国土地利用分类是按照国家农业区划委员会制定的“土地利用现状调查技术规程”的分类系统进行分类的。其中第一、二级分类系统是全国统一的，以便进行全国对比；第二级分类系统必须与第一级的归属关系相协调；第三级则要反映地区特色，不要求全国一致。2009 年开始的第二次全国土地调查土地分类，国家农业区划委员会制定的“土地利用现状调查分类系统”如表 8.2.1 所示。

运用遥感技术进行土地覆盖/土地利用现状调查，以摸清土地的数量及分布状况，是遥感比较成熟的技术路线，即从遥感图像的选取→图像分析→解译标志的建立→判读与制图→面积量算→误差的平赋→精度分析等。其具体方法简述如下。

1. 遥感数据及辅助资料的采集

（1）根据区域特点及详查、概查的要求，进行地类可判读性及判读率的研究、评价，以确定遥感图像的空间分辨率。如 1 : 10 万的 TM 图像，可以解译出 85% ~92% 的二级类型；1 : 5 万彩红外航空相片可以判读 90% 左右的三级类型。

（2）根据研究区域的作物的农事历、自然植被的物候期及环境因素的变化确定遥感图像的时间分辨率。

（3）根据遥感数据、信息量及相关性等研究，选择其最佳波段及其组合。

（4）辅助资料，包括地形图、各类专题图、社会经济统计数据图、历史资料等。

2. 遥感图像的预处理

采用遥感图像通过计算机图像处理把遥感数字图像转换成所需要的标准图像（几何校正、辐射校正等），再进行适当的图像增强处理（主要有灰度拉伸、彩色增强、比值处理、主成分分析等）以获得最佳视觉效果的假彩色合成图像。

3. 解译标志的建立

根据区域特点以分类的要求，通过先验前提（已知地物与图像配准验证）建立各类地物解译判读标志，然后通过野外调研和检验，建立起全区土地覆盖/利用类型的解译标志。

表 8.2.1　　**土地利用现状分类及编码**

| 一级类 | | 二级类 | | 含　义 |
|---|---|---|---|---|
| 编码 | 名称 | 编码 | 名称 | |
| 01 | 耕地 | | | 指种植农作物的土地，包括熟地，新开发、复垦、整理地，休闲地（含轮歇地、轮作地）；以种植农作物（含蔬菜）为主，间有零星果树、桑树或其他树木的土地；平均每年能保证收获一季的已垦滩地和滩涂。耕地中包括南宽度<1.0 米、北宽度<2.0 米固定的沟、渠、路和地坎（埂）；临时种植药材、草皮、花卉、苗木等的耕地，以及其他临时改变用途的耕地。 |
| | | 011 | 水田 | 指用于种植水稻、莲藕等水生农作物的耕地。包括实行水生、旱生农作物轮种的耕地。 |
| | | 012 | 水浇地 | 指有水源保证和灌溉设施，在一般年景能正常灌溉，种植旱生农作物的耕地。包括种植蔬菜等的非工厂化的大棚用地。 |
| | | 013 | 旱地 | 指无灌溉设施，主要靠天然降水种植旱生农作物的耕地，包括没有灌溉设施，仅靠引洪淤灌的耕地。 |
| 02 | 园地 | | | 指种植以采集果、叶、根、茎、汁等为主的集约经营的多年生木本和草本作物，覆盖度大于 50% 或每亩株数大于合理株数 70% 的土地。包括用于育苗的土地。 |
| | | 021 | 果园 | 指种植果树的园地。 |
| | | 022 | 茶园 | 指种植茶树的园地。 |
| | | 023 | 其他园地 | 指种植桑树、橡胶、可可、咖啡、油棕、胡椒、药材等其他多年生作物的园地。 |

续表

| 一级类 | | 二级类 | | 含 义 |
| --- | --- | --- | --- | --- |
| 编码 | 名称 | 编码 | 名称 | |
| 03 | 林地 | | | 指生长乔木、竹类、灌木的土地，及沿海生长红树林的土地。包括迹地，不包括居民点内部的绿化林木用地，铁路、公路征地范围内的林木，以及河流、沟渠的护堤林。 |
| | | 031 | 有林地 | 指树木郁闭度≥0.2 的乔木林地，包括红树林地和竹林地。 |
| | | 032 | 灌木林地 | 指灌木覆盖度≥40% 的林地。 |
| | | 033 | 其他林地 | 包括疏林地（指树木郁闭度≥0.1、<0.2 的林地）、未成林地、迹地、苗圃等林地。 |
| 04 | 草地 | | | 指生长草本植物为主的土地。 |
| | | 041 | 天然牧草地 | 指以天然草本植物为主，用于放牧或割草的草地。 |
| | | 042 | 人工牧草地 | 指人工种植牧草的草地。 |
| | | 043 | 其他草地 | 指树木郁闭度<0.1，表层为土质，生长草本植物为主，不用于畜牧业的草地。 |
| 05 | 商服用地 | | | 指主要用于商业、服务业的土地。 |
| | | 051 | 批发零售用地 | 指主要用于商品批发、零售的用地。包括商场、商店、超市、各类批发（零售）市场，加油站等及其附属的小型仓库、车间、工厂等的用地 |
| | | 052 | 住宿餐饮用地 | 指主要用于提供住宿、餐饮服务的用地。包括宾馆、酒店、饭店、旅馆、招待所、度假村、餐厅、酒吧等。 |
| | | 053 | 商务金融用地 | 指企业、服务业等办公用地，以及经营性的办公场所用地。包括写字楼、商业性办公场所、金融活动场所和企业厂区外独立的办公场所等用地。 |
| | | 054 | 其他商服用地 | 指上述用地以外的其他商业、服务业用地。包括洗车场、洗染店、废旧物资回收站、维修网点、照相馆、理发美容店、洗浴场所等用地。 |

续表

| 一级类 | | 二级类 | | 含　　义 |
|---|---|---|---|---|
| 编码 | 名称 | 编码 | 名称 | |
| 06 | 工矿仓储用地 | | | 指主要用于工业生产、物资存放场所的土地。 |
| | | 061 | 工业用地 | 指工业生产及直接为工业生产服务的附属设施用地。 |
| | | 062 | 采矿用地 | 指采矿、采石、采砂（沙）场，盐田，砖瓦窑等地面生产用地及尾矿堆放地。 |
| | | 063 | 仓储用地 | 指用于物资储备、中转的场所用地。 |
| 07 | 住宅用地 | | | 指主要用于人们生活居住的房基地及其附属设施的土地。 |
| | | 071 | 城镇住宅用地 | 指城镇用于生活居住的各类房屋用地及其附属设施用地。包括普通住宅、公寓、别墅等用地。 |
| | | 072 | 农村宅基地 | 指农村用于生活居住的宅基地。 |
| 08 | 公共管理与公共服务用地 | | | 指用于机关团体、新闻出版、科教文卫、风景名胜、公共设施等的土地。 |
| | | 081 | 机关团体用地 | 指用于党政机关、社会团体、群众自治组织等的用地。 |
| | | 082 | 新闻出版用地 | 指用于广播电台、电视台、电影厂、报社、杂志社、通讯社、出版社等的用地。 |
| | | 083 | 科教用地 | 指用于各类教育，独立的科研、勘测、设计、技术推广、科普等的用地。 |
| | | 084 | 医卫慈善用地 | 指用于医疗保健、卫生防疫、急救康复、医检药检、福利救助等的用地。 |
| | | 085 | 文体娱乐用地 | 指用于各类文化、体育、娱乐及公共广场等的用地。 |
| | | 086 | 公共设施用地 | 指用于城乡基础设施的用地。包括给排水、供电、供热、供气、邮政、电信、消防、环卫、公用设施维修等用地。 |
| | | 087 | 公园与绿地 | 指城镇、村庄内部的公园、动物园、植物园、街心花园和用于休憩及美化环境的绿化用地。 |
| | | 088 | 风景名胜设施用地 | 指风景名胜（包括名胜古迹、旅游景点、革命遗址等）景点及管理机构的建筑用地。景区内的其他用地按现状归入相应地类。 |

续表

| 一级类 | | 二级类 | | 含　义 |
|---|---|---|---|---|
| 编码 | 名称 | 编码 | 名称 | |
| 09 | 特殊用地 | | | 指用于军事设施、涉外、宗教、监教、殡葬等的土地。 |
| | | 091 | 军事设施用地 | 指直接用于军事目的的设施用地。 |
| | | 092 | 使领馆用地 | 指用于外国政府及国际组织驻华使领馆、办事处等的用地。 |
| | | 093 | 监教场所用地 | 指用于监狱、看守所、劳改场、劳教所、戒毒所等的建筑用地。 |
| | | 094 | 宗教用地 | 指专门用于宗教活动的庙宇、寺院、道观、教堂等宗教自用地。 |
| | | 095 | 殡葬用地 | 指陵园、墓地、殡葬场所用地。 |
| 10 | 交通运输用地 | | | 指用于运输通行的地面线路、场站等的土地。包括民用机场、港口、码头、地面运输管道和各种道路用地。 |
| | | 101 | 铁路用地 | 指用于铁道线路、轻轨、场站的用地。包括设计内的路堤、路堑、道沟、桥梁、林木等用地。 |
| | | 102 | 公路用地 | 指用于国道、省道、县道和乡道的用地。包括设计内的路堤、路堑、道沟、桥梁、汽车停靠站、林木及直接为其服务的附属用地。 |
| | | 103 | 街巷用地 | 指用于城镇、村庄内部公用道路（含立交桥）及行道树的用地。包括公共停车场，汽车客货运输站点及停车场等用地。 |
| | | 104 | 农村道路 | 指公路用地以外的南方宽度≥1.0m、北方宽度≥2.0m的村间、田间道路(含机耕道)。 |
| | | 105 | 机场用地 | 指用于民用机场的用地。 |
| | | 106 | 港口码头用地 | 指用于人工修建的客运、货运、捕捞及工作船舶停靠的场所及其附属建筑物的用地，不包括常水位以下部分。 |
| | | 107 | 管道运输用地 | 指用于运输煤炭、石油、天然气等管道及其相应附属设施的地上部分用地。 |

续表

| 一级类 | | 二级类 | | 含　义 |
|---|---|---|---|---|
| 编码 | 名称 | 编码 | 名称 | |
| 11 | 水域及水利设施用地 | | | 指陆地水域，滩涂，沟渠、水工建筑物等用地。不包括滞洪区和已垦滩涂中的耕地、园地、林地、居民点、道路等用地。 |
| | | 111 | 河流 | 指天然形成或人工开挖河流常水位岸线之间的水面，不包括被堤坝拦截后形成的水库水面。 |
| | | 112 | 湖泊 | 指天然形成的积水区常水位岸线所围成的水面。 |
| | | 113 | 水库 | 指人工拦截汇集而成的总库容≥10万米$^3$的水库正常蓄水位岸线所围成的水面。 |
| | | 114 | 坑塘 | 指人工开挖或天然形成的蓄水量<10万米$^3$的坑塘常水位岸线所围成的水面。 |
| | | 115 | 沿海滩涂 | 指沿海大潮高潮位与低潮位之间的潮浸地带。包括海岛的沿海滩涂。不包括已利用的滩涂。 |
| | | 116 | 内陆滩涂 | 指河流、湖泊常水位至洪水位间的滩地；时令湖、河洪水位下的滩地；水库、坑塘的正常蓄水位与洪水位间的滩地。包括海岛的内陆滩地。不包括已利用的滩地。 |
| | | 117 | 沟渠 | 指人工修建，南方宽度≥1.0m、北方宽度≥2.0m用于引、排、灌的渠道，包括渠槽、渠堤、取土坑、护堤林。 |
| | | 118 | 水工建筑用地 | 指人工修建的闸、坝、堤路林、水电厂房、扬水站等水位岸线以上的建筑物用地。 |
| | | 119 | 冰川 | 指表层被冰雪常年覆盖的土地。 |
| 12 | 其他用地 | | | 指上述地类以外的其他类型的土地。 |
| | | 121 | 空闲地 | 指城镇、村庄、工矿内部尚未利用的土地。 |
| | | 122 | 设施农用地 | 指直接用于经营性养殖的畜禽舍、工厂化作物栽培或水产养殖的生产设施用地及其相应附属用地，农村宅基地以外的晾晒场等农业设施用地。 |
| | | 123 | 田坎 | 主要指耕地中南方宽度≥1.0m、北方宽度≥2.0m的地坎。 |
| | | 124 | 盐碱地 | 指表层盐碱聚集，生长天然耐盐植物的土地。 |
| | | 125 | 沼泽地 | 指经常积水或浸水，一般生长沼生、湿生植物的土地。 |
| | | 126 | 沙地 | 指表层为沙覆盖、基本无植被的土地。 |
| | | 127 | 裸地 | 指表层为土质，基本无植被覆盖的土地；或表层为岩石、石砾，其覆盖面积≥70%的土地。 |

4. 对整个工作区域进行分类

可采用计算机自动分类，亦可采用薄膜在图像上目视判译分类。对判读出的各类地物按有关规程要求进行分类编号。

5. 按有关规程要求标绘各类界线

包括土地利用类别界线、特殊地物界线、公路、铁路交通线、水渠河流界线、土地权属界线等。

6. 地类面积量算和分类统计

按“层层控制、分级量算、按面积比例平差”的原则，进行地类面积量算和按图斑计算面积分类统计

7. 编绘整饰图件、打印

对相关整饰图件进行编绘、打印。

8. 编制土地利用现状调查报告

按有关规范要求进行。

## 二、实验目的和要求

通过实验了解遥感土地覆盖/利用现状调查的全过程，要求基本掌握遥感土地覆盖/利用现状调查的程序和方法。

## 三、实验内容

（1）学习遥感土地覆盖/利用现状调查的程序和方法。

（2）按照遥感土地覆盖/利用现状调查的程序和方法完成实验区土地覆盖/利用现状遥感调查，提交相应的图像、图件（土地利用分类图）、统计表格、文字报告。

## 四、实验步骤

（1）准备实验区遥感数据图像资料（如TM、SPOT、中巴卫星）。如果要求进行详细调查分类则需要准备相对应的大比例尺遥感图像或航空遥感图像资料。

（2）对遥感图像进行标准化处理，地理坐标配准、注记有关名称和数据。

（3）准备实验区同比例尺地理图：水系图、县、乡（镇）区划图、交通图、地形图及已有土地利用现状图等。

（4）准备工作用具和有关规程（分类系统、图式图例等）。

（5）根据已知先验前提建立遥感图像判读解译标志，建立计算机分类模型。

（6）对实验区遥感图像进行计算机分类试验，通过不断改善模型使分类达到最佳效果；亦可通过目视解译判识分类，并进行分类编号。

（7）按图斑进行面积计算。每个图斑面积计算两次并符合精度要求，取中数分类统计。

（8）编制实验区土地利用现状遥感调查报告及相应图件、统计表等。

## 五、注意事项与说明

（1）遥感图像的几何校正、辐射校正、山区地形起伏较大的地形校正是遥感土地覆

盖/利用现状调查的基础。

（2）遥感图像的空间分辨率的大小对土地覆盖/利用现状调查的精度影响很大，因此，针对不同比例遥感土地覆盖/利用现状调查的成图要求，应该选择相应的遥感图像。在遥感图像增强处理过程中，优先考虑利用遥感图像的融合技术来提高图像的空间分辨率，以利于土地覆盖/利用现状调查的工作。

（3）解译过程或计算机分类过程中，应该充分借鉴已有的判读标志和解译经验，在有可能的条件下结合野外工作，通过 GPS 对边界的精确定位进行，建立研究区的各类土地类型的判读标志。

# 项目九　遥感图像分类

## 任务一　非监督分类

### 一、预备知识

遥感图像分类是根据遥感图像中目标地物的波谱特征或者其他特征确定每个像元类别的过程，它是遥感图像识别解译的重要手段。根据是否需要分类人员事先提供已知类别及其训练样本，对分类器进行训练和监督，可将遥感图像分类方法划分为监督分类和非监督分类，这是分类中常用的方法，此外专家分类系统是近年来蓬勃发展的一个方向。

遥感图像分类的基本工作流程如下：

（1）预处理。分类前一般需要对原始图像进行预处理，包括图像的裁剪、辐射校正、几何校正等。由于图像预处理在前面项目中已有详细介绍，这里不再赘述。

（2）选择分类方法。在对原始遥感图像进行预处理的基础上，根据要求，结合实际情况及监督分类、非监督分类两种方法各自的优缺点，选择合适的分类方法。

（3）特征选取和提取。特征是分类的依据，对于遥感图像而言，特征是图像波段值和其他处理后的信息。一个波段就是一个特征。各个特征具有相同的样本或像素数。

原始遥感图像的特征彼此之间往往存在较强的相关性，不加选择地利用这些特征变量分类不但会增加多余的运算，反而会影响分类的准确性。因此，往往需要从原始图像 $n$ 个特征中通过处理选择 $k$ 个特征（$n>k$）来进行分类。

（4）进行分类。根据特征与分类对象的实际情况选择适当的分类方法。一般来说，非监督分类方法简单，不需要先验知识，当光谱与地物类别对应较好时比较适用。地物类别之间光谱差异很小或比较复杂时，使用监督分类方法比较好。

（5）分类后处理。由于分类过程是按像素逐个进行的，输出分类图中往往会出现成片的地物类别中有零星的异类像素散落分布的情况，其中许多是不合理的“类别噪声”。因此，要根据分类的要求进行分类后处理工作。

（6）精度检验、结果输出。对分类的精度与可靠性进行评价。进入传感器的信息由于受传感器空间分辨率和光谱分辨率的限制，常常是混合的地物信息。有时地物本身就是混合在一起的。总体上，受“同物异谱”、“异物同谱”影响，错分的情况普遍存在，图像分类后必须进行检验，错分像素及地块所占的比例越小，则分类结果越佳。

非监督分类用于在没有已知类别的训练数据的情况下，而且在一幅复杂的图像中分类选择训练区，有时并不能完全包括所有的波谱样式，造成一部分像元找不到归属。在实践中，为进行监督分类而确定类别和选取训练区也是不易的。因此，在开始分析图像时，用非监督分类方法来研究数据的本来结构及自然点群的分布情况是很有价值的。

在 ERDAS IMAGINE 中非监督分类是基于迭代自组织数据分析（ISODATA）算法实现的，ISODATA 算法实现步骤如下：

（1）确定凝聚点（参考点），也就是初始分类中心的确定，可以根据样品的一些特征（如计算各像元点的密度，取密度最大的点作为凝聚点），也可以等间距地取一些样品点，将它们的亮度值向量作为初始的聚类中心等。

（2）分类与调整，以上一步的参考点为中心，一般采用最小距离法，计算各像元到参考点的距离，并将它分到距离最近的那一类中，这个过程叫做一次迭代（循环），然后求出前一次迭代所生成的各类像元的均值向量，再以这些新的均值向量为新的参考中心，进行下一次迭代。这一步我们可以设置一些控制参数，对分类的过程进行调整和控制。

（3）终止条件，当上一步分类的某些参数达到这一条件时，就让分类终止，一般可以设定最多迭代次数和前后两次迭代结果各类像元改变的最大值，当达到其中任何一个条件时，分类即终止。

## 二、实验目的和要求

（1）掌握遥感图像非监督分类的流程及步骤。

（2）掌握 ERDAS 软件非监督分类的方法。

（3）掌握非监督分类的精度评定方法。

（4）掌握分类后处理方法。

## 三、实验内容

对一幅遥感图像，在做完增强处理、几何校正等工作之后，对其进行非监督分类。要求先做初始分类（图 9.1.1 左图），初始分类时的类别数应该是最终类别数的 2 倍以上，初始分类完成后再做分类后处理（图 9.1.1 右图）。最后对分类结果进行精度评定。精度评定的方法还可参见任务二中监督分类的精度评定方法。

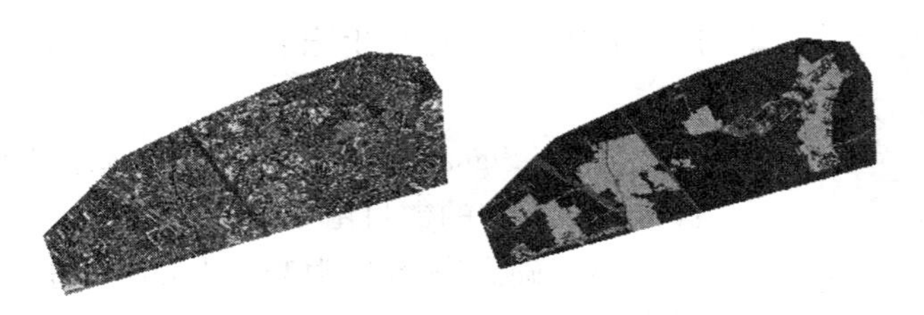

图 9.1.1　初始分类图像与分类后处理图像的对比

## 四、实验步骤

1. 分类过程

第一步：启动非监督分类。

调出非监督分类对话框的方法有以下两种：

（1）在 ERDAS 图标面板工具条中单击 DataPrep 图标，打开 Data Preparation 对话框，在对话框中单击 Unsupervised Classification 按钮，打开 Unsupervised Classification 对话框。

（2）在 ERDAS 图标面板工具条中单击 Classifier 图标，打开 Classification 对话框，在对话框中单击 Unsupervised Classification 按钮，打开 Unsupervised Classification 对话框。

可以看到，两种方法调出的 Unsupervised Classification 对话框是有一些区别的（图 9.1.2），从两者的比较来看，这使得方法二能通过导入外部已有的较好的分类模板进行分类，提高分类效率与精度。除此之外，两者相同。这里以方法二来进行非监督分类操作。

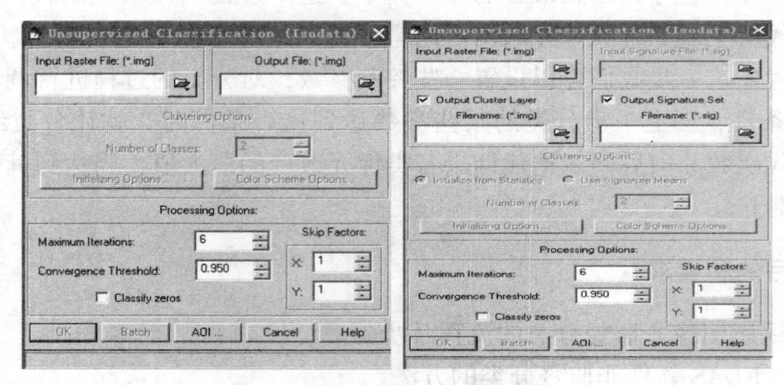


图 9.1.2　遥感图像非监督分类

第二步：进行非监督分类（图 9.1.3）。

（1）确定输入文件（Input Raster File），即要被分类的图像。

（2）确定输出文件（Output File），即将要产生的分类图像。

（3）选择生成分类模板文件（Output Signature Set），将产生一个模板文件。

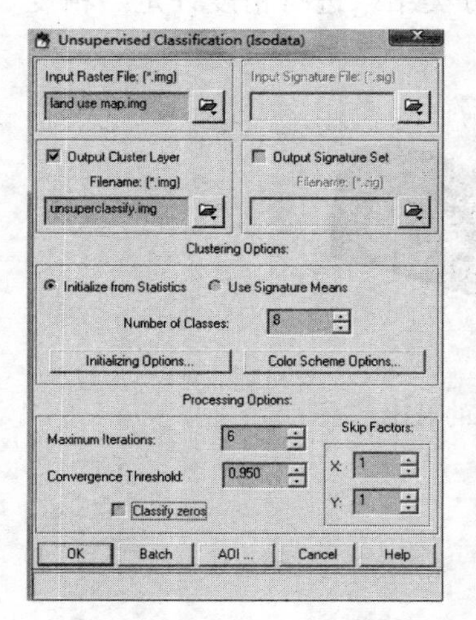


图 9.1.3　非监督分类参数设置

（4）确定分类模板文件（Filename）。

（5）确定聚类参数，两种方法详述如下：

①Initialize from Statistics 指由图像文件整体（或其 AOI 区域）的统计值产生自由聚类，分出类别的多少由自己决定。

②Use Signature Means 是基于选定的模板文件进行非监督分类，类别的数目由模板文件决定。

（6）确定初始分类数（Number of classes），如输入 8 则表示将分出 8 个类别，实际工作中一般将初始分类数取为最终分类数的两倍以上）。

（7）点击 Initializing options 按钮调出 File Statistics Options对话框以设置 ISODATA 的一些统计参数。

（8）点击 Color Scheme Options 按钮可以调出 output color Scheme Options 对话框以决定输出的分类图像是彩色的

还是黑白的。

前两个选项，即第7、第8步的设置一般使用缺省值即可。

(9) 定义最大循环次数（Maximum Iterations），最大循环次数是指ISODATA重新聚类的最多次数，这是为了避免程序运行时间太长或由于没有达到聚类标准而导致的死循环。一般在应用中将循环次数设置为6次以上。

(10) 设置循环收敛阈值（Convergence Threshold），收敛阈值是指两次分类结果相比保持不变的像元所占最大百分比，此值的设立可以避免ISODATA无限循环下去。

(11) 执行非监督分类，获得一个初步的分类结果。

2. 分类评价（Evaluate Classification）

获得一个初步的分类结果以后，可以应用分类叠加（Classification overlay）方法来评价检查分类精度。其方法如下：

第一步：显示原图像与分类图像。

在视窗中同时显示原始图像和分类图像，两个图像的叠加顺序为原始图像在下、分类图像在上。

第二步：打开分类图像属性并调整字段显示顺序。

在视窗工具条中点击图标（或者在Raster菜单项下选择Tools工具），打开Raster工具面板，并点击工具面板的图标（或者在视窗菜单条单击Raster再选中Attributes），从而打开属性表（Raster Attribute Editor对话框）。

属性表中的9个记录分别对应产生的8个类及Unclassified类，每个记录都有一系列的字段。如果想看到所有字段，需要用鼠标拖动浏览条，为了方便看到关心的重要字段，需要调整字段显示顺序。

在属性对话框菜单条单击Edit选中Column Properties，打开column properties对话框（图9.1.4）。

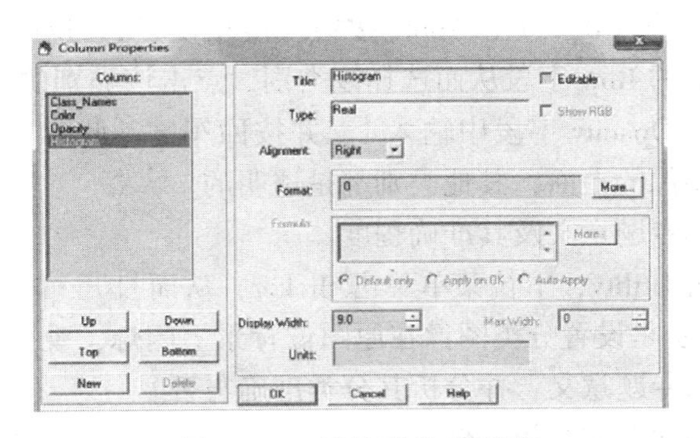


图9.1.4 属性列表对话框

在Columns中选择要调整显示顺序的字段，通过Up、Down、Top、Bottom等几个按钮调整其合适的位置，通过选择Display Width调整其显示宽度，通过Alignment调整其对齐方式。如果选择Editable复选框，则可以在Title中修改各个字段的名字及其他内容。

为了后续操作方便，通过属性对话框中字段顺序调整，得到如下显示顺序：class_names、opacity、color、Histogram（图 9.1.5）。

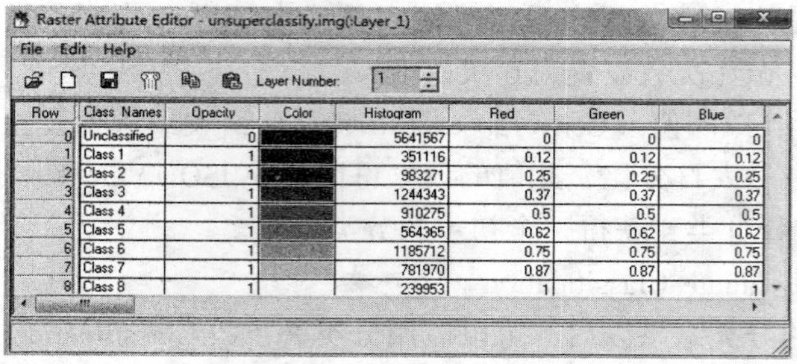

Raster Attribute Editor - unsuperclassify.img(:Layer_1)

File Edit Help

Layer Number: 1

| Row | Class Names | Opacity | Color | Histogram | Red | Green | Blue |
|---|---|---|---|---|---|---|---|
| 0 | Unclassified | 0 | | 5641567 | 0 | 0 | 0 |
| 1 | Class 1 | 1 | | 351116 | 0.12 | 0.12 | 0.12 |
| 2 | Class 2 | 1 | | 983271 | 0.25 | 0.25 | 0.25 |
| 3 | Class 3 | 1 | | 1244343 | 0.37 | 0.37 | 0.37 |
| 4 | Class 4 | 1 | | 910275 | 0.5 | 0.5 | 0.5 |
| 5 | Class 5 | 1 | | 564365 | 0.62 | 0.62 | 0.62 |
| 6 | Class 6 | 1 | | 1185712 | 0.75 | 0.75 | 0.75 |
| 7 | Class 7 | 1 | | 781970 | 0.87 | 0.87 | 0.87 |
| 8 | Class 8 | 1 | | 239953 | 1 | 1 | 1 |

图 9.1.5　分类图像属性表

第三步：给各个类别赋予相应的颜色（如果在分类时选择了彩色，这一步就可以省去）。

在属性对话框中点击一个类别的 Row 字段从而选中该类别，然后右键点击该类别的 Color 字段（颜色显示区），选择一种合适颜色。重复以上步骤直到给所有类别赋予合适的颜色。

第四步：不透明度设置。

由于分类图像覆盖在原图像上面，为了对单个类别的判别精度进行分析，首先要把其他所有类别的不透明程度（Opacity）值设为 0（即改为透明），而要分析的类别的透明度设为 1（即不透明）。

方法为：分类图像属性对话框中右键点击 Opacity 字段的名字，在 Column Options 菜单 Formula 项，从而打开 Formula 对话框（图 9.1.6）。在 Formula 对话框的输入框中（用鼠标点击右上数字区）输入 0，点击 Apply 按钮（应用设置）。返回 Raster Attribute Editor 对话框，点击一个类别的 Row 字段从而选择该类别，点击该类别的 Opacity 字段从而进入输入状态，在该类别的 Opacity 字段中输入 1，并按回车键。此时，在视窗中只有要分析类别的颜色显示在原图像的上面，其他类别都是透明的。

第五步：确定类别专题意义及其准确程度。

在视窗菜单条单击 Utility，下拉菜单单击 flicker，从而打开 viewer Flicker 对话框，并选择 Auto Mode。本小步是设置分类图像在原图像背景上闪烁，观察它与背景图像之间的关系从而断定该类别的专题意义，并分析其分类准确与否。

第六步：标注类别的名称和相应颜色。

在 Raster Attribute Editor 对话框点击刚才分析类别的 Row 字段，从而选中该类别，在该类别的 Class Names 字段中输入其专题意义（如水体），并按回车键。右键点击该类别的 Color 字段（颜色显示区），选择一种合适的颜色（如水体为蓝色）（图 9.1.1 右图）。

重复以上第四、五、六三步直到对所有类别都进行了分析与处理。注意，在进行分类叠加分析时，一次可以选择一个类别，也可以选择多个类别同时进行。

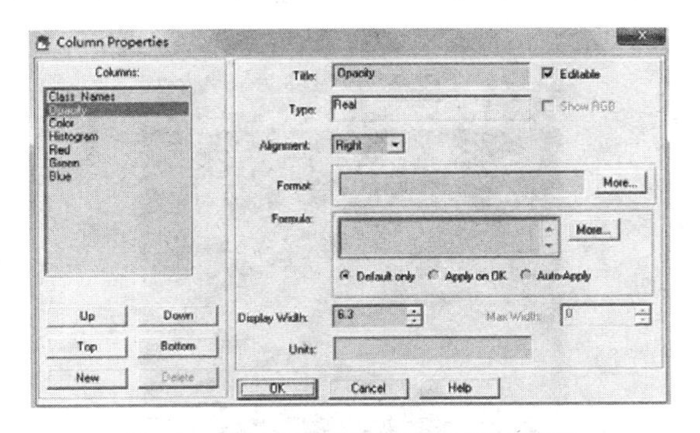


图 9.1.6　属性列表变量设置对话框

3. 分类后处理

无论非监督分类还是监督分类，都是按照图像光谱特征进行聚类分析的，因此，都带有一定的盲目性。所以，对获得的分类结果需要再进行一些处理工作，才能得到最终相对理想的分类结果，这些处理操作统称为分类后处理。由于分类结果中都会产生一些面积很小的图斑，因此无论从专题制图的角度，还是从实际应用的角度考虑，都有必要对这些小图斑进行剔除。ERDAS 系统的 GIS 分析命令中的 Clump、Sieve、Eliminate 等工作可以联合完成小图斑的处理（图 9.1.7）。

（1）聚类统计（Clump）。在 ERDAS 工具条中依次单击 Interpreter-GIS Analysis-Clump，启动如图 9.1.8 所示的聚类统计对话框。

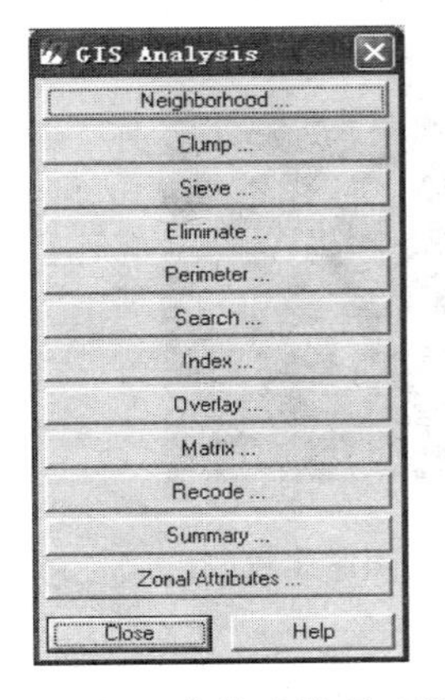


图 9.1.7　分类后处理工具

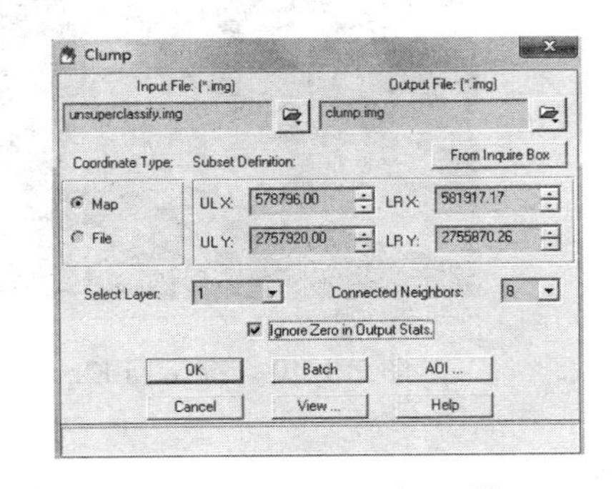


图 9.1.8　聚类统计对话框

在 Clump 对话框中在 Input File 项设定分类后专题图像名称及全名，在 Output File 项设定过滤后的输出图像名称及路径。并根据实际需求分别设定其他各项参数名称。单击 OK 按钮，执行聚类统计分析。

聚类统计（Clump）是通过对分类专题图像计算每个分类图斑的面积、记录相邻区域中最大图斑面积的分类值等操作，产生一个 Clump 类组输出图像，其中每个图斑都包含

Clump 类组属性。该图像是一个中间文件，用于进行下一步处理（图 9. 1. 9）。

图 9. 1. 9　聚类统计结果

（2）过滤分析（Sieve）。在 ERDAS 工具条中依次单击 Interpreter-GIS Analysis-Sieve，启动过滤分析对话框。

过滤分析（Sieve）功能是对经 Clump 处理后的 Clump 类组图像进行处理，按照定义的数值大小，删除 Clump 图像中较小的类组图斑，并给所有小图斑赋予新的属性值 0。显然，这里引出了一个新的问题，就是小图斑的归属问题。可以与原分类图对比确定其新属性，也可以通过空间建模方法，调用 Delerows 或 Zonel 工具进行处理。Sieve 经常与 Clump 命令配合使用，对于无需考虑小图斑归属的应用问题，有很好的作用（图 9. 1. 10 及图 9. 1. 11 左图）。

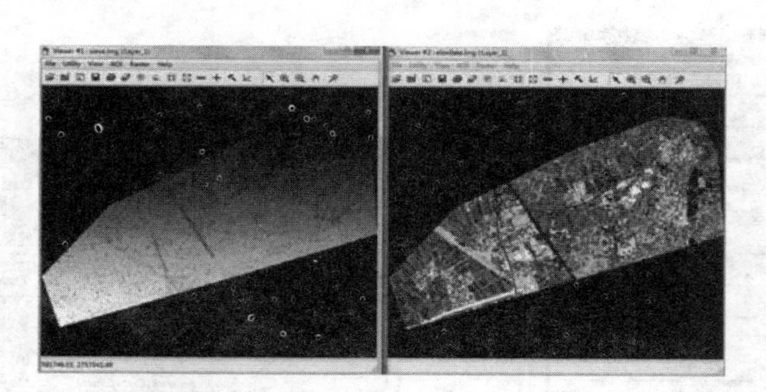

图 9. 1. 10　Sieve 与 Elimilate 处理后图像比较

（3）去除分析（Eliminate）。在 ERDAS 工具条中依次单击 Interpreter-GIS Analysis- Eliminate，启动去除分析对话框。

去除分析是用于删除原始分类图像中的小图斑或 Clump 聚类图像中的小 Clump 类组，与 sieve 命令不同，将删除的小图斑合并到相邻的最大的分类当中，而且，如果输入图像是 Clump 聚类图像，经过 Eliminate 处理后，将小类图斑的属性值自动恢复为 Clump 处理前的原始分类编码。显然，Eliminate 处理后的输出图像是简化了的分类图像（图 9. 1. 10 及图 9. 1. 11 右图）。

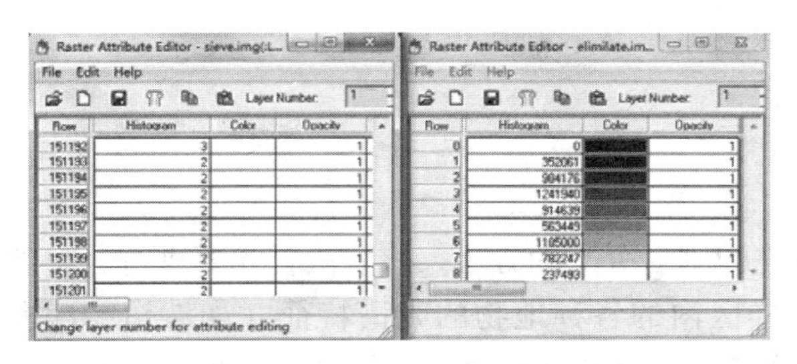


图 9. 1. 11　Sieve 与 Elimilate 处理后属性比较

（4）分类重编码（Recode）。在 ERDAS 工具条中依次单击 Interpreter-GIS Analysis-Recode，启动分类重编码对话框（图 9. 1. 12 左图），单击 Setup Recode，在 New Value 一栏中将相同的类别用相同的数字表示（图 9. 1. 12 右图），即进行类别的合并。注意 Recode 最终分类的类别数目取决于 New Value 的最大值，并且分得的类别值是从 0 自然增加到最大 Value 值的。

作为分类后处理命令之一的分类重编码，主要是针对非监督分类而言的，由于非监督分类之前，用户对分类地区没有什么了解，所以在非监督分类过程中，一般要定义比最终需要多一定数量的分类数；在完全按照像元灰度值通过 ISODATA 聚类获得分类方案后，首先是将专题分类图像与原始图像对照，判断每个分类的专题属性，然后对相近或类似的分类通过图像重编码进行合并，并定义分类名称和颜色。当然，分类重编码还可以用在很多其他方面，作用有所不同。

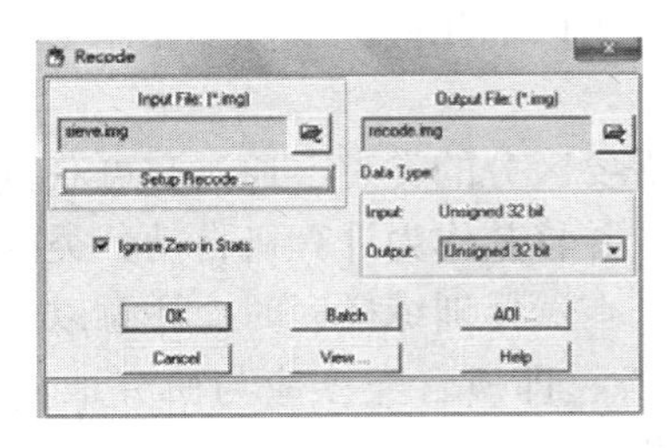


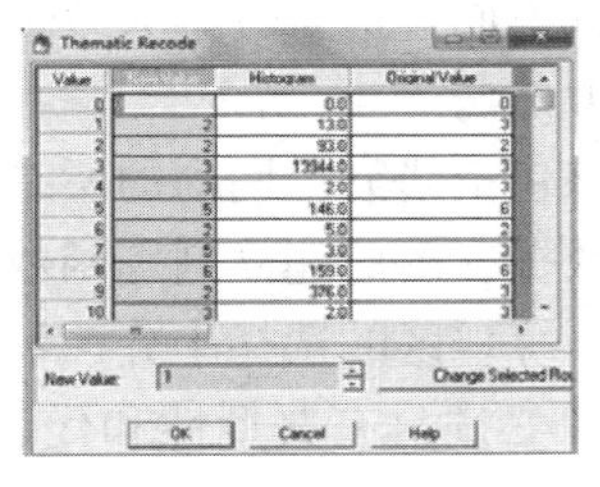


图 9. 1. 12　分类重编参数设置

## 五、注意事项及说明

（1）初始分类时的类别数一定是最终类别数的 2 倍以上。

（2）过滤分析与去除分析原理不同，过滤分析处理后的类别数仍然很多，而去除分析处理后所得结果的类别数是初始分类的类别数。

（3）重编码后所得类别的数目取决于 Thematic Recode 对话框中 New Value 的最大值，且类别数目一定是以 0，1，2，…等自然数形式逐渐递增的，因此在设置 New Value 时务必检查所输入的数值。

# 任务二　监 督 分 类

## 一、预备知识

监督分类是一种先识别后分类的方法。该方法首先要进行分类训练，即选择一些有代表性的实验样区，用样区内的各种地物的光谱特征（如波谱响应曲线）来训练计算机，使计算机取得识别分类判别规则的先验知识，再根据这些先验知识来对未知类别像素进行分类识别。

监督分类比非监督分类更多地要求用户来控制，常用于对研究区域比较了解的情况下。在监督分类过程中，首先选择可以识别或者借助其他信息可以断定其类型的像元建立模板，然后基于该模板使计算机系统自动识别具有相同特性的像元。对分类结果进行评价后再对模板进行修改，多次反复后建立一个比较准确的模板，并在此基础上最终进行分类。监督分类一般要经过以下几个步骤：建立模板（训练样本）、评价模板、确定初步分类结果、检验分类结果、分类后处理、分类特征统计、栅格矢量转换。

监督分类又称为训练场地法或先学习后分类法。它是先选择有代表性的实验区（训练样区），训练样区就是我们的先验知识，可以是感兴趣区，也可以是单个像元的波谱特征，这些先验知识来源于我们的野外调查、地形图或目视判读等。训练样区的数目就是我们要分的类数，选择好训练样区后，计算机对训练样区进行“学习”，得到每个训练组数据（已知类别）的均值向量和标准差向量（或协方差矩阵），这是在用马氏距离和最大似然函数作为判别规则时要用到的统计量。最后根据所选定的判别规则对像元进行分类。根据判别规则的选择不同，监督分类大致可分为以下几种：平行多面体法、最小距离法、马氏距离法和最大似然法。

训练样区应该包括研究范围内的所有需要区分的类别，通过它可获得需要分类的地物类型的特征光谱数据，由此建立判别函数，并将其作为计算机自动分类的依据。因此，在监督分类法中，训练样区的选择十分关键，在选择训练样区时应注意以下几个问题：

（1）训练样区必须具有典型性和代表性，即所含类型应与研究地域所要区分的类别一致，且训练场地的样本应在各类地物面积较大的中心部分选择，而不应在各类地物的混交地区或类别的边缘选取，以保证数据具有典型性，从而确保能进行准确的分类。

（2）在确定训练场样区的类别专题属性的信息时，应确定所使用的地图，实地勘察等信息应该与遥感图像保持时间上的一致性，防止地物随时间变更而引起的分类模板设定错误。

（3）在训练场样本数目的确定上，为了参数估计结果比较合理和便于分类后处理，样本数应当增多而又不至于使计算量过大，在具体分类时要看对图像的了解程度和图像本身的情况来确定提取的样本数量。

（4）训练区样本选择后可做直方图，观察所选样本的分布规律，一般要求是单峰，近似于正态分布曲线。如果是双峰，则类似两个正态分布曲线重叠，则可能是混合类别，需要重做。

## 二、实验目的和要求

（1）掌握遥感图像监督分类的流程。

（2）掌握 ERDAS 软件进行监督分类的方法。

（3）理解监督分类与非监督分类的区别。

## 三、实验内容

对一幅遥感图像先做增强、校正等处理之后，运用 ERDAS 的 Classifier 模块进行图像的监督分类。第一步，进行模板编辑，同时进行模板精度的评定，符合要求的模板才可用于图像的分类；第二步，利用先前建立的模板进行监督分类；第三步 ，分类结果的精度评定；第四步，分类后处理，得到一幅图面纯净的分类图像。

## 四、实验步骤

前面已经谈到，监督分类一般有以下几个步骤：定义分类模板（Define Signatures）、评价分类模板（Evaluate Signatures）、进行监督分类（Perform Supervised Classification）、评价分类结果（Evaluate Classification）。当然，在实际应用过程中，可以根据需要执行其中的部分操作。

1. 定义分类模板（Define Signature Using signature Editor）

ERDAS 的监督分类是基于分类模板（Classification Signature）来进行的，而分类模板的生成、管理、评价和编辑等功能是由分类模板编辑器（Signature Editor）来负责的。毫无疑问，分类模板编辑器是进行监督分类一个不可缺少的组件。

在分类模板编辑器中生成分类模板的基础是原图像或其特征空间图像。因此，显示这两种图像的视窗也是进行监督分类的重要组件。

第一步：显示需要分类的图像。

在视窗中显示 germtm. img（Red4/Green5/B1ue3 选择 Fit to Frame，其他使用缺省设置）。

第二步：打开模板编辑器并调整显示字段。

显示 ERDAS 图标面板工具条，点击模块 Classifier | Signature Editor 命令，打开 Signature Editor 窗口（图 9. 2. 1）。

从图中可以看到有很多字段，有些字段对分类的意义不大，我们希望不显示这些字段，所以要进行如下调整：

在 Signature Editor 窗口菜单条，单击 View | Columns 命令，打开 View signature columns 对话框，单击第一个字段的 Column 列并向下拖拉直到最后一个字段，此时，所有字段都被选择上，并用黄色（缺省色）标识出来。按住 shift 键的同时分别点击 Red、Green、Blue 三个字段，Red、Green、Blue 三个字段将分别从选择集中被清除。

第三步：获取分类模板信息。

可以分别应用 AOI 绘图工具、AOI 扩展工具和查询光标等三种方法，在原始图像或特征空间图像中获取分类模板信息。在实际工作中也许只用一种方法就可以了，也许要将几

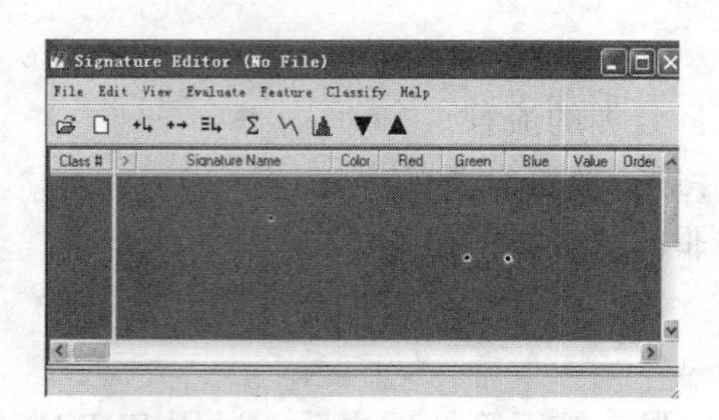


图 9.2.1　Signature Editor

种方法联合应用。

本示例以应用 AOI 绘图工具在原始图像获取分类模板信息为例。

在显示原始图像的视窗中点击图标（或者选择 Raster 菜单下的 Tools 菜单），打开 Raster 工具面板，点击 Raster 工具面板的图标，在视窗中选择绿色区域（农田），绘制一个多边形 AOI（图 9.2.2）。

图 9.2.2　建立样区模板

在 Signature Editor 窗口，单击 Create New Signature 图标，将多边形 AOI 区域加载到 Signature Editor 分类模板属性表中。

重复上述两步操作过程，选择图像中认为属性相同的多个绿色区域绘制若干个多边形 AOI，并将其作为模板依次加入到 Signature Editor 分类模板属性表中。

按下 Shift 键，同时在 Signature Editor 分类模板属性表中依次单击选择 Class#字段下面的分类编号，将上面加入的多个绿色区域 AOI 模板全部选定。

在 Signature Editor 工具条，单击 Merge Signatures 图标，将多个绿色区域 AOI 模板合并，生成一个综合的新模板，其中包含了合并前的所有模板像元属性。

在 Signature Editor 菜单条，单击 Edit | Delete，删除合并前的多个模板。

在 Signature Editor 属性表，改变合并生成的分类模板的属性，包括名称与颜色分类名称（Signature Name）：Agriculture/颜色（Color）：绿色。

重复上述所有操作过程，根据实地调查结果和已有研究结果，在图像窗口选择绘制多个黑色区域 AOI（水体），依次加载到 Signature Editor 分类属性表，并执行合并生成综合的水体分类模板，然后确定分类模板名称和颜色。

同样重复上述所有操作过程，绘制多个蓝色区域 AOI（建筑）、多个红色区域 AOI（林地）等，加载、合并、命名、建立新的模板。

如果将所有的类型都建立了分类模板，就可以保存分类模板（图 9.2.3）。

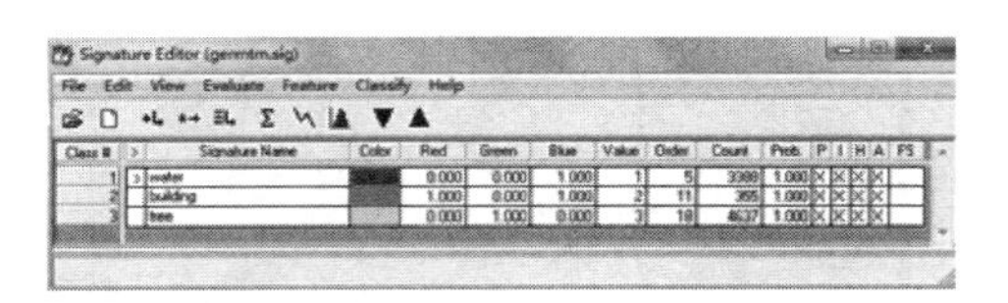

图 9.2.3　将选择样区添加到分类

2. 评价分类模板（Evaluating Signatures）

分类模板建立之后，就可以对其进行评价、删除、更名、与其他分类模板合并等操作。ERDAS Imagine 9.2 提供的分类模板评价工具包括分类预警、可能性矩阵、特征对象、图像掩膜评价、直方图方法、分离性分析和分类统计分析等工具。这里向大家介绍可能性矩阵评价分类模板的方法。

可能性矩阵（Contingency Matrix）评价工具是根据分类模板分析 AOI 训练样区的像元是否完全落在相应的种别之中。通常都期望 AOI 区域的像元分到它们参与练习的种别当中，实际上 AOI 中的像元对各个类都有一个权重值，AOI 练习样区只是对种别模板起一个加权的作用。可能性矩阵的输出结果是一个百分比矩阵，它说明每个 AOI 练习区中有多少个像元分别属于相应的种别。可能性矩阵评价工具操作过程如下：

（1）在 Signature Editor 分类属性表中选中所有的类别，然后依次单击 Evaluation—Contingency—Contingency Matrix 命令，弹出如图 9.2.4 所示的对话框。

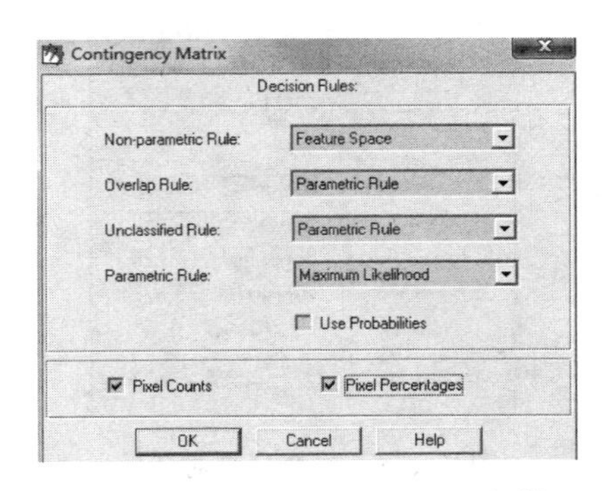


图 9.2.4　Contingency Matrix 对话框

（2）在 Contingency Matrix 中，设定相应的分类决策参数。一般设置 Non-parametric Rule 参数为 Feature Space，设置 Overlay Rule 参数以及 Unclassified Rule 参数为 Parametric Ru1e，设置 Parametric Rule 为所提供的 3 种分类方法中的一种均可。同时选中 Pixel Counts

和 Pixel Percentages。

（3）单击 OK 按钮。进行分类误差矩阵计算，并弹出文本编辑器，显示分类误差矩阵（图 9.2.5）。

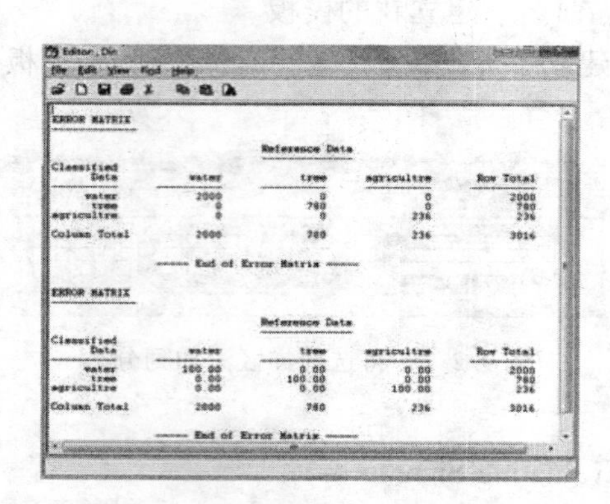


图 9.2.5　分类模板可能性矩阵评价

在分类误差矩阵中，表明了 AOI 训练样区内的像元被误分到其他类别的像元数目。可能性矩阵评价工具能够较好地评定分类模板的精度，如果误分的比例较高，则说明分类模板精度低，需要重新建立分类模板。

3. 执行监督分类（Perform Supervised Classification）

在 ERDAS 的 Classifier 模板中单击 Supervised Classification 按钮，打开 Supervised Classification 对话框（图 9.2.6）。

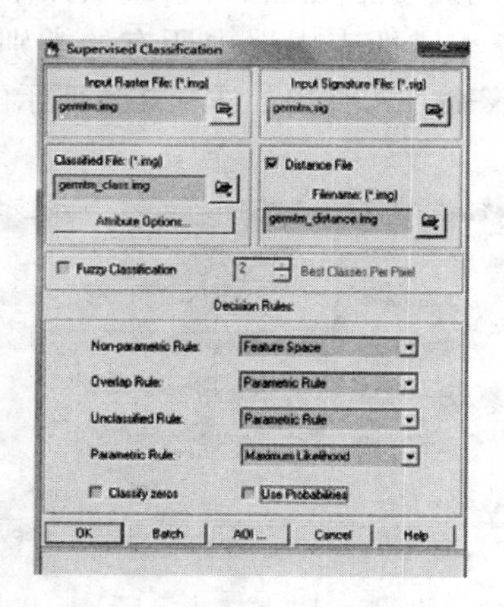


图 9.2.6　监督分类对话框

在 Supervised Classification 对话框中，主要需要确定下列参数：确定分类模板文件（Input Signature File）、选择输出分类距离文件（Distance File）、选择非参数规则（Non_parametric Rule）、选择叠加规则（Overlap Rule）、选择未分类规则（Unclassified Rule）、

选择参数规则（Parametric Rule）。

说明：在 Supervised Classification 对话框中，还可以定义分类图的属性表项目（Attribute Options）。通过 Attribute Options 对话框，可以确定模板的哪些统计信息将被包括在输出的分类图像层中。这些统计值是基于各个层中模板对应的数据计算出来的，而不是基于被分类的整个图像。

4. 评价分类结果（Evaluate classification）

执行了监督分类之后，需要对分类效果进行评价，ERDAS 系统提供了多种分类评价方法，包括分类叠加（classification overlay）、定义阈值（thresholding）、分类重编码（recode classes）、精度评估（accuracy assessment）等，下面有侧重地进行介绍。

（1）分类叠加。分类叠加就是将专题分类图像与分类原始图像同时在一个视窗中打开，将分类专题层置于上层，通过改变分类专题的透明度（Opacity）及颜色等属性，查看分类专题与原始图像之间的关系。对于非监督分类结果，通过分类叠加方法来确定类别的专题特性，并评价分类结果。对监督分类结果，该方法只是查看分类结果的准确性。本方法的具体操作过程参见本项目任务一非监督分类的分类评价。

（2）阈值处理法。阈值处理法首先确定哪些像元最有可能没有被正确分类，从而对监督分类的初步结果进行优化。用户可以对每个类别设置一个距离阈值，系统将有可能不属于该类别的像元筛选出去，筛选出去的像元在分类图像中将被赋予另一个分类值。其操作流程如下：

①在 ERDAS 工具栏中依次单击 Classifier-Threshold，启动如图 9.2.7 左图所示的阈值处理窗口。

② 在 Threshold 窗口中，依次单击 File-Open 命令，在弹出的 Open 对话框中设置分类专题图像以及分类距离图像的名称及路径，然后关闭对话框。

③ 在 Threshold 窗口中，依次单击 View-Select View 命令，关联分类专题图像的窗口。然后单击 Histograms-Computer 命令计算各个类别的距离直方图（图 9.2.7 右图）。

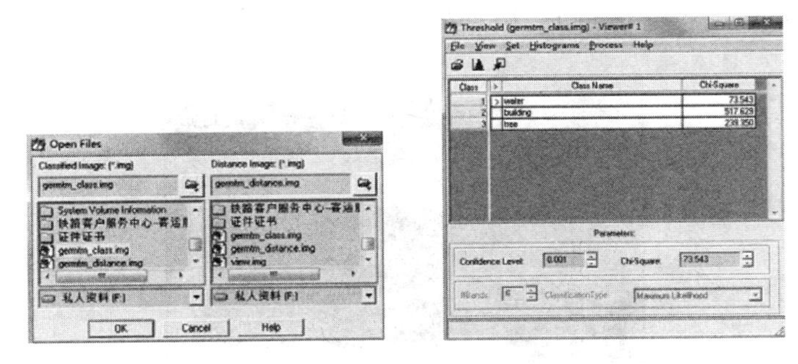

图 9.2.7　确定文件及选择阈值

④在 Threshold 窗口的分类属性表格中，移动“>”符号到指定的专题类别旁，选定某个专题类别，然后在菜单条单击 Histograms-View 命令，显示选中类别的距离直方图（图 9.2.8 左图）。

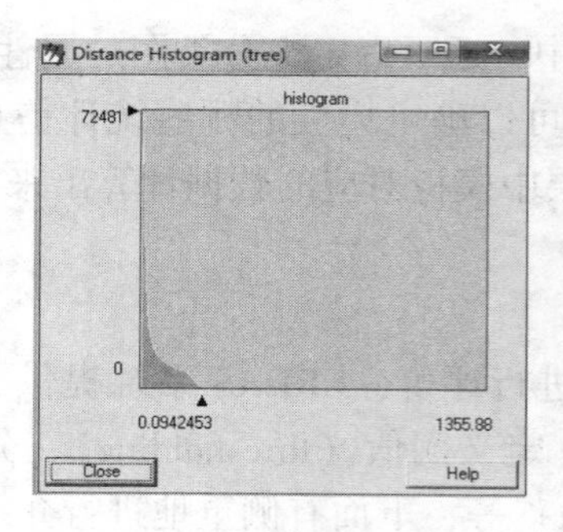

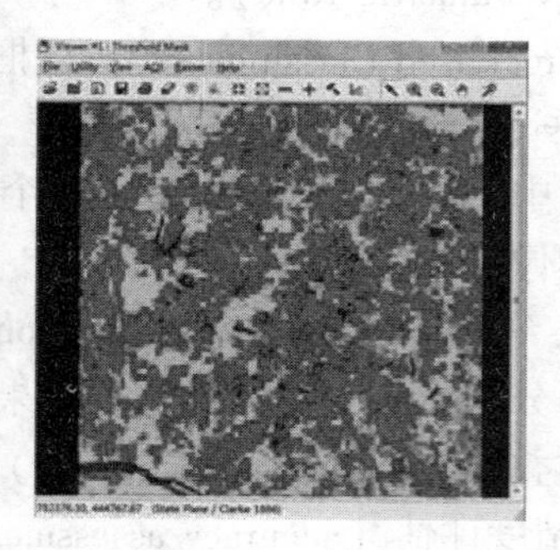

图 9.2.8　距离直方图与阈值掩膜图

⑤拖动 Distance Histogram 中的 X 轴上的箭头到想设置的阈值的位置，此时，Threshold中的 Chi-square 值自动变化。然后重复④和⑤，设定每个类别的阈值。

⑥在 Threshold 窗口菜单中单击 Process-To Viewer 命令，此时阈值图像将显示在所关联的分类图像上，形成一个阈值膜层（图 9.2.8 右图）。同样地，可以使用叠加显示功能来直观地查看阈值处理前后的分类变化。

⑦在 Threshold 窗口菜单中单击 Process-To Flie 命令，保存阈值处理图像。

（3）分类重编码。对分类像元进行了分析之后，可能需要对原来的分类重新进行组合（如将林地 1 与林地 2 合并为林地），给部分或所有类别以新的分类值，从而产生一个新的专题分类图像。该功能的详细介绍和具体操作参见本项目任务一非监督分类的分类后处理。

（4）分类精度评估。分类精度评估是将专题分类图像中的特定像元与已知分类的参考像元进行比较，实际工作中常常是将分类数据与地面真值、先前的试验地图、航空相片或其他数据进行对比。其操作过程如下：

① 首先在 Viewer 中打开分类前的原始图像，然后在 ERDAS 图标面板工具条中依次单击 Classifier-Accuracy Assessment，启动如图 9.2.9 所示的精度评估方法。

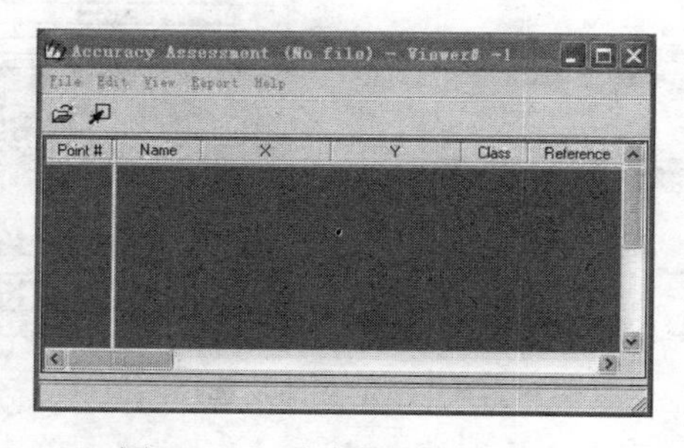


图 9.2.9　分类精度评估窗口

②在 Accuracy Assessment 窗口，依次单击菜单 File-Open，在打开的 Classified Image 对话框中打开所需要评定分类精度的分类图像，单击 OK 返回 Classified Image 对话框。

③在 Accuracy Assessment 对话框，依次单击菜单 View-Select View，关联原始图像窗口和精度评估窗口。

④ 在 Accuracy Assessment 对话框，依次单击菜单 View-Change Colors，在 Change colors 中分别设定 Points with no Reference 以及 Points with Reference 的颜色。如图 9.2.10 所示。

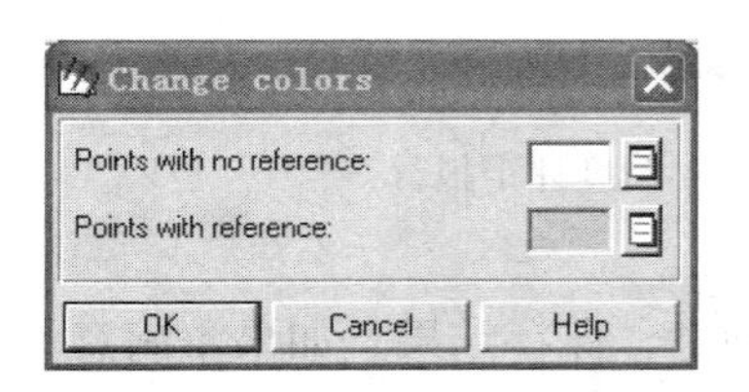


图 9.2.10　Change Colors 对话框

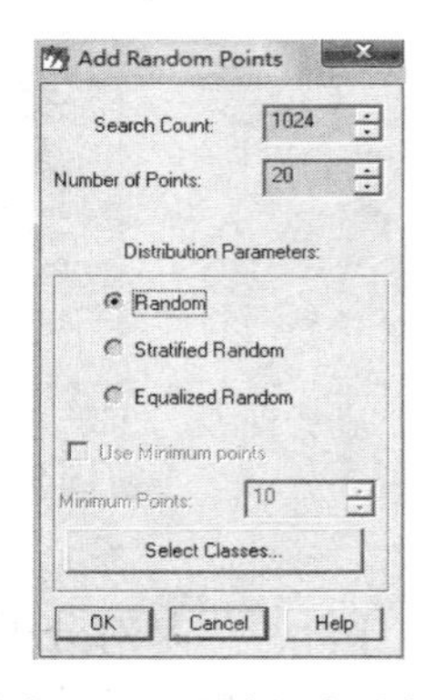


图 9.2.11　随机点选择

⑤在 Accuracy Assessment 窗口中，依次单击菜单 Edit—Create/Add Random Points 命令，弹出如图 9.2.11 所示的 Add Random Points 对话框。

在 Add Random Points 对话框中，分别设定 search Count 项以及 Number of Point 项参数，在 Distribution Parameters 设定随机点的产生方法为 Random，然后单击 OK 返回精度评定窗口。

⑥在精度评定窗口，单击菜单 View-Show All 命令，在原始图像窗口显示产生的随机点，单击 Edit-Show Class Values 命令在评定窗口的精度评估数据表中显示各点的类别号。

⑦在精度评定窗口中的精度评定数据表中输入各个随机点的实际类别值（图 9.2.12）。

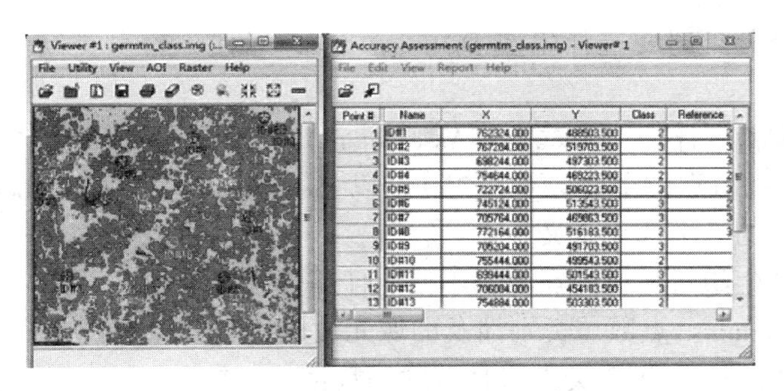


图 9.2.12　判断随机点类别

⑧在精度评定窗口中，单击菜单 Report-Options 命令，设定分类评价报告输出内容选

项。单击 Report-Accuracy Report 命令生成分类精度报告（图 9.2.13）。

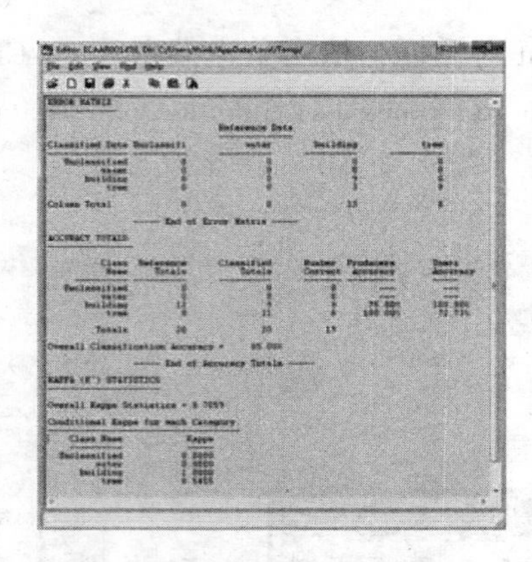


图 9.2.13　分类精度评定报告

通过对分类的评价，如果对分类精度满意，保存结果。如果不满意，可以进一步做有关的修改，如修改分类模板等，或应用其他功能进行调整。

5. 分类后处理

无论监督分类还是非监督分类，都是按照图像光谱特征进行聚类分析的，因此，都带有一定的盲目性。所以，对获得的分类结果需要再进行一些处理工作，才能得到最终相对理想的分类结果，这些处理操作就统称为分类后处理。具体操作参见本项目任务一非监督分类的分类后处理工作。

## 五、注意事项及说明

（1）定义分类模板的方法很多，其中包括 AOI 绘图工具和 AOI 扩展工具使用方便。

（2）在模板编辑器中将多个样本合并成一类之后，一定要将先前采集的样本删除，并且调整合并之后各个类别的 Value 值，系统默认 Value 的取值范围是从 0 开始，以自然数递增，直到 Value 的最大值。

（3）执行监督分类时，选择生成 Distance File，以便评价分类结果时选用阈值处理方法。

（4）在用分类精度评估（Accuracy Assessment）评价分类结果时，如果是做一个正式的分类评价，要求随机点的个数必须在 250 个以上（图 9.2.11 中 Number of Points）。Distribution Parameters 的三个选项含义如下：

- Random：产生绝对随机的点位，不使用任何强制性规则；
- Stratified Random：点数与类别涉及的像元数成比例；
- Equalized Random：每个类别将具有同等数目的比较点。

# 项目十　遥感专题制图

## 任务一　遥感图像地图

### 一、预备知识

遥感制图是指利用航空或航天遥感图像资料制作或更新地图的技术，其具体成果包括遥感图像地图和遥感专题地图。遥感图像地图是一种以遥感图像和一定的地图符号来表现制图对象地理空间分布和环境状况的地图。在遥感图像地图中，图面内容要素主要由图像构成，辅助以一定地图符号来表现或说明制图对象。由于遥感图像地图结合了遥感图像与地图的各自优点，比遥感图像具有可读性和可测量性，比普通地图更加客观真实，信息量更加丰富，因此日益受到人们的重视。遥感专题地图是在遥感图像中突出并较完备地表示一种或几种自然要素或社会经济要素，如土地利用专题图、植被类型图等，这些专题内容是通过遥感图像信息增强和符号注记来予以突出表现的。

遥感图像地图的制作包括图像的校正、线画要素的制作和图廓整饰三部分。

对于图像校正，首先在图像图区域内，均匀选取足够数量（根据校正模型）的控制点，按照多项式校正法或者共线方程法进行几何校正。控制点的坐标可以从与制作出的图像地图比例尺相当的地形图上读取，也可以通过 GPS 等其他测量手段获得。遥感图像图的制图比例尺一般按照 1m 分辨率的遥感图像可制作 1∶1 万的地图为参考。制图精度应根据校正模型将平面误差控制在 1～1.5 个像元。

对于线画要素的制作，图像上能清楚显示的要素均以图像表示，而不用符号表示，如河流、湖泊，山体，海岸等；图像上能清楚显示，而不能很好区分其位置和特征，用说明注记表示；图像上重要地物在无法识别时用符号表示，如居民地、道路；图像没有的内容用符号和注记表示，如高程注记、河流流向、山名等。

遥感图像地图制作方法如下：

（1）遥感图像信息选取与数字化。根据图像制图要求，选取合适时相、恰当波段与指定地区的遥感图像，需要镶嵌的多景遥感图像宜选用同一颗卫星获取的图像或胶片，非同一颗卫星图像时，也应选择时相接近的图像或胶片，检查所选的图像质量，制图区域范围内不应有云或云量低于 10%。

对航空相片或图像胶片需要数字化。扫描的图像反差应适中，尽量保持原图像信息不损失，不产生灰度拖尾现象。

（2）地理信息底图的选取与数字化。采用地理基础底图对遥感图像几何校正，首先需要对地理底图数字化。

(3) 遥感图像几何校正与图像处理。几何校正的目的是提高遥感图像与地理基础底图的复合精度，遥感图像几何校正精度与在图像和地形图上选取同名地物控制点密切相关，其选取原则如下：尽量选取相对永久性地物，如道路交叉点、大桥或水坝等；所选地物控制点应均匀分布，一景遥感图像范围内的地物控制点不少于 20 个。

地物控制点应按顺序编号，自上而下，自左而右，同名地物控制点编号必须一致，以避免配准过程中因同名地物控制点编号不一致出现的错误。

设图像图和地形图上有 $k$ 个同名地物点，这些同名地物点在图像图中记为 $T_1$、$T_2$，…，$T_k$，在地形图中记为 $T'_1$，$T'_2$，…，$T'_k$，令 $T_{ix}$ 表示图像图中控制点的 $X$ 坐标，$T_{iy}$ 表示图像图中控制点的 $Y$ 坐标，$T_{iy}$ 表示地形图中控制点的 $X$ 坐标，$T'_{ix}$ 表示地形图中控制点的 $Y$ 坐标，这里 $i=1$，2，…，$k$。

计算同名地物点方差与单点最大误差公式如下：

$$M = \frac{1}{k-1}\sum_{i=1}^{k}\sqrt{(T_{ix}-T'_{ix})^2+(T_{iy}-T'_{iy})^2} \qquad i=1,\ 2,\ \cdots,\ k$$

$$\mathrm{SME} = \max\left(\sqrt{(T_{ix}-T'_{ix})^2+(T_{iy}-T'_{iy})^2}\right) \qquad i=1,\ 2,\ \cdots,\ k$$

其中，$M$ 为同名地物点方差，SME 为单点最大误差。这里规定，图像配准允许最大误差为小于或等于 1 个像素，同名地物点总方差阈值 $E=1$ 像元，单个同名地物点最大误差阈值 $e=0.5$ 像元。如果 SME$<e$，且 $M<E$，说明达到配准精度要求。若 SME$>e$，或 $M>E$，则需要重新进行数字图像与地理底图之间配准。

进行图像几何校正，校正的图像应附有地理坐标，图像的灰度动态范围可不做调整。

图像处理的目的是消除图像噪音，去除少量云朵，增强图像中的专题内容。

(4) 遥感图像镶嵌与地理基础底图拼接。如果制图区域范围很大，一景遥感图像不能覆盖全部区域，或一幅地理基础底图不能覆盖全部区域，这就需要进行遥感图像镶嵌或地理基础底图拼接。

镶嵌过程可以利用通用遥感图像处理软件，也可针对图像特点开发专用图像镶嵌软件。镶嵌的质量要求在不同图像之间接缝处几何位置相对误差不大于 1 个像元。图像之间灰度过渡平缓、自然，接缝处过渡灰度均值不大于两个灰度等级，并看不出拼接灰度的痕迹。镶嵌后的图像是一幅信息完整、比例尺统一和灰度一致的图像。

多幅地理基础底图拼接可以利用 GIS 提供的底图拼接功能进行，依次利用两张底图相邻的四周角点地理坐标进行拼接，将多幅地理基础底图拼接成一幅信息完整、比例尺统一的制图区域底图。

(5) 地理基础底图与遥感图像复合。遥感图像与地理底图的复合是将同一区域的图像与图形准确套合，但它们在数据库中仍然是以不同数据层的形式存在的。遥感图像与地理底图复合的目的是提高遥感图像地图的定位精度和解译效果。

卫星数字图像与地理底图之间复合操作如下：

利用多个同名地物控制点做卫星数字图像与数字底图之间的位置配准；将数字专题地图与卫星数字图像进行重合叠置。

(6) 符号注记图层生成。地图符号可以突出地表现制图区域内一种或几种自然要素或社会经济要素，例如人口密度、行政区划界线等。尽管地表现象种类繁多，变化复杂，但从现象的空间分布来看，可以将它们归纳为点状、线状、面状地物。对于点状分布地物，常用定点符号法表示；对于线状分布地物则多用线状符号法表示；对间断、成片分布的地物或现象来说，主要用范围法表示；对连续而布满某个区域的地物，可选择等值线法和定位图表法、分区统计图表法来表示。

注记是对某种地物属性的补充说明，如在图像图上可注记街道名称、山峰和河流名称，标明山峰的高程，这些注记可以提高图像地图的易读性。

符号和注记可以利用图形软件交互式添加在新的数据图层中。

（7）图像地图图面配置。图面配置的要求是保持图像地图上信息量均衡和便于用图者使用。合理设计与配置地图图面可以提高图像地图表现的艺术性。图面配置的内容包括：

①图像地图放置的位置：一般将图像地图放在图的中心区域，以便突出与醒目。

②添加图像标题：图像标题是对制图区域与图像特征的说明，图像标题字号要醒目，通常放在图像图上方或左侧。

③配置图例：为便于阅读遥感图像，需要增加图例来说明每种专题内容。图例一般放在图像地图中的右侧或下部位置。

④配置参考图：参考图可以对图像图起到补充或者说明作用，参考图可以作为平衡图面的一种手段，放在图的四周任意位置。

⑤放置比例尺：比例尺一般放在图像图下部右侧。

⑥配置指北箭头：指北箭头可以说明图像图的方向，通常将指北箭头放在图像图右侧。

⑦图幅边框生成：图像图幅边框是对图像区域的界定，可以根据需要指定图符边框线框与边框颜色。

图面配置的结果可以单独保存在一个数据图层中。

（8）遥感图像地图制作与印刷。经过前七步的各项工作后，就可以生成数字图像地图原图，过程如下：

数字图像与数据底图、符号注记图层、图面配置数字图层精确配准，配准时可以利用各个图层的同名地物点作为控制点，保证同名控制点精确重合，同名地物点配准允许最大误差小于1个像素。

在图像图与多个数字图层配准的基础上，通过不同图层的逻辑运算生成一个新的数据层，该数据层作为一个数据文件保存。

## 二、实验目的和要求

（1）了解遥感图像图的制作流程。

（2）掌握图像地图图面配置的方法。

## 三、实验内容

运用前面项目介绍的方法，参考本任务预备知识中介绍的遥感图像地图制作的方法，对一幅遥感图像经过图像预处理、几何校正、拼接及复合后，进行图像地图的图面配置，最终生成一幅遥感图像地图，效果如图10.1.1所示。

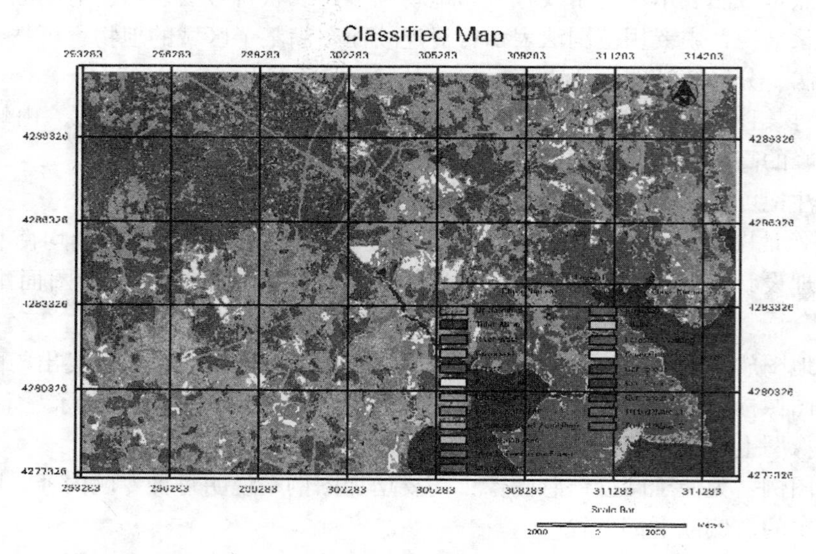


图10.1.1 遥感图像地图

## 四、实验步骤

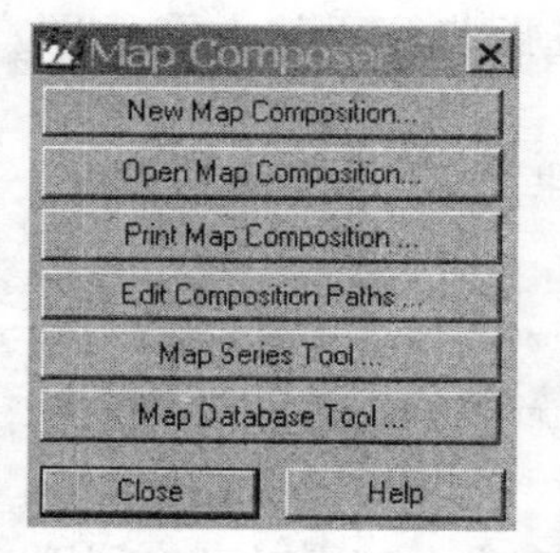


图10.1.2 地图编辑器

遥感图像地图制作的方法很多，这里以ERDAS IMAGINE 9.2软件为例进行介绍。首先启动ERDAS软件的Composer模块或单击Main菜单下的Map Composer选项，打开地图编辑器（图10.1.2）。该模块包括新建地图、打开已有地图、打印地图、编辑地图文件路径等一系列地图工具和地图数据库工具。制作遥感图像地图的步骤包括：数据准备、产生专题制图文件、绘制地图图框、绘制格网线与坐标注记、绘制比例尺、绘制地图图例、绘制指北针、放置地图图名。具体操作步骤如下。

1. 数据准备

选择File/Open/Raster Layer命令，打开Select Layer To Add对话框，选择输入数据（File name）为Supervised.img，打开遥感图像。

2. 产生专题制图文件

点击Composer图标/New Map Composition命令，打开New Map Composition对话框。如图10.1.3所示，在New Map Composition中定义下列参数。

3. 绘制地图图框

（1）在Annotation工具面板，点击图标。

（2）在地图编辑视窗的图形窗口中，按住鼠标左键拖动绘制一个矩形框（Map

Frame）。

（3）释放鼠标左键后，打开 Map Frame Data Source 对话框。点击 Viewer 中的图像后，打开 Create Frame Instructions 指示器。

（4）在显示图像的视窗中任意位置点击左键，表示对该图像进行专题制图。随即打开 Map Frame 对话框，在 Map Frame 对话框中可按照用户需要改变参数，如图 10.1.4 所示。

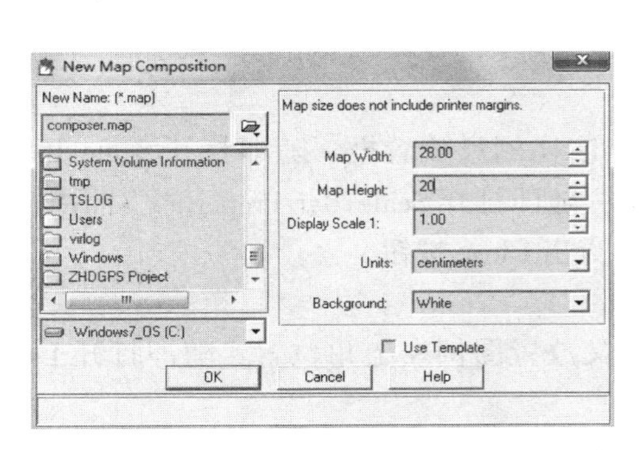


图 10.1.3　New Map Composition 对话框

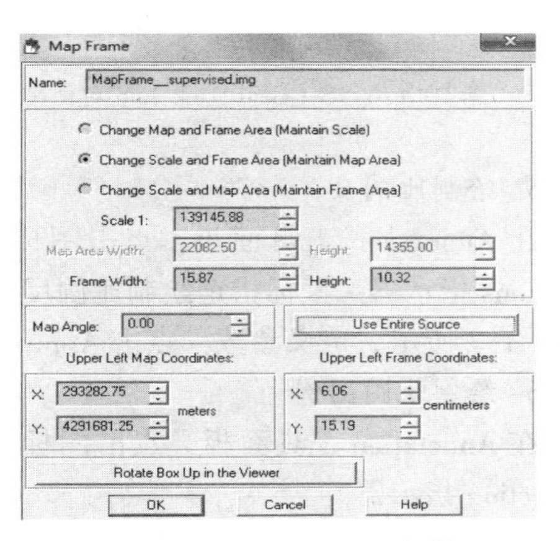


图 10.1.4　Map Frame 对话框

（5）将输出图面充满整个视窗（View/Scale/Map Window 命令）（图 10.1.5）。

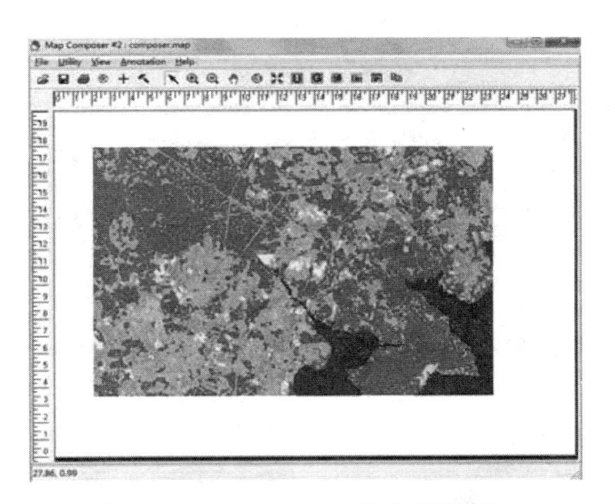

图 10.1.5　Scomposer 输出图面窗口

4. 绘制格网线与坐标注记

点击图标▦，点击地图编辑视窗图形窗口中的图框，打开 Set Grid/Tick Info 对话框设置参数，点击 Apply 按钮，点击 Close 按钮（图 10.1.6）。

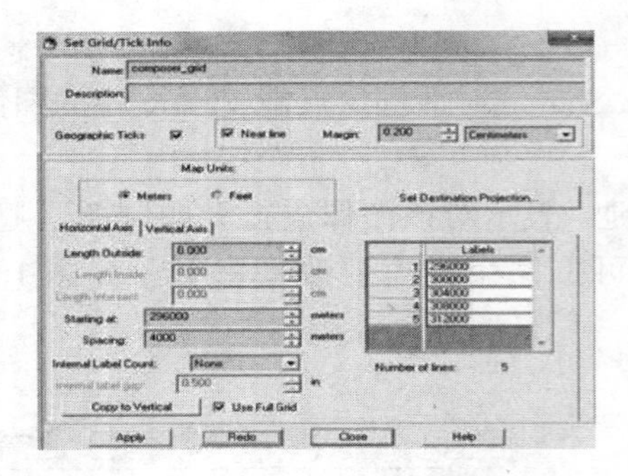


图 10.1.6　Set Grid/Tick Info 对话框

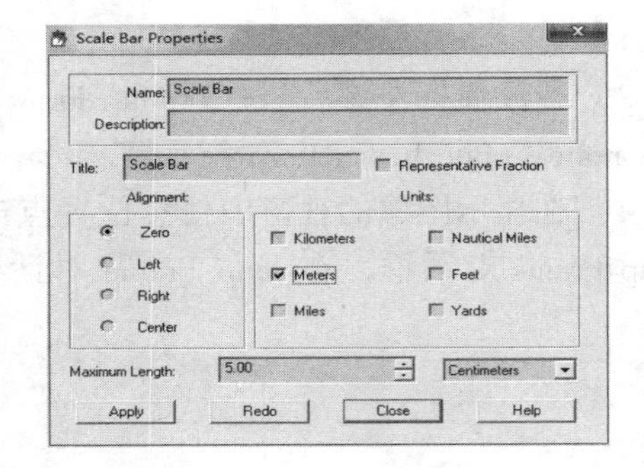


图 10.1.7　Scale Bar Properties 对话框

5. 绘制比例尺

在 Annotation 工具面板，点击图标，绘制比例尺放置框，随即打开 Scale Bar Instructions 指示器。鼠标指定绘制比例尺的依据，随即打开 Scale Bar Properties 对话框。如图 10.1.7 所示，定义参数，点击 Apply 按钮，点击 Close 按钮。

6. 绘制地图图例

在 Annotation 工具面板，点击图标，定义放置图例左上角位置，随即打开 Legend Instruction 指示器。

鼠标指定绘制图例的依据，随即打开 Legend Properties 对话框。如图 10.1.8 至图 10.1.11 所示，定义参数，单击 Apply 按钮，点击 Close 按钮。

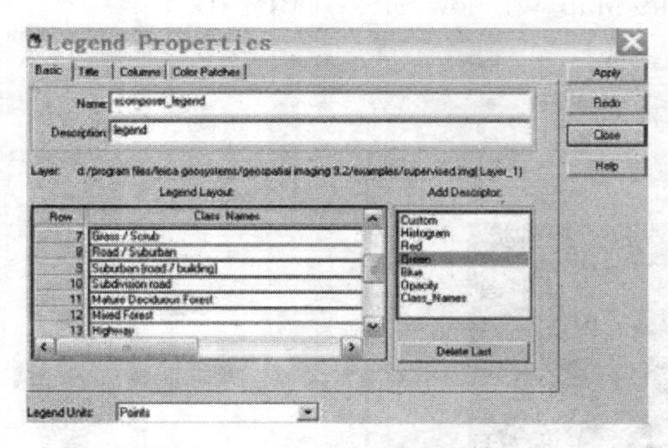


图 10.1.8　Basic 选项卡

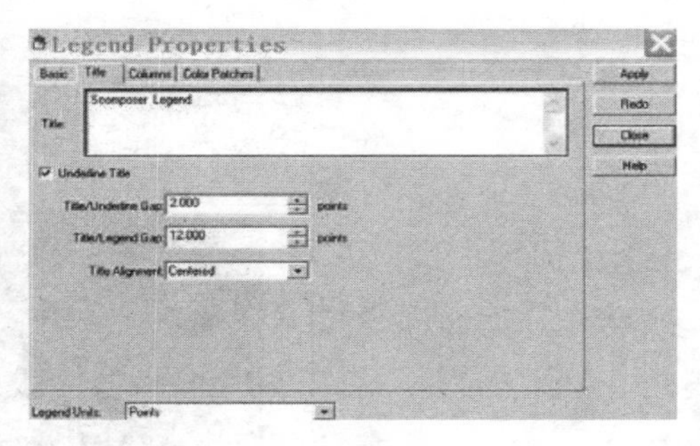


图 10.1.9　Title 选项卡

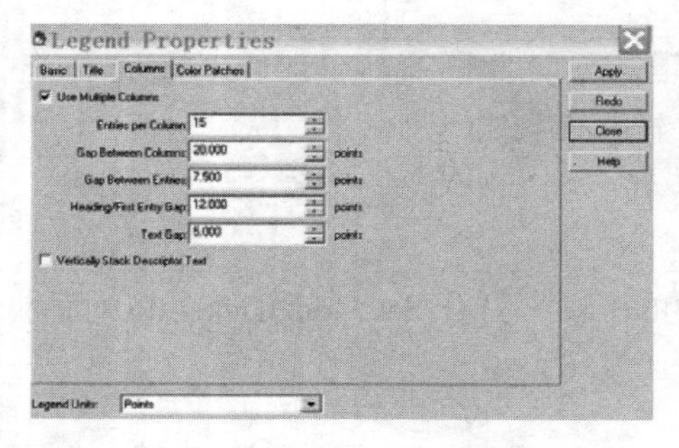


图 10.1.10　Columns 选项卡

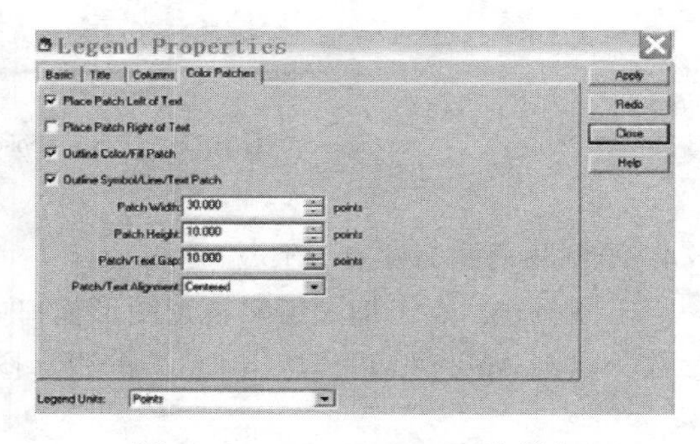


图 10.1.11　ColorPatches 选项卡

7. 绘制指北针

在 Map Composer 视窗菜单条，选择 Annotation/Styles 命令，打开 Styles for Composer 对话框。

选择 Symbol Styles/Other 命令，打开 Symbol Chooser 对话框，确定指北针类型。

在 Annotation 工具面板，点击图标 +，鼠标左键放置指北针。

8. 放置地图图名

在 Map Composer 视窗菜单条，选择 Annotation/Styles 命令，打开 Styles for Composer 对话框。选择 Text Styles/Other 命令，打开 Text Style Chooser 对话框，选择字体。

在 Annotation 工具面板，点击图标 +。放置图名位置，随即打开 Annotation Text 对话框。在 Annotation Text 对话框中输入图名字符串。点击 Apply 按钮，点击 OK 按钮（图 10.1.12）。

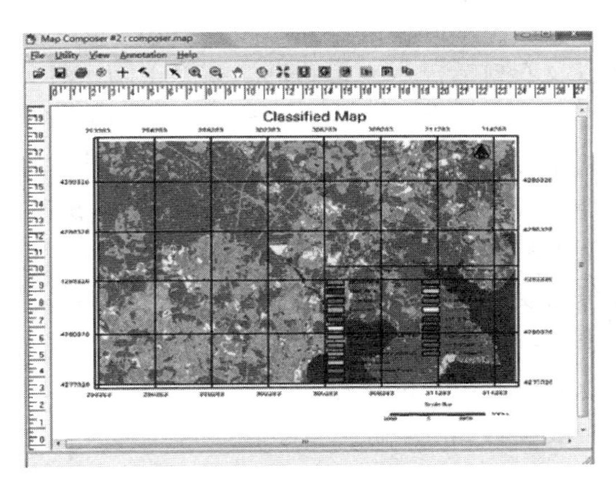


图 10.1.12　专题制图结果

9. 保存专题制图文件

选择 File 菜单—Save—Map Composition 命令，保存制图文件（scomposer. map）。

## 五、注意事项及说明

（1）地图图框的大小取决于 3 个要素：制图范围、图框范围、地图比例尺。制图范围指图框所包含的图像面积（实地面积），使用地面实际距离单位；图框范围指图框所占地图的面积（图面面积），使用图纸尺寸单位；地图比例尺指图框距离与所代表的实际距离的比值，实质上就是制图比例尺。

①Change Map and Frame Area：改变制图范围与图框范围，保持比例尺不变；

②Change Scale and Frame Area：改变比例尺与图框范围，保持制图范围不变；

③Change Scale and Map Area：改变比例尺与制图范围，保持图框范围不变。

（2）比例尺和图例都是组合要素，如果要进行局部修改，需要首先解散（Ungroup）要素组合，然后编辑单个要素。

## 任务二 土地利用图

### 一、预备知识

土地利用图是表达土地资源的利用现状、地域差异和分类的专题地图。它是研究土地利用的重要工具和基础资料，同时也是土地利用调查研究的主要成果之一。在编制土地利用图的基础上，对当前利用的合理程度和存在的问题、进一步利用的潜力、合理利用的方向和途径，进行综合分析和评价。因此，土地利用图是调整土地利用结构，因地制宜进行农业、工矿业和交通布局、城镇建设、区域规划、国土整治、农业区划等的一项重要科学依据。

就内容而言，土地利用图包括：土地利用现状图、土地资源开发利用程度图、土地利用类型图、土地覆盖图、土地利用区划图和有关土地规划的各种地图。此外，还有着重表达土地利用某一侧面的专题性土地利用图，如垦植指数图、耕地复种指数图、草场轮牧分区图、森林作业分区图以及农村居民点、道路网、渠系、防护林分布图和荒地资源分布和开发规划图等。其中以土地利用现状图为主，要求如实反映制图地区内土地利用的情况、土地开发利用的程度、利用方式的特点、各类用地的分布规律，以及土地利用与环境的关系等。遥感图像有实时性、现势性的特点，利用遥感图像制作土地利用现状图可以快速、及时、准确地反映目前土地的利用情况，且遥感资料的综合性因素有利于土地覆盖与类型的地分析与划分，土地覆盖要素在图像上有明显的特征，选用最佳时期的图像可以提取更多的类型，能缩短野外土地利用调查研究和室内成图的周期，并减少费用，尤其对难以考察地区的土地调查和土地利用有更大的优越性。

土地利用图制作的一般步骤如下：

第一步，数据收集和预处理。预处理包括：

（1）波段组合：在波段组合时，主要考虑以下两方面因素：①波段间相关性最小；②组合波段的信息量最大。

（2）校正：主要是对图像进行几何校正。几何校正是进行多时相图像土地利用及其变化信息提取的前提，校正精度直接影响分类精度。

（3）图像增强：图像增强处理能够较好地为识别和提取地物信息作参考。常用的图像增强处理方法有空间增强处理、辐射增强处理、光谱增强处理等。

（4）分类体系的确定：遥感图像的分类体系是进行遥感图像分类的重要依据和基础。2007 年国家发布的《土地利用现状分类》标准采用一级、二级两个层次的分类体系，共分 12 个一级类、57 个二级类。

第二步，训练区的选择。对于非监督分类来说也要选择样区以辅助对簇分析结果的归类，对于监督分类而言，训练区用于提取各类的特征参数以对各类进行模拟。

第三步，对像元进行分类。

（1）非监督分类：它不需要任何先验知识，仅根据遥感图像地物光谱特征的分布规律，按照不同的地面光反射（灰阶）实现分类，分类结果是对不同的地物类别实现区分，但不能确定类别的属性，属性是通过事后对各类光谱进行分析后确定的。

(2) 监督分类：实际应用中，监督分类是在分类之前通过实地的抽样调查，配合人工目视判读，对遥感图像上抽样区的图像地物类别属性拥有先验的知识，计算机按照这些已知类别的特征去“训练”判决函数，以此完成对整幅图像的分类。监督分类通常经过建立模板、评价模板、确定初步分类结果、分类后处理、分类特征统计、矢量栅格转换。

第四步，对分类结果进行后处理。包括校正明显错分的类型及制图综合等。

第五步，评价分类准确度。将分类结果与已知准确的类型进行比较，得到分类图的客观分对率，得出误差矩阵，如果分类结果不够准确，需要检查前几步的步骤看看有无改善的可能。

## 二、实验目的和要求

(1) 进一步巩固有关遥感图像的增强、校正、分类等方法。

(2) 掌握利用遥感图像制作土地利用图的方法。

(3) 掌握 ERDAS 分类模板和矢量化工具的使用。

## 三、实验内容

对一幅遥感图像进行增强处理、辐射校正、几何校正、监督分类、分类处理后、图斑勾绘，然后根据需要，在图面上添加图框、图例、比例尺、指北针、图名等得到土地利用图（图 10.2.1）。

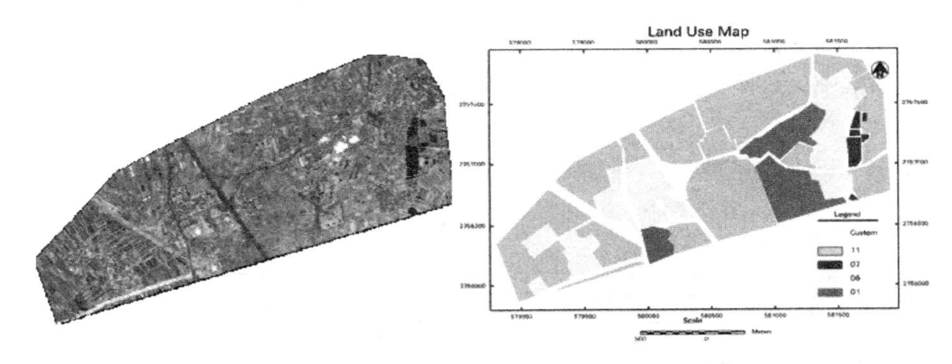


图 10.2.1　遥感影像图及制作后的土地利用现状图

## 四、实验步骤

对于遥感图像的预处理、遥感图像的分类方法，前续项目中有较详细叙述，此处不再赘述。

1. 遥感图像分类图的制作

根据前续项目介绍方法，首先运用 ERDAS IMAGINE 中的 signature Editor 定义监督分类的模板。其次，利用 Contingency Matrix 方法对图像训练区进行可能性矩阵分析，要求得到的误差矩阵大于 85%，模板精度即符合要求。然后，利用 Supervised Classification 功能完成初步监督分类（图 10.2.2）。最后对分类图像进行分类处理，利用 Clump 和 Eliminate 功能，联合完成小图斑的处理工作（图 10.2.3）。

图 10.2.2　初步分类结果

图 10.2.3　分类后处理结果

2. 图斑勾绘

在分类处理后的专题图上，新建一个矢量层，在 File 菜单的子菜单 New 中选择 Vector Layer，新建一个 Shape 文件并命名为 Block.shp，选择 Shapefile 类型为 Polygon Shape（图 10.2.4），然后在 View 菜单中选择 Arrange Layers，将新建的矢量层调整到最上方。再选择 Vector 菜单中的 Enable Editing，使得矢量层可编辑。单击 Vector 菜单中的 Tool 子菜单，弹出矢量编辑工具，单击进行多边形的创建。分类后处理图为底图，分别对各种类型的地物的轮廓进行勾绘。每一类型的图斑勾绘完毕，选择 Vector 菜单中的子菜单 Symbology，在弹出的对话框中选择 Automatic 菜单下的 Unique Value 项，将多边形的 ID 号作为唯一标识（图 10.2.5）。选择勾绘的多边形，改变其颜色。最后将图斑矢量层和图斑符号保存。在 Symbology对话框中，选择 File 菜单下的 Save As 子菜单，图斑勾绘结果如图 10.2.6 所示。

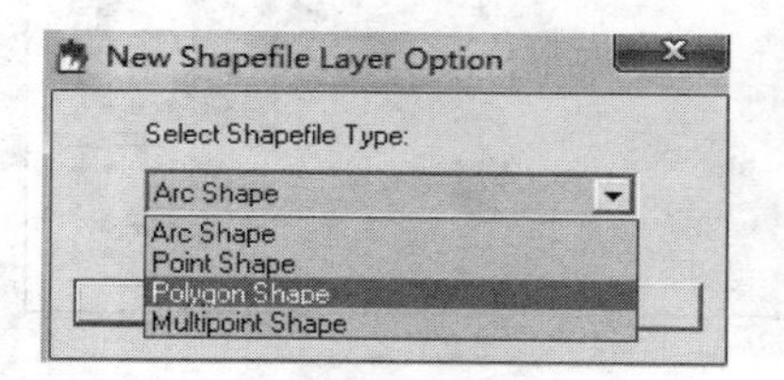


图 10.2.4　新建多边形矢量层

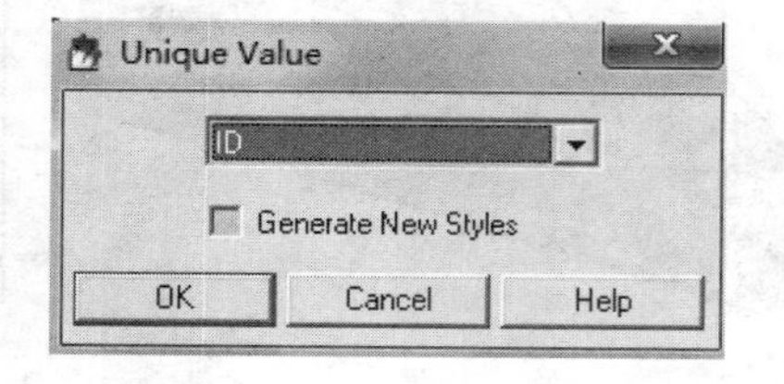


图 10.2.5　选择图斑标识值

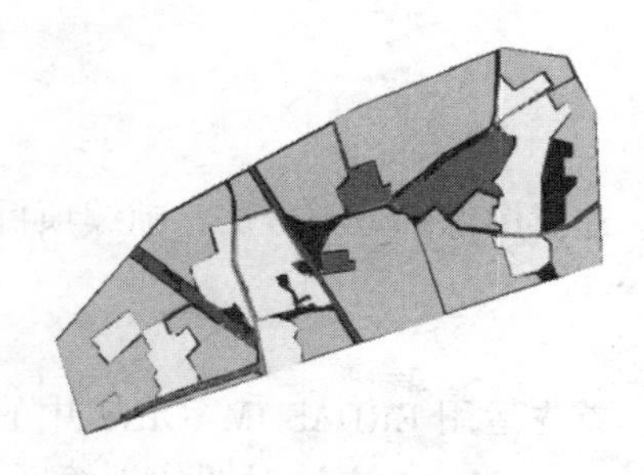

图 10.2.6　土地利用图斑勾绘

3. 专题制图

土地利用现状专题图可按照遥感图像地图制图的步骤进行。包括新建地图、绘制地图图框、绘制地图比例尺、绘制地图图例、放置地图图名等。图斑类型编码按照土地利用现状分类编码进行设置。本例中只进行了一级类的分类，如耕地编码为01，水域编码为11，居民地编码为07，工矿编码为06，最后完成土地利用现状专题图的制作。

# 任务三　三维景观图

## 一、预备知识

三维地形景观图（图10.3.1右图）是采用透视学原理，将平面的地形图（图10.3.1中图）投影到DEM（图10.3.1左图）模型上，通过调整光源的位置和强度，利用DEM模型的三维特性在视觉上产生立体效果，使人产生立体感，使地形图更直观、易读。

三维地形景观图具有很强的真实感和可读性，使地图的信息量更加丰富。可广泛地应用于山地、丘陵、沙漠等地域的各种工程规划和优化设计，可以在虚拟现实中进行模拟和实验，找出最佳方案，减少外业调查的费用。

图10.3.1　DEM图、DOM图和三维影观图

DEM是数字高程模型（Digital Elevation Models）的英文缩写，数字高程模型是定义在X、Y域离散点（规则或不规则）的以高程表达地面起伏形态的数据集合。DEM数据通过灰度晕渲，形成可视的地形形态。可以用于与高程分析有关的地貌形态分析和透视图、断面图制作以及坡度分析、土石方计算、表面积统计、通视条件分析、洪水淹没区分析等许多方面。

不论采用何种方法采集的DEM数据，为了制作三维地形景观图，其格式都需要转为ERDAS的IMG格式，这样才能在ERDAS的VirtualGIS模块中读取。

## 二、实验目的和要求

（1）掌握三维景观图的概念、原理和数据构成。

（2）掌握 ERDAS VirtualGIS 模块进行三维景观图的制作流程和场景设置方法。

## 三、实验内容

对一幅经过校正的正射图像图，叠加数字高程模型 DEM 后，得到三维景观图，并可实现动态的漫游和观察。

## 四、实验步骤

制作三维景观图的步骤为：打开 DEM 数据、叠加 DOM 数据、设置场景属性、设置太阳光、设置 LOD、设置视点与视场。

### 1. 打开 DEM 数据

在 VirtualGIS 模块中选择 VirtualGIS Viewer，打开 DEM 数据层（图 10.3.2）。

### 2. 叠加 DOM 数据

在打开 DEM 的基础上，叠加栅格图像文件。在 VirtualGIS Viewer 的 File 菜单中选择 Open Raster Layer，将 DOM 叠加在 DEM 上显示。

### 3. 设置场景特性

场景特性包括 DEM 显示特性、雾特性、背景特性、漫游特性、立体显示特性和注记符号特性等。在 VirtualGIS Viewer 的 View 菜单中选择 Scene Properties 子菜单。DEM 特性包括高程夸张系数、地形颜色、可视范围和单位等（图 10.3.3）。

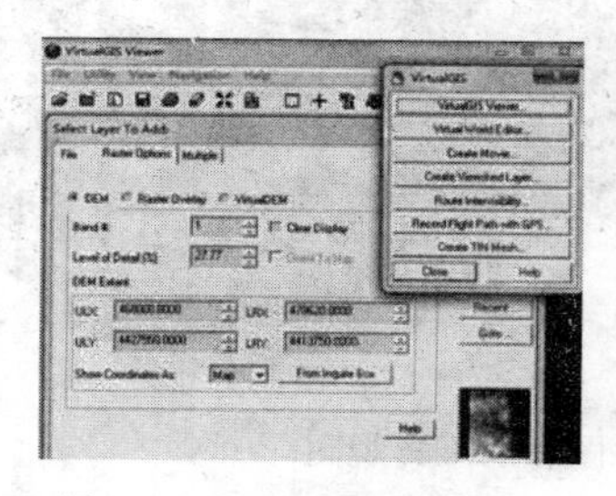

图 10.3.2　打开 DEM 数据

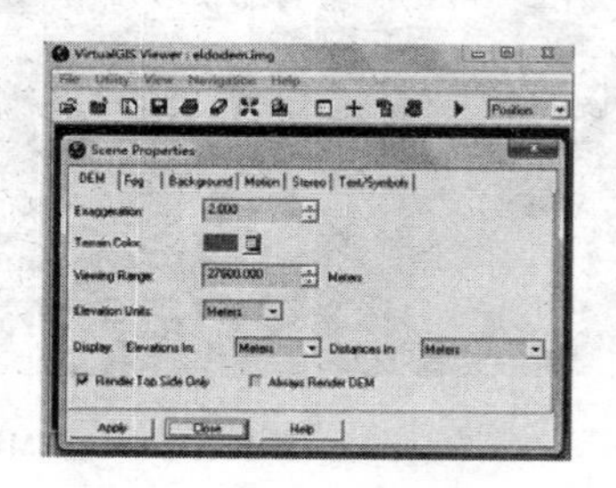

图 10.3.3　设置场景特性

### 4. 设置太阳光

设置太阳光包括设置太阳方位角（Azimuth）、太阳高度角（Elevation）和光照强度（Ambience）等参数。这些参数可以直接由用户指定，其中太阳方位角还可以通过时间和地点由系统计算得到。

在 VirtualGIS Viewer 的 View 菜单中选择 Sun Positioning 子菜单，弹出太阳光设置对话框（图 10.3.4 左图）。将 Use Lighting 和 Auto Apply 勾选，则参数设置的结果即刻应用于三维场景中。单击 Advance 按钮，弹出通过时间和位置设置太阳高度角的对话框（图 10.3.4 右图），例如输入 2014 年 9 月 1 日 12：00，北纬 25°52′31.5″、东经 102°35′00.03″。

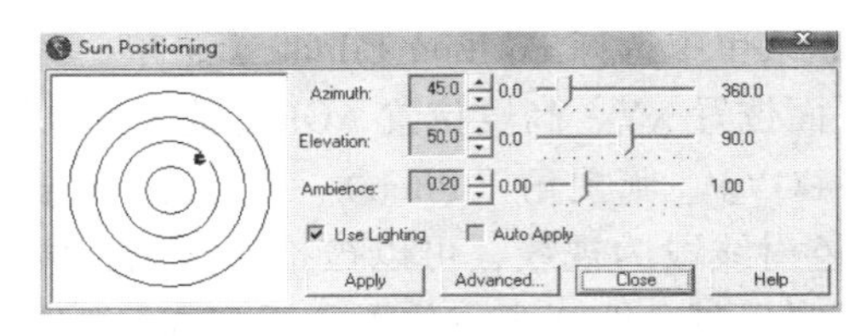

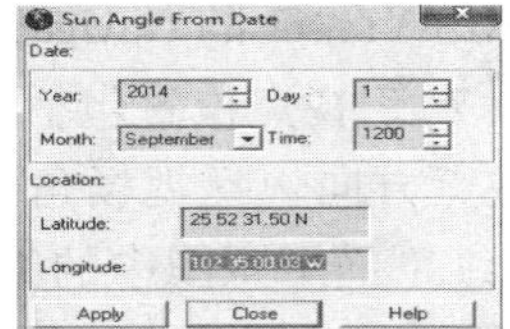


图 10.3.4　设置太阳光

5. 设置 LOD

显示三维场景的详细程度，可以根据对场景质量和显示速度的需要进行调整，包括 DEM LOD 和 DOM LOD。

在 VirtualGIS Viewer 的 View 菜单中选择 Level of Detail Control 子菜单，分别调整 DEM 和 DOM 的 LOD 值（图 10.3.5），详细程度为 100% 的三维场景比 10% 的情况下细节显示更为清晰。

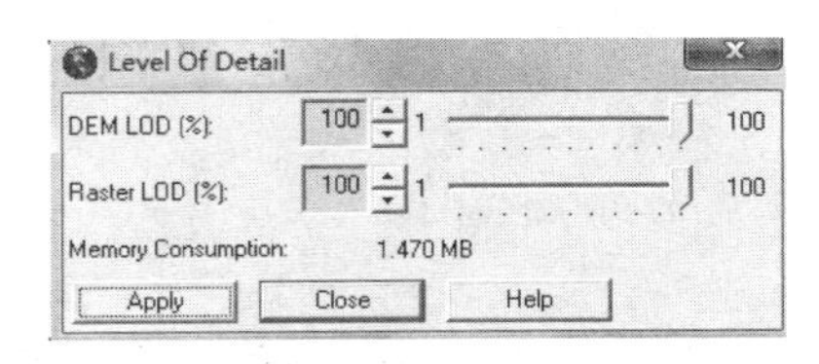


图 10.3.5　设置 LOD

6. 设置视点

视点的设置有两种方式，一种是利用二维全景视窗，另一种是利用视点编辑器进行。

在 VirtualGIS Viewer 的 View 菜单中选择 Create Overview Viewer 子菜单，弹出二维全景视图（图 10.3.6 右图）。在二维全景视图中，包含三维场景的二维平面图、视点、观察目标和连接视点到观察目标的视线。可以通过对视点与观察目标的拾取进行位置的任意移动。由于二维全景视图与 VirtualGIS 视图的三维场景建立了相互连接关系，在二维全景视图中的任何操作都直接影响到三维场景。因此非常直观，易于操作。

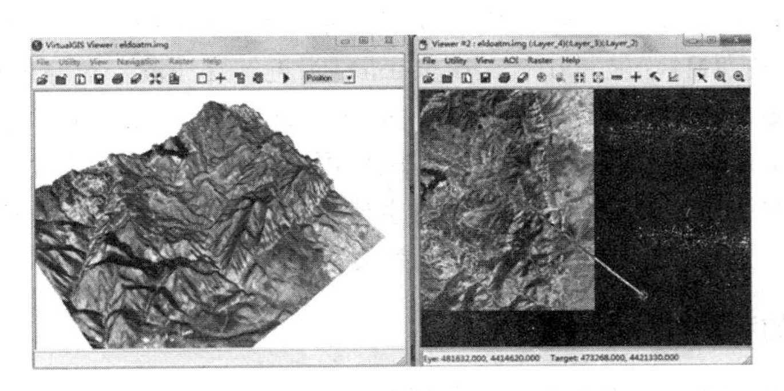

图 10.3.6　二维全景视窗设置视点

在 VirtualGIS Viewer 的 Navigation 菜单中选择 Position Editor 子菜单，弹出视点编辑对话框（图 10.3.7）。视点位置包括平面位置 XY、高度位置 AGL（地平面高度）、ASL（海平面高度）。视点方向包括视场角（FOV）、俯视角（Pitch）、方位角（Azimuth）和旋转角（Roll）。二维剖面示意图中的红色射线段为视线，可以被拾取拖动，两条绿色射线构成视场角，底部绿色区域代表三维场景区域。改变视点位置和视点方向的参数，二维剖面示意图和三维场景都相应变化。

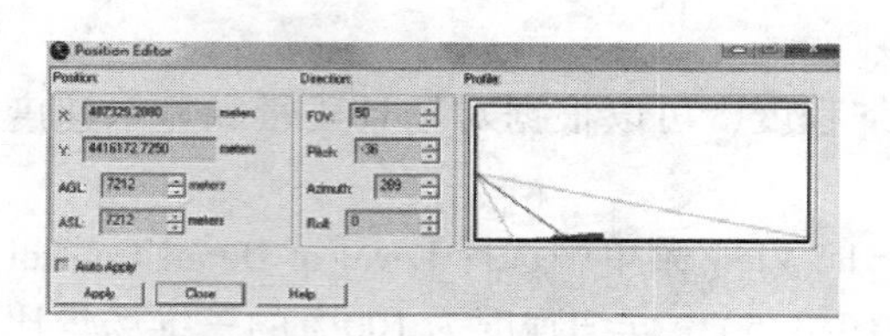

图 10.3.7　视点编辑器设置视点

# 任务四　植被指数图

## 一、预备知识

植被指数是遥感监测地面植物生长和分布的一种方法。植被指数提取的根据是植被在红光波段和近红外波段的光谱反射特性及其差异。植被红光波段 0.55～0.681μm 有一个强烈的吸收带，它与叶绿素密度成反比；而近红外波段 0.725～1.1μm 有一个较高的反射峰，它与叶绿素密度成正比。两个波段的比值和归一组合与植被的叶绿素含量、叶面积及生物量密切相关。通过对红光波段和近红外波段反射率的线性或非线性组合，可以消除地物光谱产生的影响，得到的特征指数称为植被指数。包括差值植被指数 DVI、比值植被指数 RVI 和归一化植被指数 NDVI。NDVI 归一化植被指数又称标准化植被指数，在使用遥感图像进行植被研究以及植物物候研究中得到广泛应用。它是植物生长状态以及植被空间分布密度的最佳指示因子，与植被分布密度呈线性相关。NDVI 的定义为：NDVI =（NIR-R）/（NIR+R），其中 NIR 代表近红外波段，R 代表红波段。

目前常见的 Landsat TM 遥感图像中，TM3（波长 0.63～0.69μm）为红外波段，为叶绿素主要吸收波段；TM4（波长 0.76～0.90μm）为近红外波段，对绿色植被的差异敏感，为植被通用波段。MODIS 遥感图像中，其第一波段（0.62～0.67μm）、第二波段（0.841～0.876μm）分别是红色和近红外波段，可以用第一和第二波段计算植被指数。

植被指数图的制作流程一般为：计算并生成植被指数图像文件、对植被指数图像文件进行非监督分类、分类重编码、制作植被指数专题图。

## 二、实验目的和要求

（1）掌握植被指数的概念、植被指数提取的步骤。

（2）掌握 ERDAS 解译模块的植被指数提取操作流程。

## 三、实验内容

（1）对一幅遥感图像图，通过归一化植被指数 NDVI 的计算，得到一幅植被指数图像。

（2）对植被指数图像图进行非监督分类，并进行分类重编码。

（3）运用 ERDAS 的 Composer 模块制作植被指数图。

## 四、实验步骤

### 1. 计算并生成植被指数图像

在 InterPreter 模块中，选择 Spectral Enhancement 中的 Indices 菜单。在弹出对话框（图 10.4.1 左图）后，在 Input File 中输入一幅 TM 图像，在 Output File 中输入生成的指数图像文件 ndvi. img。选择传感器类型为 Landsat TM，计算方法为 NDVI，可以看到计算方法的具体表达式为 band4 - band3 / band4 + band3。选择数据输出类型，必须选择为 Float 型。单击 OK 后自动计算并生成植被指数图像（图 10.4.1 右图）。

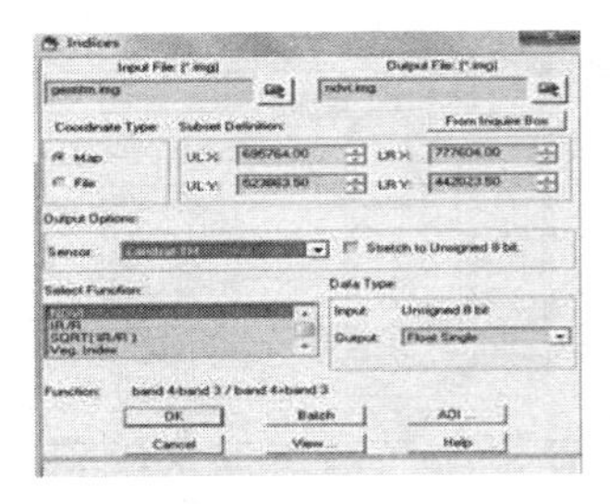


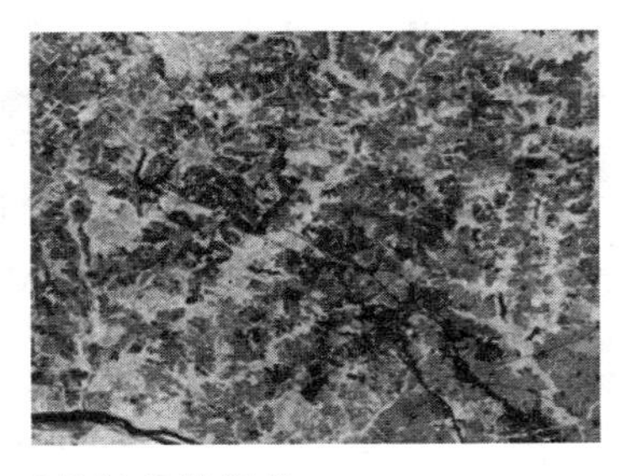

图 10.4.1　生成植被指数影像

### 2. 对植被指数图像进行非监督分类

按照遥感图像非监督分类的步骤对 ndvi. img 进行非监督分类。确定输出文件为 ndvi_ class. img，确定初始聚类方法为 Initialize from Statistics（按照图像统计值产生自由聚类），确定初始分类数为 10，定义最大循环次数为 24，设置循环收敛阈值为 0.95，单击 OK 执行非监督分类（图 10.4.2 左图）。聚类过程严格按照像元的光谱特征进行统计分类，因而所分的 10 类表示的植被覆盖率为 0 ~ 10%，10% ~ 20%，…，90% ~ 100%，分类结果见图 10.4.2 右图。

### 3. 分类重编码

在 InterPreter 模块中，选择 GIS Analysis 中的 Recode 菜单，弹出分类重编码对话框（图 10.4.3 左图），输入文件为 ndvi_ class. img，输出文件为 ndvi_ class_ recode. img。单击 Setup Recode，把以上分类结果进行两两合并，改变 New Value 字段下的类型值，分成 5 类（图 10.4.3 右图），代表 0 ~ 20%，20% ~ 40%，40% ~ 60%，60% ~ 80%，80% ~ 100% 的植被覆盖度类型，然后在 Raster 菜单中的 Attribute 中将这 5 类赋予不同颜色（图 10.4.4 左图），最后生成植被指数图（图 10.4.4 右图）。

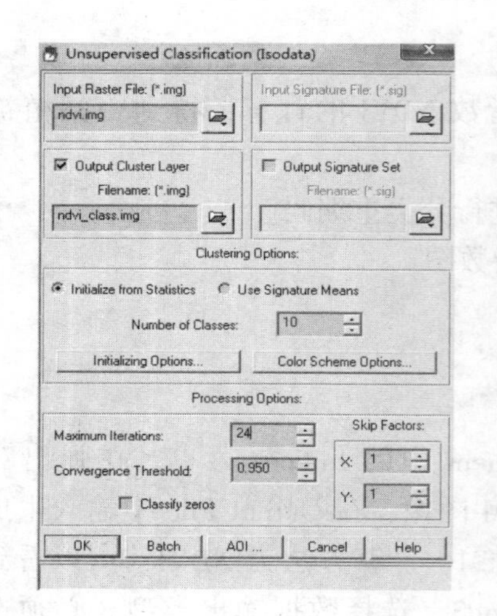


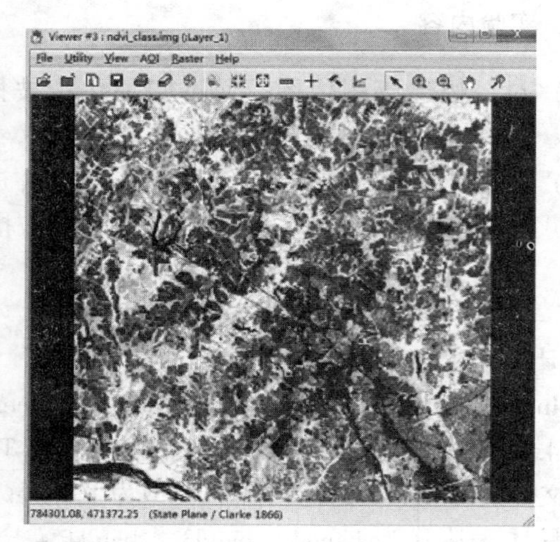


图 10.4.2　植被指数影像的非监督分类

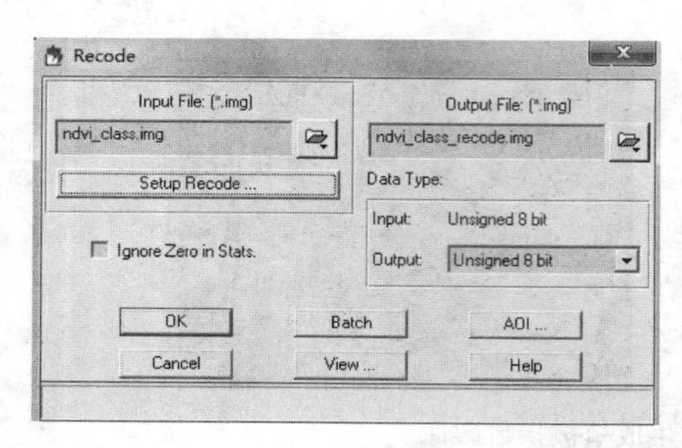


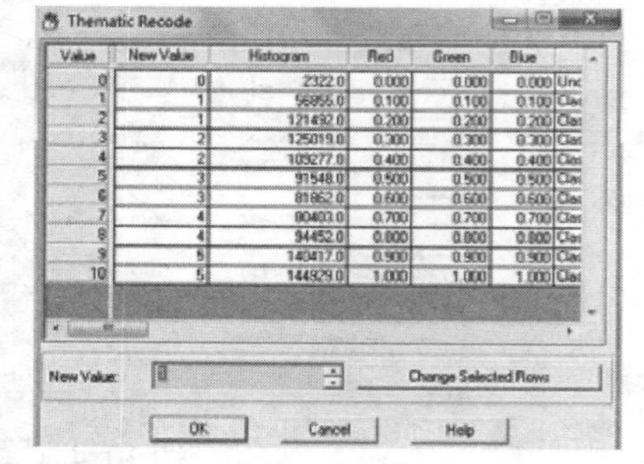


图 10.4.3　分类重编码参数设置

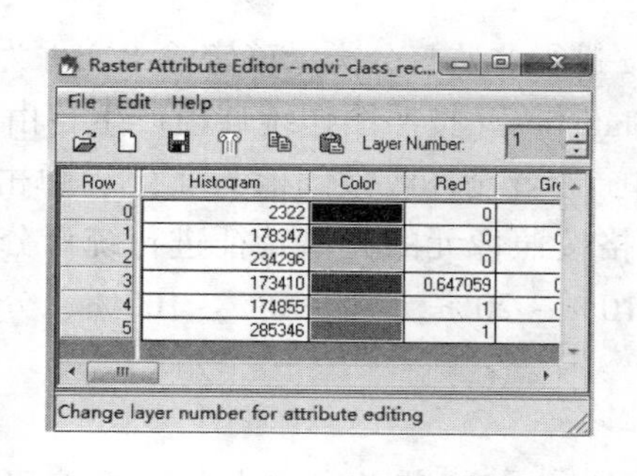

图 10.4.4　植被指数影像的分类重编码图

4. 制作植被指数专题图

在 Composer 模块中的 New Map Composition 菜单中实现植被指数专题图的制作，具体方法如前面任务一所述。其中主要是进行图例制作。打开图例基本参数设置对话框后，删除当前所有字段，并增加一个自定义字段，命名为 NDVI。根据分类重编码的结果输入对应的植被覆盖率。最后将所对应的记录选中（黄色标识），点击 Apply，完成植被指数图的制作（图 10.4.5）。

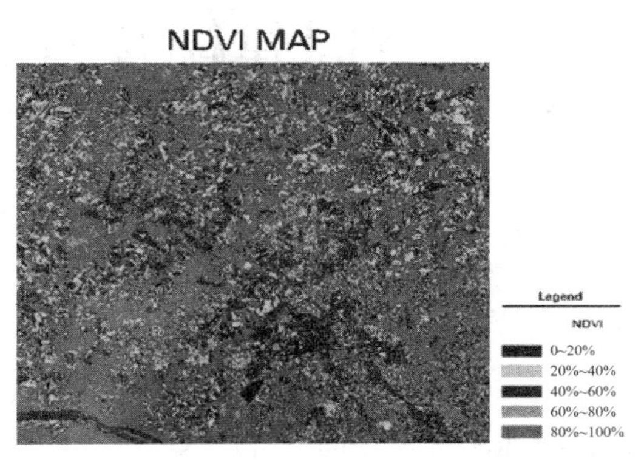


图 10.4.5　植被指数图

# 项目十一　空间建模及批处理

## 任务一　空间建模

### 一、预备知识

空间建模是利用当代地理信息技术和空间分析技术解决日益复杂的地学问题的重要手段，它面向海量空间数据，借助计算机和数学方法构建空间数据与现实世界之间的模型，从而解决实际问题。现在人们可利用的空间数据种类繁多，如何合理地利用空间数据、恰当地选择空间操作完成具体的地学分析是空间建模要解决的核心问题。

ERDAS 空间建模工具（Spatial Modeler）是一个面向目标的可视化模型语言环境，用户可以在这个环境中应用直观的图形语言在一个页面上绘制流程图，并定义属性数据、操作环境、运算规则和输出数据，从而生成一个空间模型。空间建模是由 ERDAS 空间建模组件构成的一组命令集，已完成地理信息和图像处理的操作功能。空间建模工具由空间建模语言、模型生成器和空间模型库三部分组成，各个部分既相互关联，又相互独立。

### 二、实验目的和要求

（1）掌握图形模型的基本类型及形成过程。

（2）掌握模型生成器各工具菜单。

（3）掌握空间建模的工作流程。

### 三、实验内容

以 SPOT 图像空间增强为例，具体说明如何利用 ERDAS 中 Model Maker 模块来建立模型（数据为系统自带数据）。

### 四、实验步骤

1. 建模思路

遥感图像增强是遥感数字图像处理的重要工作。空间增强是有目的地突出图像上的某些特征，如突出边缘或线性地物；也可以有目的地去除某些特征。空间增强的目的性很强，处理后的图像突出了需要的信息，从而达到图像增强的目的。

模型设计的基本思路是选择 ERDAS 软件的空间分析工具，选择其中的卷积运算函数，利用 ERDAS 软件自带的求和矩阵，对 SPOT 图像进行空间增强操作，实现对该景 SPOT 图像地物边缘和线性地物信息的增强。

2. 操作流程

空间建模流程图如图 11.1.1 所示。

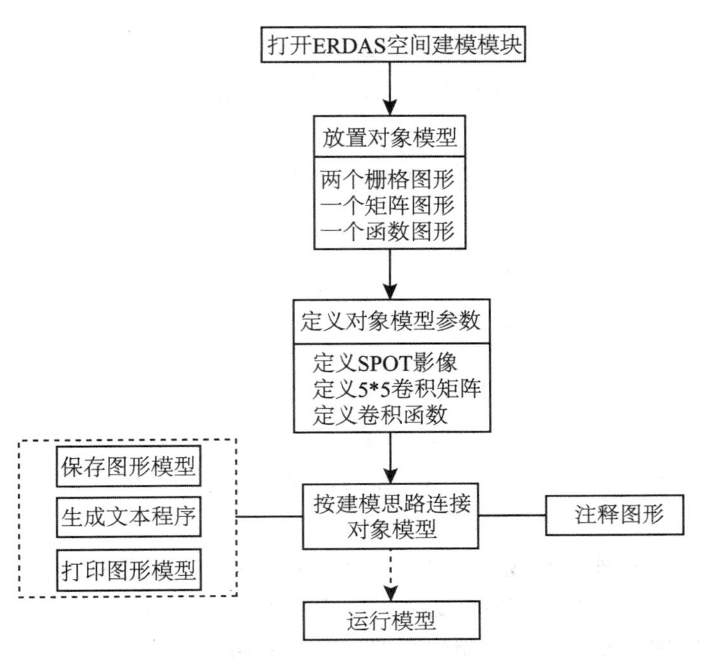


图 11.1.1　ERDAS 空间建模流程图

3. 具体步骤

（1）打开 Model Maker 窗口。在 ERDAS 主窗口，选择 Modeler 图标/Model Maker 命令，打开 Model Maker 对话框及工具面板，如图 11.1.2 所示。

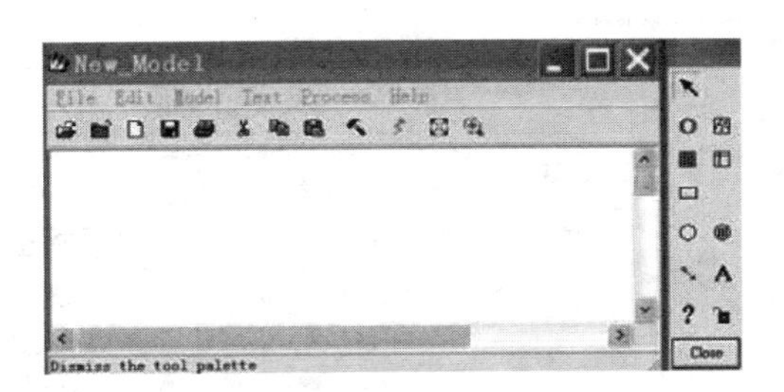


图 11.1.2　Model Maker 窗口及工具面板

（2）放置对象模型。

①在 Model Maker 工具面板工具中点击需要的对象图标，然后放置在图形窗口中，本例需要添加两个 Raster 图标、一个 Matrix 图标、一个 Function 图标。

②在工具面板，单击 Select 图标，选择并移动对象图形，按操作顺序排列。

③在工具面板，单击 Connect 图标，并单击 Lock 图标。

④在图形窗口，绘制连接线，将输入数据图形与函数图形连接，形成图形模型的基本框架（图 11. 1. 3）。

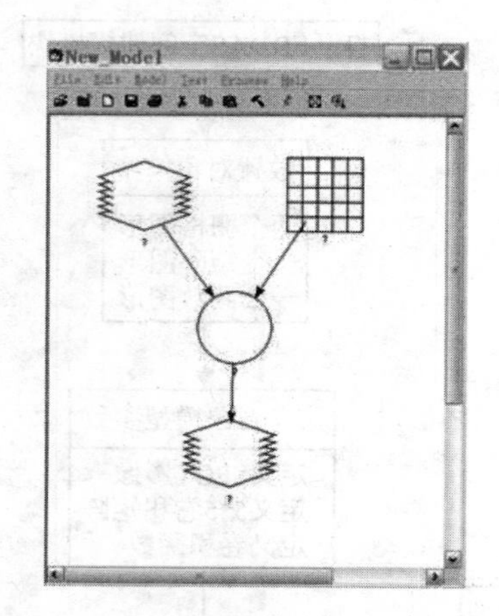


图 11. 1. 3　图形模型的基本框架

（3）定义参数与操作。在 Model Maker 窗口中，依次双击每一个图形对象，选择所要添加的图像数据和函数，在对应的参数对话框中数据相应的参数，具体操作如下：

①定义输入图像。双击左上方栅格图像，打开 Raster 对话框（图 11. 1. 4），确定输入图像（File Name）为 spots. img。单击 OK 按钮，关闭 Raster 对话框，返回 Model Maker 窗口。n1-spots 标注在输入栅格图形下边。

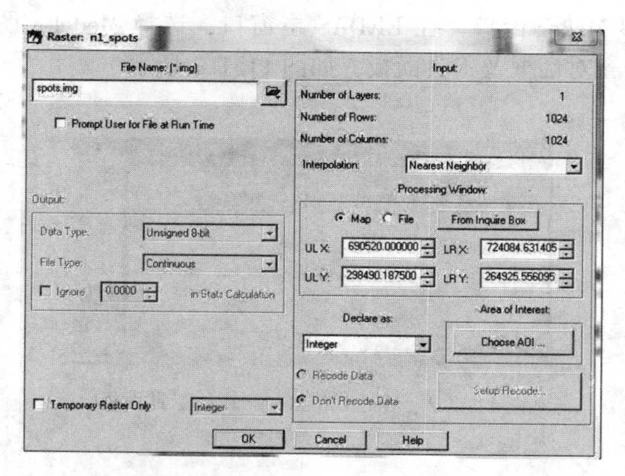


图 11. 1. 4　输入图像对话框

②定义输入卷积矩阵。双击右上方矩阵图形，打开 Matrix Definition 对话框，打开卷积核矩阵表格，设置如图 11. 1. 5 所示。设置完毕后单击 OK 按钮，关闭 Matrix Definition 对话框与卷积核矩阵，返回 Model Maker 窗口。n2-Summary 标注在输入矩阵图形下边。

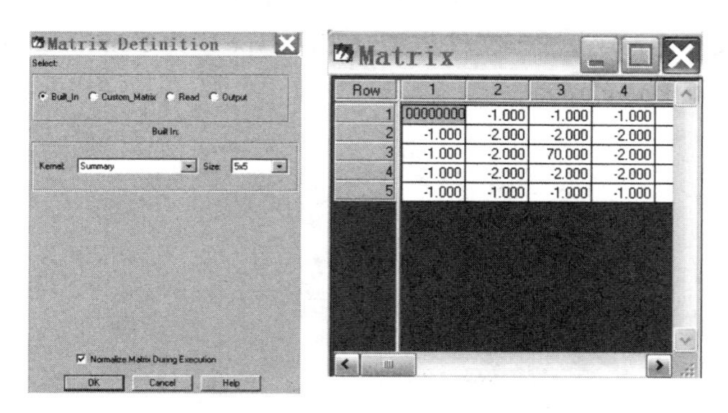


图 11. 1. 5　矩阵定义对话框及卷积核矩阵

③定义卷积处理函数。

• 双击中部的函数图形，打开 Function Definition 窗口（图 11. 1. 6）。

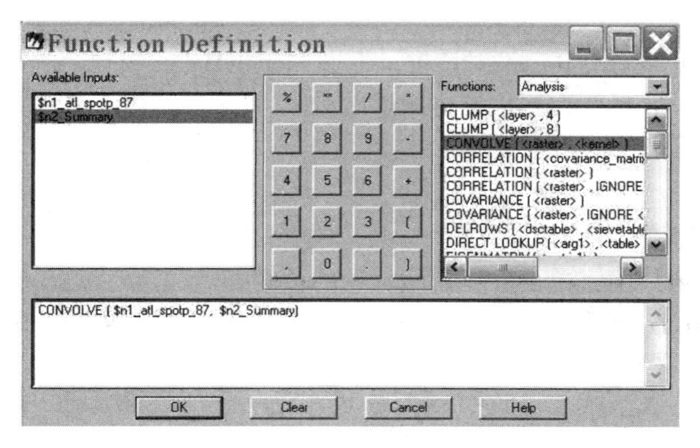


图 11. 1. 6　Function Definition 窗口

• 确定函数类型（Function）为 Analysis。

• 选择卷积函数，双击 CONVOLVE（<raster>，<kernel>），CONVOLVE（<raster>，<kernel>）语句出现在函数定义框中。

• 在 CONVOLVE（<raster>，<kernel>）语句中单击<raster>，在可供选择数据框（Available Inputs）中选择 $n1-spots。CONVOLVE 语句中<raster>参数定义为 $n1-spots。

• 在 CONVOLVE（<raster>，<kernel>）语句中单击<kernel>，在 Available Inputs 框中选择 $n2_ Summary。CONVOLVE 语句中<kernel>参数定义为 $n2_ Summary。

• 函数定义框显示 CONVOLVE（ $n1-spots，　$n2_ Summary）。

• 单击 OK 按钮，关闭 Function Definition 窗口，返回 Model Maker 窗口。

④定义输出图像。

• 双击最下面的栅格图形，打开 Raster 对话框，(图 11.1.7)。

• 选择输出图像（File Name）为 Spots_ summary.img；确定输出数据类型（Data Type）为 Unsigned 8 Bit；确定输出文件类型（File Type）为 Continuous；输出统计忽略零值：Ignore 0.0 in Stats Calculation。

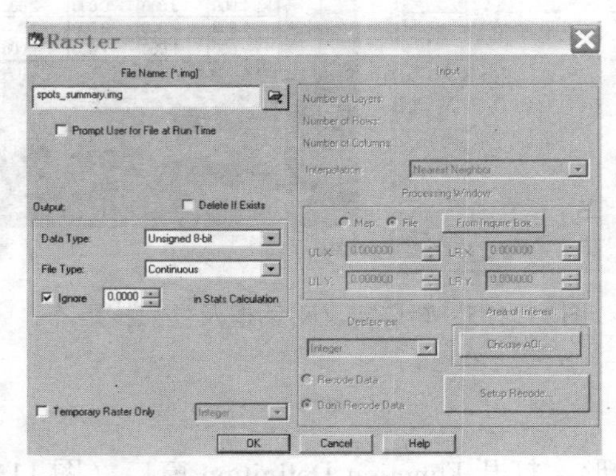


图 11.1.7　输出设置对话框

• 单击 OK 按钮，关闭 Raster 对话框，返回 Model Maker 窗口。

• n4-spot-summary 标注在输出栅格图形下边。

(4) 注释图形模型。

①加入注释。

• 单击 Text 图标**A**。

• 在图形模型窗口中，单击放置模型标题的位置。

• 打开 Text String 对话框（图 11.1.8），在 Text String 对话框中输入标题字符“Enhance Spots Image”。

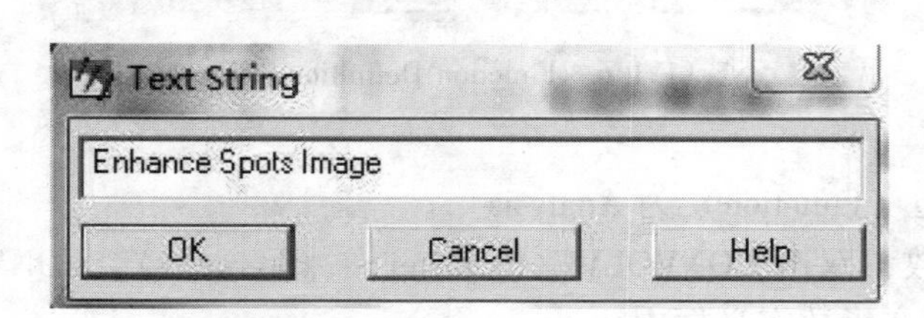


图 11.1.8　Text String 对话框

• 单击 OK 按钮，关闭 Text String 对话框，标题字符放在图形模型窗口。

②调整注释字体、大小、类型。

• 在图形模型窗口中单击选择注释标题字符。

• 选择 Text/Font 命令，可对字体进行调节；选择 Text/ Size 命令，可调整字体大小；选择 Text/Style 命令，可以调整字符类型（4 种）。

• 在图形模型窗口双击标题字符，打开 Text String 对话框，进入编辑状态，可以对标题字符串的内容进行编辑修改。

• 重复上述过程，依次标注输入图像“Input Image”，卷积核“Convolve Kernel”，输出图像“Output Image”。

• 在图形模型窗口双击函数图形，打开函数定义对话框，在函数定义框中选择剪贴函数表达式（Ctrl+C），在 Text String 对话框中粘贴函数表达式（Ctrl+V）。

• 得到注释以后的图形模型（图 11.1.9）。

（5）保存图形模型。选择 File/Save As 命令，打开 Save Model 对话框，如图 11.1.10 所示进行设置后，单击 OK 按钮，关闭 Save Model 对话框，模型被保存。

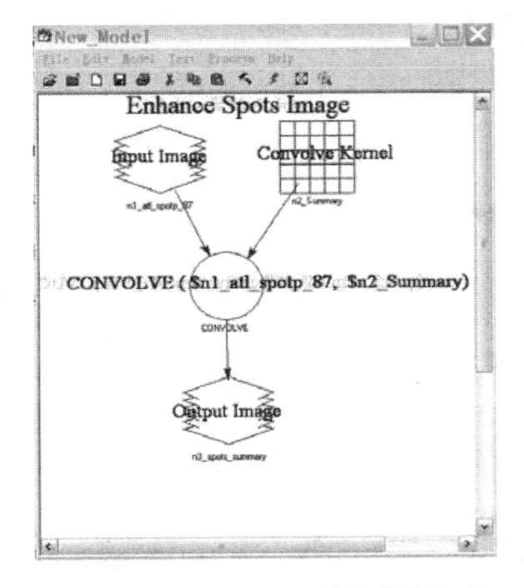

图 11.1.9　注释以后的图形模型

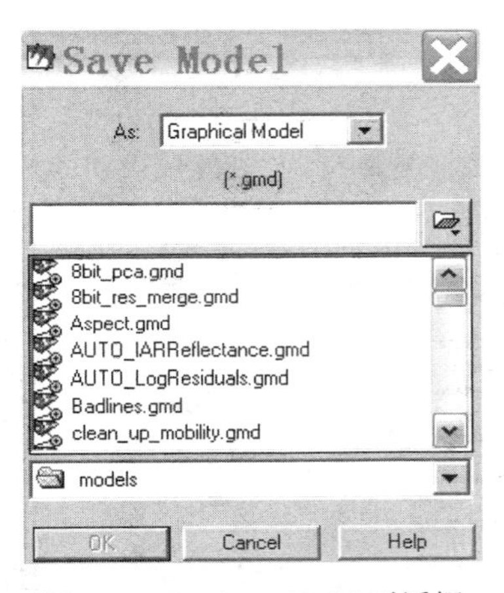

图 11.1.10　Save Model 对话框

（6）运行图形模型。选择 Process/Run 命令，或者单击 Run 图标，模型被启动运行。打开一个视窗（Viewer），并在视窗中首先显示刚刚处理输出的图像 spot-summary. img，并叠加显示原始图像 spots. img，通过视窗卷帘（Swipe）操作对比处理结果。如果处理结果不满意，或者用户有新的处理方法，可以对图形模型进行修改。

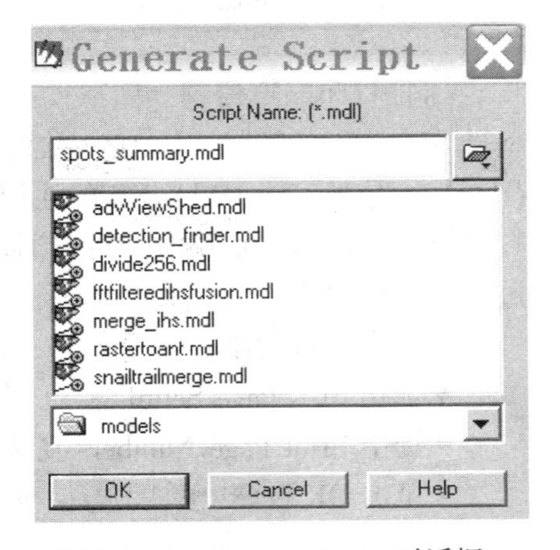

图 11.1.11　Generate Script 对话框

（7）生成文本程序。由图形模型生成器生成 SML 文本程序的具体操作过程如下：

①选择 Process/Generate Script 命令，打开 Generate Script 对话框（图 11.1.11）。

②在 Generate Script 对话框中，保存文本程序文

件目录为 models，文件名称（Script Name）为 spots_ summary. mdl。

③单击 OK 按钮，关闭 Generate Script 对话框，生成文本程序。

④在 ERDAS 图标面板菜单条中单击 Modeler/Spatial Modeler，单击 Model Librarian 对话框中（图 11. 1. 12），可以直接运行程序模型，可以将程序模型的运行交给批处理进程，可以删除程序模型，可以编辑程序模型。

⑤单击 Edit 按钮，打开文本编辑器（图 11. 1. 13）。

- 应用文本编辑器中的编辑命令和工具修改程序。
- 选择 File/Save 命令，保存修改程序。
- 单击 File/Close 命令，退出编辑状态。

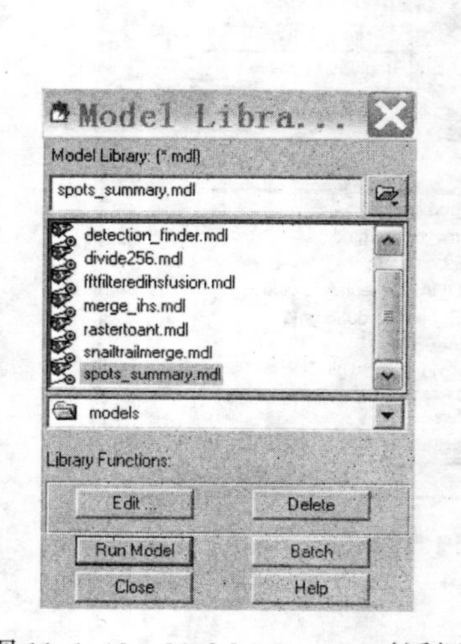


图 11. 1. 12　Model Librarian 对话框

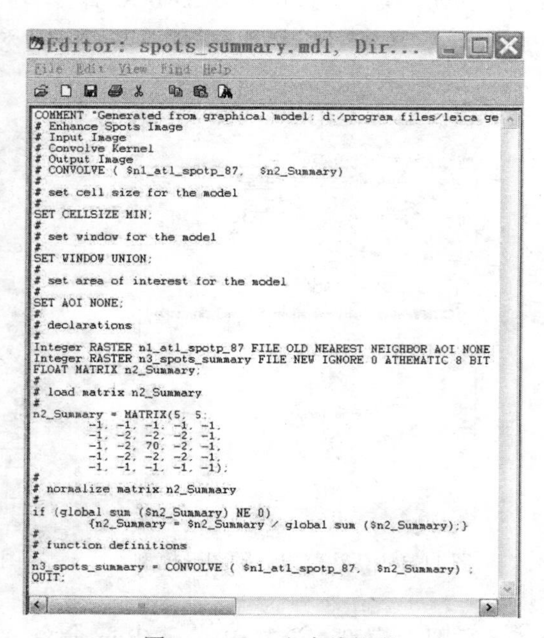


图 11. 1. 13　文本编辑器

（8）打印图形模型。图形模型是用户空间建模思想的真实体现，也是其他用户对模型进一步分析的素材。ERDAS 软件支持图形模型的打印输出。图形模型的输出有多种选择：其一是保存为 IMAGINE 的注记文件，其二是保存为 Postscript 压缩文件；其三是直接打印输出。前两种输出方式可以通过保存文件操作完成（File/Save As），第三种打印输出过程具体步骤如下：

①设置纸张大小。

- 选择 File/Page Setup 命令，打开 Page Setup 对话框（图 11. 1. 14）。
- 选中 Print Page Numbers 复选框，选择打印页码。
- 单击 OK 按钮，关闭 Page Setup 对话框，应用页面设置。

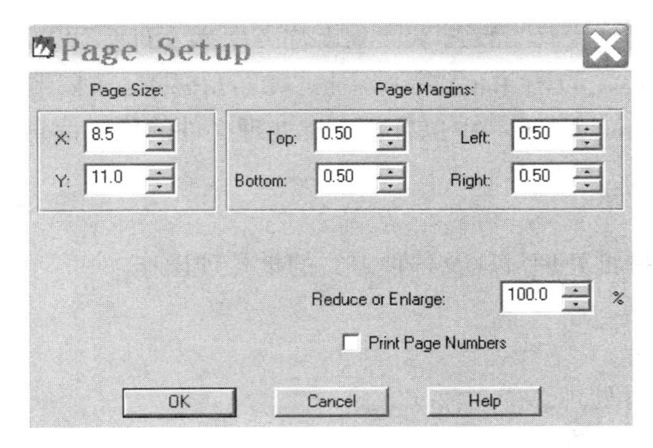


图 11.1.14　Page Setup 对话框

②预览分页线。选择 File Show Page Breaks 命令，如果图形模型范围超过一页纸，窗口显示分页线，如果图形模型范围在一页之内。窗口中没有分页线。

③打印输出。选择 File/Print 命令，或者单击 Print 图标。

### 五、注意事项及说明

（1）图形模型是用户设计的模型的可视化表达，具有直观明了的特点，对图形模型的保存，不仅有助于用户后期对模型进行分析与纠错，而且可以给其他用户作为参考。

（2）用户用模型生成器设计的图形模型可以封装成一段代码保存下来，以后可以随时使用，ERDAS 软件提供了图形模型生成器文本程序的功能，在 Model Maker 中生成的图形模型可以保存为文本程序-空间建模语言程序，也叫程序模型（ *.gml），程序可以在 ERDAS 文本编辑器（在 ERDAS 主菜单，选择 Tools/Edit Text File 命令，打开文本编辑器）中进行编辑，也可以再次运行或保存在空间模型库中。

## 任务二　批　处　理

### 一、预备知识

在对很多数据进行重复操作时，ERDAS 软件能提供一种功能，让很多执行操作按照需要的顺序和参数排列，并按照设计的时间安排，让机器自动执行，这就是 ERDAS 的批处理功能。通过批处理方式，用户可以用“一个或者多个命令（功能）”来处理“一个或者多个”文件，这个功能在安排系统处于不繁忙状态时处理某些数据，或者对大量数据进行相同处理过程时非常有用，如对数百个图像进行二次投影变换处理的情况。

ERDAS 的批处理功能是通过向导的方式来实现的。一个批处理是以存放在确定目录下的几个文件的形式存在的。可以在菜单条 Session 的 Preference 中设置该目录。例如，设 C：/Project/为默认目录，在名字为 User 计算机上以 Administrator 登录，产生一个名字叫做 Batch Process 的批处理，实际上将在 C：/Project/Use/Administrator 下产生几个后缀不同的名为 Batch Process 的文件。这些文件基本都是文本文件，如 BatchProcess. bat、BatchProcess. bcf、BatchProcess. bls、BatchProcess. id、BatchProcess. lck 和 BatchProcess. log 等。另外，在 Scheduled Batch Job List 中也有各个批处理文件的位置信息。

## 二、实验目的和要求

通过本实习，掌握批处理流程及各种方式的批处理操作。

## 三、实验内容

（1）单文件命令批处理。
（2）多文件单命令立即批处理。
（3）多文件单命令随后批处理。
（4）多文件多命令批处理。

## 四、实验步骤

### 1. 单文件命令批处理

通过单文件批处理命令，可以将处理过程安排在系统不繁忙时进行，主要用在大容量文件进行耗时处理时。下面以 GIS 分析功能中的 Clump 命令（聚类统计）为例说明如何对一个文件进行单命令批处理操作。

（1）启动 Clump 工具。在 ERDAS 主窗口，选择 Interpreter 图标/GIS Analysis/Clump 命令，打开 Clump 对话框（图 11. 2. 1）。

在 Clump 对话框中，选择处理图像文件（Input File）为 C/Program Files/Lecia Geosystms/Geospatial Imaging9. 2/example/lnsoils. img；输出图像文件（Output File）为 lnsoils-clump. img. Corrdinate Type、Subset Definition 等项，使用默认值。

（2）启动批处理功能。在 Clump 对话框中单击 Batch 按钮，启动批处理向导，调出 Batch Commands 窗口（图 11. 2. 2）。图 11. 2. 2 中所示的 Select Type of Command Process 面板中的设置项功能见表 11. 2. 1。

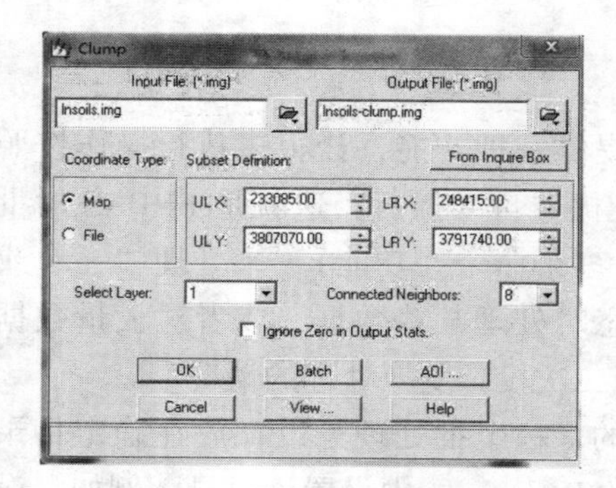


图 11. 2. 1　Clump 对话框

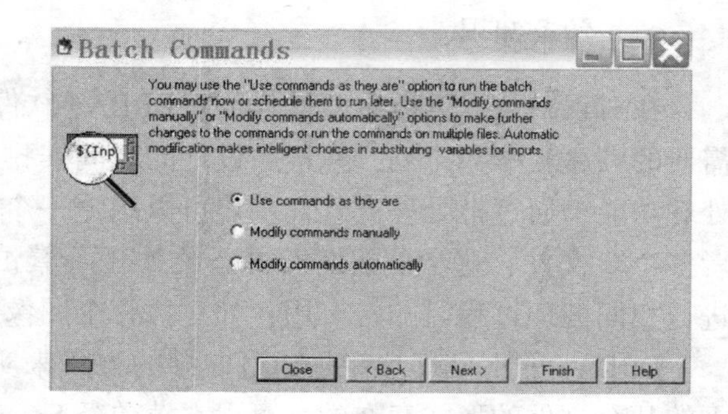


图 11. 2. 2　Batch Commands 窗口

表 11.2.1　**Select Type of Command Processing 面板选择项**

| 设置项 | 设置项的简介 |
|---|---|
| Use Command as they are | 将命令传给日程服务，可以让该命令立即执行，如果系统允许，也可以设置为随后执行。 |
| Modify command manually | 将激活 Edit Commands/Create Variables 面板以手工修改命令。 |
| Modify commands automatically | 将激活 Edit Commands/Create Variables 面板并且自动用变量名字代替文件名字，而且也允许再进行手工编辑。 |

在 Batch Commands 窗口面板，选择 Use Command as they are/Next 按钮，打开 Select When to Process Commands 窗口（图 11.2.3）。

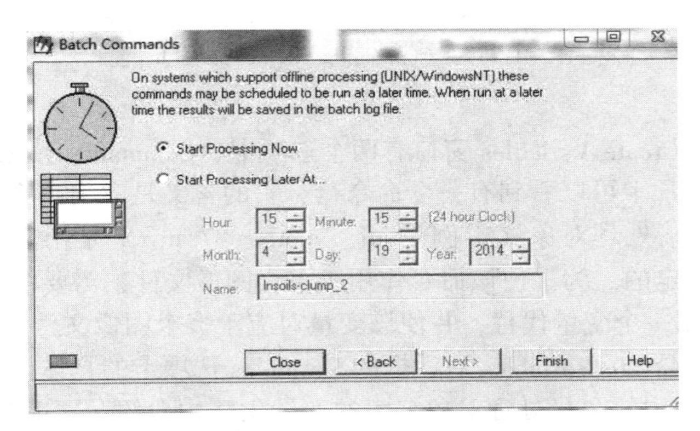


图 11.2.3　Select When to Process Commands 窗口

- 如果想立即进行处理，则使用默认选项单击 Finish 按钮。
- 如果想随后处理，则选择 Start Processing Later At 单选按钮，并设置处理过程的开始时间，命名该批处理，然后单击 Finish 按钮，则到预定时间系统开始处理过程。

2. 多文件单命令立即批处理

实际工作中经常要多个文件执行同一类型的操作。以下将通过对多个 Image 图像进行统计值计算来说明如何利用 ERDAS 的批处理功能对多个文件执行单一命令的立即批处理操作。

（1）启动命令的批处理功能。单击 Tools/Image Command Tool 命令，打开 Image Command 对话框，设置如下：

- 选择一幅 Image 图像：atl_ spotp_ 87. img。
- 选中 Compute Statics 复选框。
- 单击 Batch 按钮，调出 Select Type of Command Processing 窗口。

如果想立即进行统计计算，则单击 Batch Commands 窗口的 Finish 按钮，此时系统就会进行处理。如果想使这个处理过程自动作用于多个文件，则点击 Next 按钮。

（2）批处理对象名称的变量化。在 Batch Commands 窗口，选择 Modify Commands Manually/Next 按钮，打开 Edit Commands/Create Variables 窗口（图 11. 2. 4）。

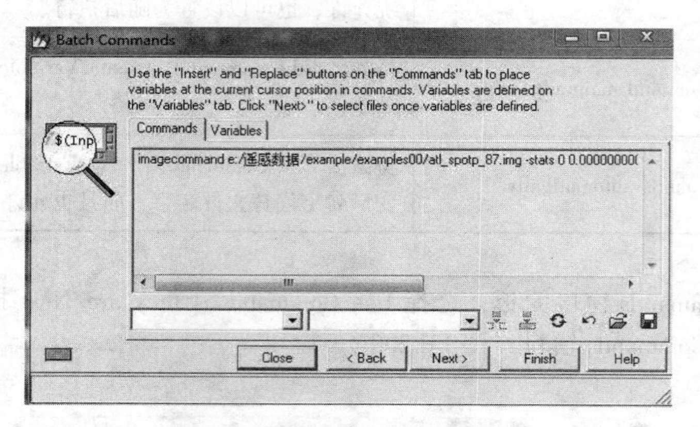


图 11. 2. 4　Edit Commands/Create Variables 窗口

Edit Commands/Create Variables 窗口有两个选项卡，Commands 和 Variables。

从 Commands 选项卡可以看到有一个命令行，它的含义是“对哪个文件基于何种设置进行何种操作处理”。处理对象（本例是 atl_ spotp_ 87. img）是用文件的全部路径名字（路径及名字）来确定的。为了使该命令作用于多个图像文件，需要将 atl_ spotp_ 87. img 文件的全路径名字用一个变量代替，并使该变量对应于多个图像文件的全路径名。

Edit Commands/Create Variables 对话框的 Variables 选项卡的具体设置和使用将在“多文件多命令批处理”中的“批处理对象名字的变量化”中介绍，这里对 Commands 选项卡几个按钮的含义进行说明（表 11. 2. 2）。

表 11. 2. 2　**Edit Commands/Create Variables 窗口中 Commands 选项卡图标功能**

| 图形 | 功 能 简 介 |
| --- | --- |
| | 自动生成变量以代替输入文件名和输出文件名。 |
| | 在命令行的光标位置处将选定的变量插进去。 |
| | 用选定的变量代替命令行中光标所在位置的参数（如一个文件的全路径名字）。命令行中的光标尽管只占了一个位置，但却代表了一个参数，可以双击光标，则所代表的参数将显示出来。 |
| | Commands 选项卡中的命令可以存储成一个批处理命令文件（. bcf），以后在其他批处理设置时，可以直接调用该命令。 |
| | 直接调用批处理命令文件的内容。例如，正在处理一个有关统计的批处理，可以调用一个过去存储的有关产生金字塔层的批处理，此时有关统计的批处理工作将取消而代之以有关金字塔层的批处理。 |

（3）将一个具体文件的名字变成一个抽象变量的名字。在 Edit Commands/Create Variables 窗口，选择 Commands 选项卡图标。此时命令行处理对象（atl_ spotp_ 87. img）的全路径名字被一个变量（默认为 Input）所代替。这个变量名目前只与一个文件（atl_ spotp_ 87. img）的全路径名字关联，下面将使该变量与多个文件名字关联起来，以通过该变量使多个图像得到处理。

（4）变量与多个图像文件建立关联。在 Edit Commands/Create Variables 窗口，单击 Next 按钮，打开 Select File to Process 窗口（图 11. 2. 5）。通过功能图标在 Select File to Process 窗口中加入多个需要处理的文件。

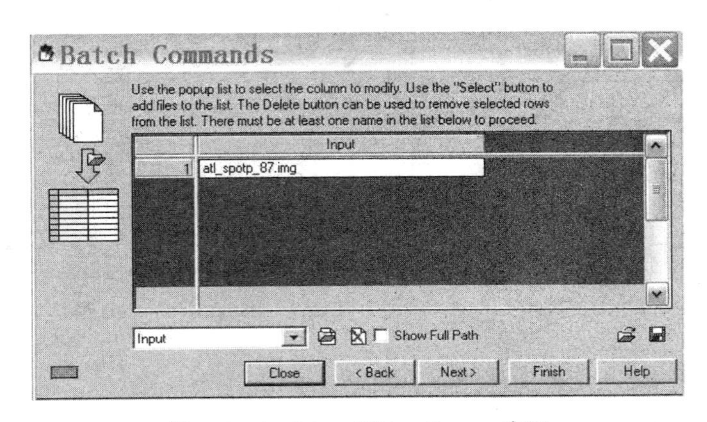


图 11. 2. 5　Select File to Process 窗口

从 Select File to Process 窗口面板上可以看到，变量 Input 与 atl_ spotp_ 87. img 是相关联的，现在要通过本对话框的几个工具将另外几个需要处理的文件的全路径名字与变量 Input 关联起来。

（5）批处理的立即执行。在 Select Files to Process 窗口，单击 Finish 按钮，执行批处理。

3. 多文件单命令随后批处理

在上一节的最后一步，如果不单击 Finish 按钮而单击 Next 按钮就将对“作用于多个文件的”批处理命令进行时间设置，从而设置为随后处理。

第 1 步：启动命令的批处理功能。

在 ERDAS 主菜单，单击 DataPrep 图标/Reproject Images 命令，打开 Reproject Images 对话框，进行如图 11. 2. 6 所示设置。单击 Batch 按钮，调出 Batch Commands 窗口。

如果想立即进行统计计算，则单击 Batch Commands 窗口的 Finish 按钮，此时系统就会进行处理。如果想使这个处理过程自动作用于多个文件，则继续下面的步骤。

第 2 步：批处理对象名称的变量化。

在 Batch Commands 窗口，选择 Modify Commands Manually/Next 按钮，单击 Variables 标签（图 11. 2. 7），可以看到所有的变量及其特征都列在 Variables 选项卡中。Input 变量对应的是用户输入的图像文件，其类型是 User，即其内容由用户决定。而 Output 文件名是由系统确定的（lanier-reproj. img 文件除外），所以其类型是 Auto，这个 Auto 的意思是“系统根据用户输入的第一对输入/输出的文件名”来自动产生。

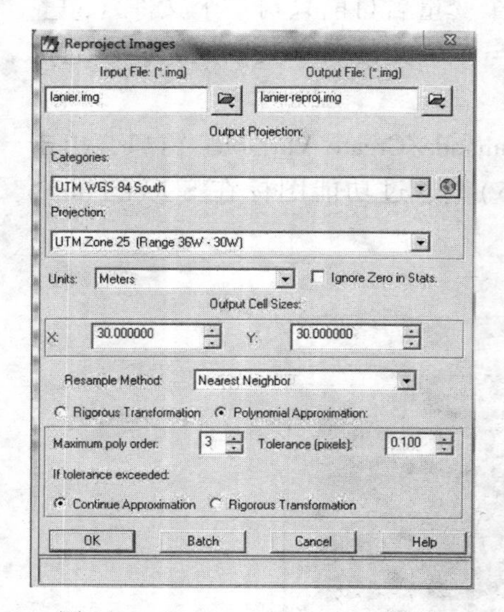


图 11.2.6　Reproject Images 设置

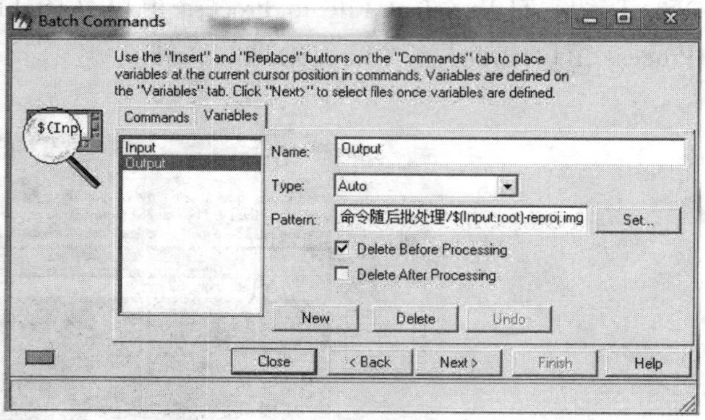

图 11.2.7　Batch Commands 窗口（Variables 选项卡）

第 3 步：变量与多个图像文件建立关联。

①在 Batch Commands 窗口，单击 Next 按钮，打开 Batch Commands 对话框。

②单击  图标，打开 Select Batch Files 对话框。单击 Multiple File Selection 标签，进入 Multiple File Selection 选项卡（图 11.2.8）。

- 选中 Use the following Selection Pattern 复选框。
- 在 Selection Pattern 文本框中输入“/example/la * . img”。
- 单击 OK 按钮，返回 Batch Commands 窗口。

这样，ERDAS IMAGINE 例子目录下所有与 Lanier 湖有关的图像（选择模式为：la * . img）都被加入批处理中。

第 4 步：批处理执行时间及名字。

在 Batch Commands 窗口中进行如下操作：

- 单击 Next 按钮，选中 Start Processing Later At 单选按钮。
- 确定批处理的执行时间。
- 在 Name 文本框中为该批处理命一个名字。
- 单击 Next 按钮，输入用户信息（图 11.2.9），注意：这里的用户信息是指计算机名。

第 5 步：向服务日程提交批处理任务。

在 Batch Commands 窗口中单击 Finish 按钮，提交批处理任务。

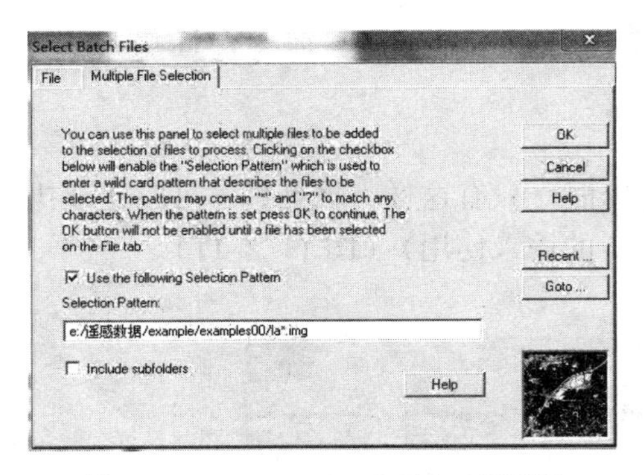


图 11.2.8 Select Batch Files 对话框（Multiple File Selection 选项卡）

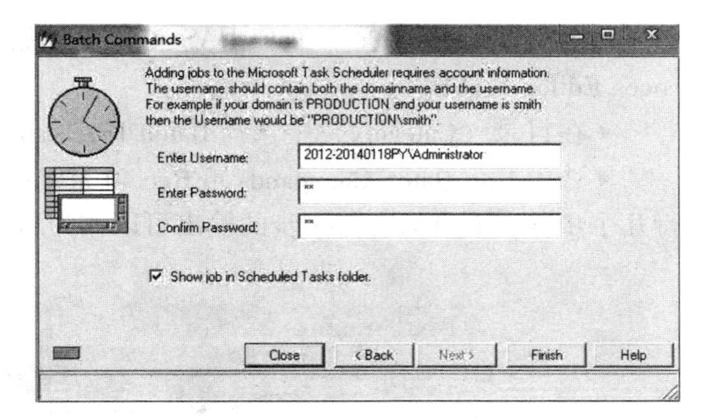


图 11.2.9 Batch Commands 输入用户信息

4. 文件多命令批处理

在实际工作中经常要涉及比前面几个例子更复杂的情况，对大量数据要进行多步操作，前一步的输出将是后一步骤的输入，对这种情况进行批处理设置对工作很有帮助，这就是多文件多命令批处理需要解决的问题。

本例将对多个图像文件进行 3 步处理：首先，进行直方图均衡；其次，对直方图均衡的结果进行亮度反转；最后，对结果产生金字塔层，操作流程如图 11.2.10 所示。

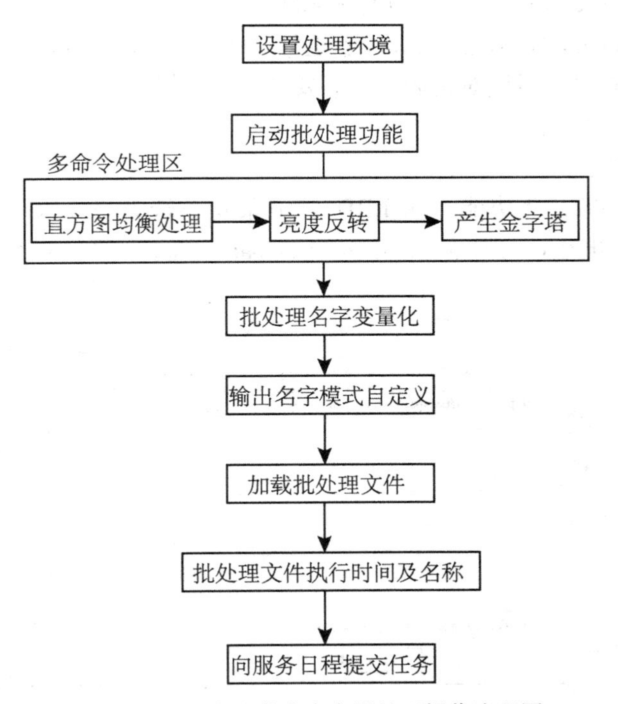


图 11.2.10 多文件多命令批处理操作流程图

（1）处理环境设置。在 ERDAS 主菜单，选择 Session/Preferences 命令，打开 Preferences Editor 对话框。

• 在目录（Category）中选择 Batch Processing。

• 选中 Run Batch Commands in Record Mode 复选框（只有这样，批处理才可以连续执行几个步骤，而且只有前一步的输出可以作为后一步的输入使用）（图 11.2.11）。

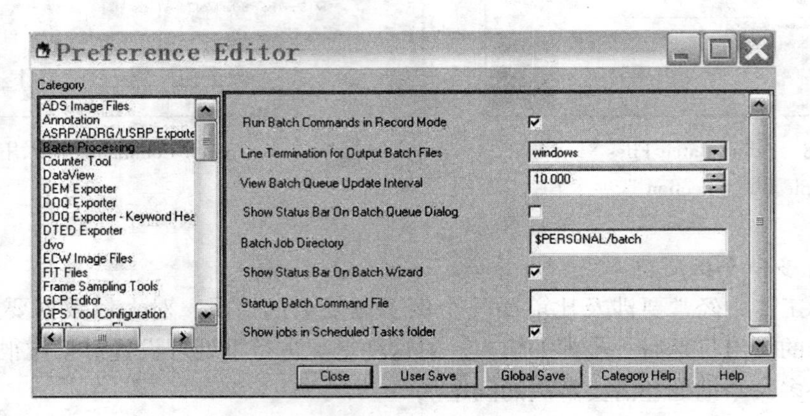


图 11.2.11　Preferences Editor 对话框

• 在 Category 中选择 Image Files（General）。

• 取消选中 Compute Pyramid Layers 复选框（本例将涉及一些中间文件，批处理执行完成后没有保存的必要，所以对它们没有必要产生金字塔层）。

• 单击 Use Save 按钮。

• 单击 Close 按钮。

（2）启动批处理记录功能。在 ERDAS 主菜单，选择 Session/Start Recording Batch Commands 命令，打开 Record Commands for Automation 窗口（图 11.2.12）。

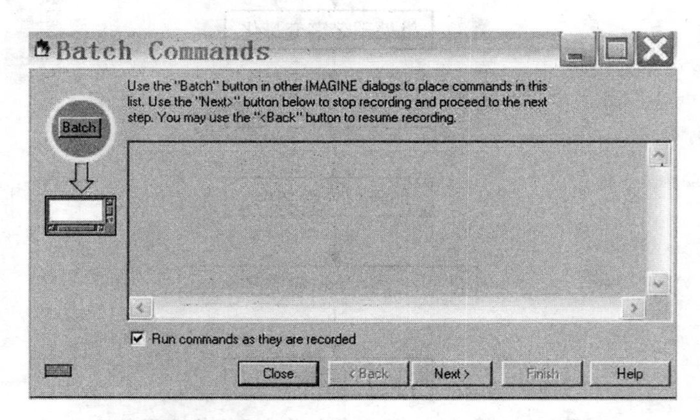


图 11.2.12　Record Commands for Automation 窗口

窗口左下角有一个方形的记录指示灯在闪烁，表明现在处于记录状态，不要关闭该对话框，继续执行下一步操作。

(3) 直方图均衡处理。在 ERDAS 主窗口，选择 Interpreter/Radiometric Enhancement 命令，打开 Histogram Equalization 对话框。

设置直方图均衡处理参数，如图 11.2.13 所示。选择输入数据（Input File）为 atl_ spotp_ 87. img，选择输出数据（Output File）为 spot87_ output. img，最后单击 Batch 按钮，实现批处理操作。

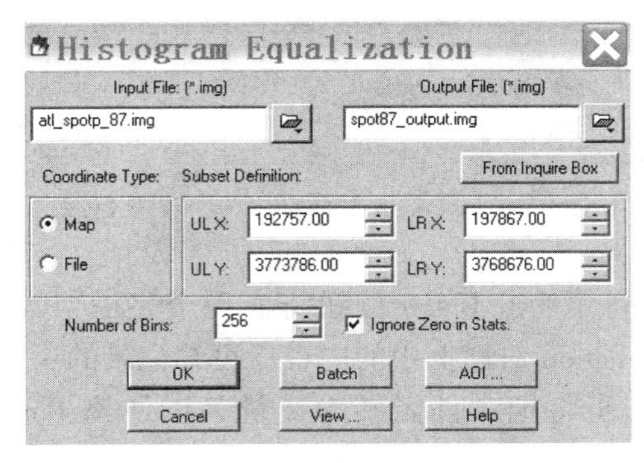


图 11.2.13　Histogram Equalization 对话框

由于（2）使得 Record Commands for Automation 对话框处于记录状态，此时单击 Histogram Equalization 对话框的 Batch 按钮，不会像前两个例子一样打开 Select Type of Commands Processing 对话框，而使此功能立即执行并且在 Record Commands for Automation 面板记录下来。

(4) 亮度反转批处理。在 ERDAS 主窗口，选择 Interpreter 图标/Radiometric Enhancement/Brightness Inversion 命令，打开 Brightness Inversion 对话框（图 11.2.14）。

设置亮度反转处理参数，请注意：这里的输入文件是（3）操作的输出文件 spot87_ output. img，输出文件定为 spotrev. img，最后单击 Batch 按钮，实现批处理操作。

与（3）相同，单击 Batch 按钮将立即执行 Brightness Inversion 处理功能，并在 Commands for Automation 对话框自动记录。

(5) 产生金字塔层。在 ERDAS 主菜单，选择 Tools/Image Command Tool 命令，打开/ Image Commands 对话框。

- 选择输入文件（Input File）为 Spotrev. img（注意：这里的输入文件是（4）操作的输出文件）。
- 选中 Computer Pyramid Layers 复选框/Option 按钮，打开 Pyramid Layers Option 对话框。
- 在 Kernel Size 下拉框中选择 2 * 2；取消选中 External File 按钮（图 11.2.15）。
- 单击 OK 按钮，返回 Image Commands 对话框。
- 单击 Batch 按钮，实现批处理操作。

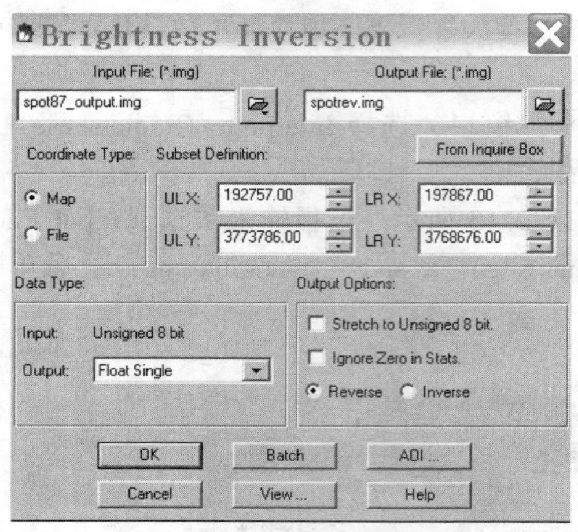


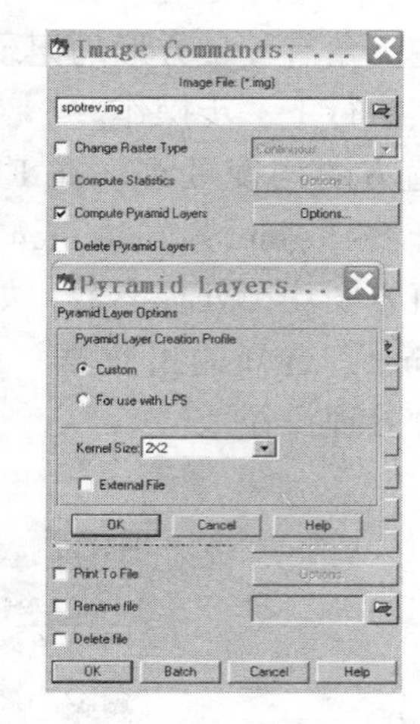


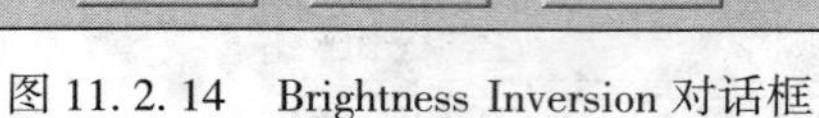
图 11.2.14　Brightness Inversion 对话框　　　图 11.2.15　金字塔层对话框

与第（3）、（4）相同，单击 Batch 按钮将实现金字塔层计算（图 11.2.15）。注意 Record Commands for Automation 对话框中的内容，可知记录的 3 个命令行中所有文件名都是具体的文件名，下面几步将把文件名转为变量名以便该 Batch 可用于其他文件处理过程。

（6）批处理对象名字的变量化。

①在 Record Commands for Automation 窗口，单击 Next 按钮，打开 Select Type of Command Processing 对话框。

②选择 Modify Commands Automatically 单选按钮，单击 Next 按钮，打开 Edit Commands/Create Variables 窗口。

③从 Edit Commands/Create Variables 对话框 Commands 选项卡可知此时所有命令的输入、输出文件名字都用变量名进行了代替。这 3 个变量名字默认为 “Input”、“Temp1” 和 “Output”，如图 11.2.16 所示。

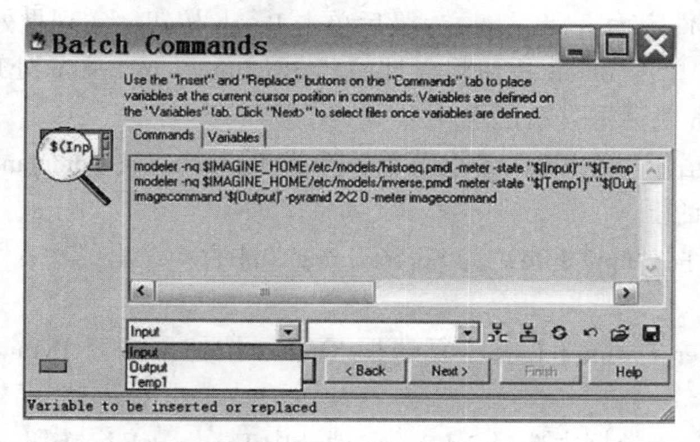


图 11.2.16　Edit Commands/Create Variables 对话框 Commands 选项卡

(7) 输出文件名字模式的自定义。对 Auto 型变量的名字模式可以进行调整，单击 Edit Commands/Create Variables 对话框的 Variables 标签，以打开 Variables 选项卡，选择一个 Auto 型的变量后，单击 Pattern 编辑框右部的 Set 按钮可以调出 Edit Replacement Pattern 对话框。使用时先选择 Templates 中的合适元素，从而在 Pattern 中的光标处放置一个“空模式”，然后将光标放在“空模式”中的合适位置，单击 Variables、Functions 列表框中的恰当元素，将空模式填充上（图 11.2.17）。

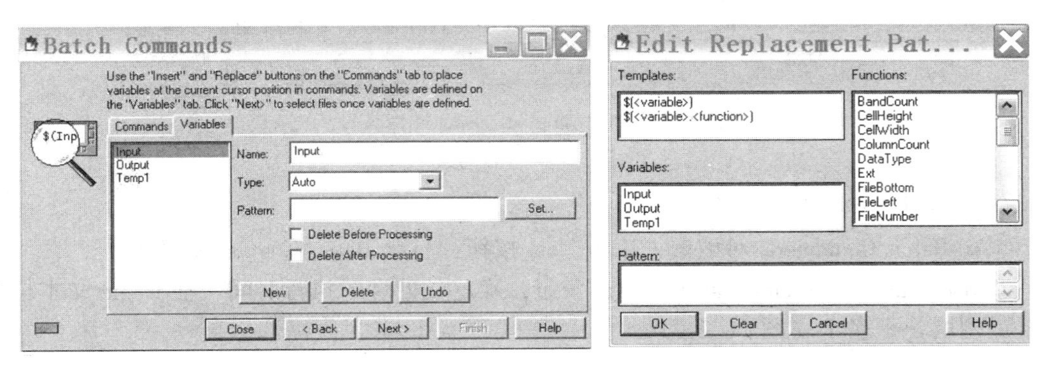


图 11.2.17 输出文件名字模式自定义对话框

(8) 加载批处理输入文件。

①在 Edit Commands/Create Variables 对话框，单击 Next 按钮，打开 Select Files to Process 对话框（图 11.2.18）。

②单击 Add Files 图标，打开 Select Batch Files 对话框（图 11.2.19）。

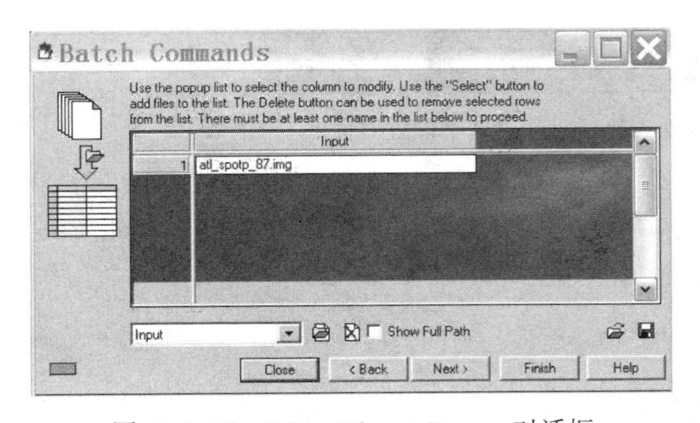


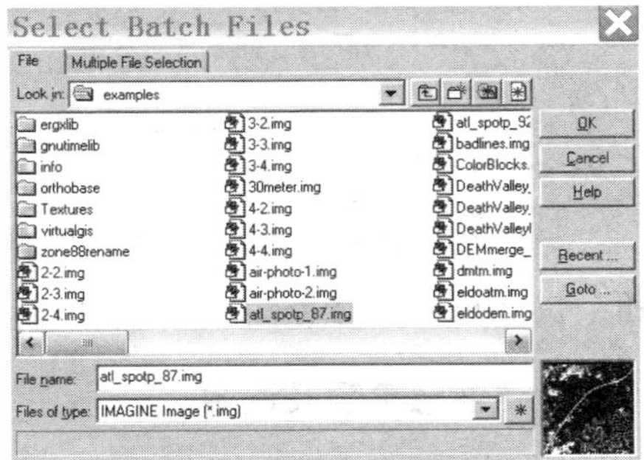

图 11.2.18 Select Files to Process 对话框

图 11.2.19 Select Batch Files 对话框

③单击 Multiple File Selection 标签，进入 Multiple File Selection 对话框。

④选中 Use the following Selection Pattern 复选框，选择输入文件格式（Selection Pattern）为：atl_ spot * . img。

⑤单击 OK 按钮，返回 Select Files to Process 对话框。

这样，目录下所有 atl_ spot 开头的图像文件都被加载到批处理中（图 11.2.20）。

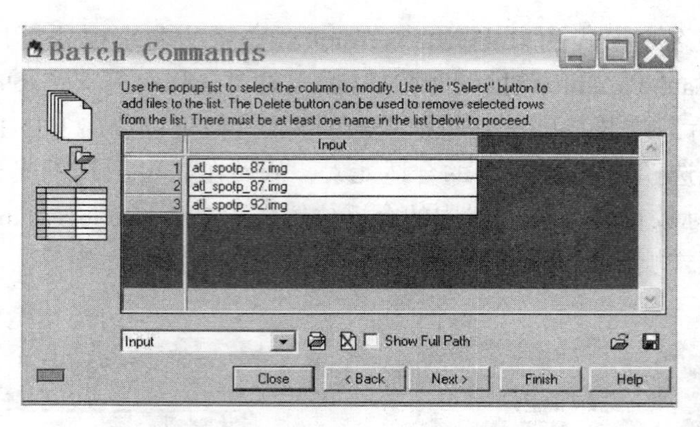


图 11. 2. 20　加载 atl_ spot 图像文件

（9）批处理执行时间及名字。

①在 Batch Commands 对话框，单击 Next 按钮，打开 Batch Commands 对话框。

②选择 Start Processing Later at 单选按钮，确定批处理的执行时间，在 Name 文本框为该批处理取一个名字（图 11. 2. 21）。

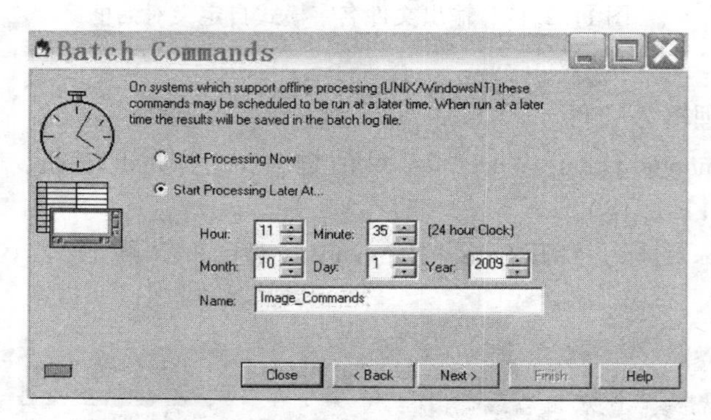


图 11. 2. 21　批处理执行时间及名字设置对话框

（10）向服务日程提交批处理任务。在 Select Files to Process 对话框，单击 Finish 按钮，提交批处理任务。

## 五、注意事项及说明

（1）若要删除、查看或者编辑系统已经完成或还未进行的批处理过程，可以在 ERDAS 主菜单，选择 Session/View Offline Batch Queue 命令，打开 Scheduled Batch Job List 对话框，其中列出了所有完成、正在进行、还未进行的批处理。

（2）对已经完成的批处理，用户选中它后可以通过 Log 按钮查看有关这个批处理的记录，这对检验批处理是否达到预期目的很有用。

（3）批处理的名字中不能用某些特殊的字符，如 v、?、<、>、＊及空格和 Tab 键等，如果处理这些符号，系统会自动将其转化为下画线（_ ）。